教育部高等学校电子信息类专业教学指导委员会规划教材

高等学校电子信息类专业系列教材

Digital Signal Processing

数字信号处理教程

饶春芳　钟　华　主　编

祝远锋　叶志清　副主编

U0215175

清华大学出版社

北京

内 容 简 介

本书可以为实现各类数字或离散系统的信号设计、分析和处理提供理论基础与实现算法,也可以为深入学习语音处理、图像处理、通信信号分析等更加专业的信号处理技术打下坚实的基础。本书将课程中涉及的百余个知识点有机拆分,采用"应用＋理论＋例题＋练习"的编排模式,使读者在短时间内掌握课程中的各个知识点,借助 MATLAB 软件给读者提供一个良好的算法可视化环境。

本书主要面向电子信息、通信、电子科学与技术相关专业的学生,既可作为相关专业学生的教材,也可作为在通信、信息技术、图像处理、语音处理、遥感、雷达、生物医学工程、地震等有关领域从事信号处理的科技工作者的参考书。

图书在版编目(CIP)数据

数字信号处理教程/饶春芳,钟华主编.—北京:清华大学出版社,2021.4(2024.7重印)
高等学校电子信息类专业系列教材
ISBN 978-7-302-57532-0

Ⅰ.①数… Ⅱ.①饶… ②钟… Ⅲ.①数字信号处理－高等学校－教材 Ⅳ.①TN911.72

中国版本图书馆 CIP 数据核字(2021)第 025342 号

责任编辑:王 芳
封面设计:李召霞
责任校对:郝美丽
责任印制:宋 林

出版发行:清华大学出版社
    网 址:https://www.tup.com.cn, https://www.wqxuetang.com
    地 址:北京清华大学学研大厦 A 座   邮 编:100084
    社 总 机:010-83470000   邮 购:010-62786544
    投稿与读者服务:010-62776969,c-service@tup.tsinghua.edu.cn
    质量反馈:010-62772015,zhiliang@tup.tsinghua.edu.cn
    课件下载:https://www.tup.com.cn,010-83470236
印 装 者:三河市君旺印务有限公司
经 销:全国新华书店
开 本:185mm×260mm   印 张:17.75   字 数:435 千字
版 次:2021 年 5 月第 1 版   印 次:2024 年 7 月第 4 次印刷
印 数:2301～2700
定 价:59.00 元

产品编号:083953-01

高等学校电子信息类专业系列教材

序
FOREWORD

我国电子信息产业销售收入总规模在 2013 年已经突破 12 万亿元,行业收入占工业总体比重已经超过 9%。电子信息产业在工业经济中的支撑作用凸显,更加促进了信息化和工业化的高层次深度融合。随着移动互联网、云计算、物联网、大数据和石墨烯等新兴产业的爆发式增长,电子信息产业的发展呈现了新的特点,电子信息产业的人才培养面临着新的挑战。

(1) 随着控制、通信、人机交互和网络互联等新兴电子信息技术的不断发展,传统工业设备融合了大量最新的电子信息技术,它们一起构成了庞大而复杂的系统,派生出大量新兴的电子信息技术应用需求。这些"系统级"的应用需求,迫切要求具有系统级设计能力的电子信息技术人才。

(2) 电子信息系统设备的功能越来越复杂,系统的集成度越来越高。因此,要求未来的设计者应该具备更扎实的理论基础知识和更宽广的专业视野。未来电子信息系统的设计越来越要求软件和硬件的协同规划、协同设计和协同调试。

(3) 新兴电子信息技术的发展依赖于半导体产业的不断推动,半导体厂商为设计者提供了越来越丰富的生态资源,系统集成厂商的全方位配合又加速了这种生态资源的进一步完善。半导体厂商和系统集成厂商所建立的这种生态系统,为未来的设计者提供了更加便捷却又必须依赖的设计资源。

教育部 2012 年颁布了新版《高等学校本科专业目录》,将电子信息类专业进行了整合,为各高校建立系统化的人才培养体系,培养具有扎实理论基础和宽广专业技能的、兼顾"基础"和"系统"的高层次电子信息人才给出了指引。

传统的电子信息学科专业课程体系呈现"自底向上"的特点,这种课程体系偏重对底层元器件的分析与设计,较少涉及系统级的集成与设计。近年来,国内很多高校对电子信息类专业课程体系进行了大力度的改革,这些改革顺应时代潮流,从系统集成的角度,更加科学合理地构建了课程体系。

为了进一步提高普通高校电子信息类专业教育与教学质量,贯彻落实《国家中长期教育改革和发展规划纲要(2010—2020 年)》和《教育部关于全面提高高等教育质量若干意见》(教高【2012】4 号)的精神,教育部高等学校电子信息类专业教学指导委员会开展了"高等学校电子信息类专业课程体系"的立项研究工作,并于 2014 年 5 月启动了《高等学校电子信息类专业系列教材》(教育部高等学校电子信息类专业教学指导委员会规划教材)的建设工作。其目的是为推进高等教育内涵式发展,提高教学水平,满足高等学校对电子信息类专业人才培养、教学改革与课程改革的需要。

本系列教材定位于高等学校电子信息类专业的专业课程,适用于电子信息类的电子信息工程、电子科学与技术、通信工程、微电子科学与工程、光电信息科学与工程、信息工程及其相近专业。经过编审委员会与众多高校多次沟通,初步拟定分批次(2014—2017年)建设约100门课程教材。本系列教材将力求在保证基础的前提下,突出技术的先进性和科学的前沿性,体现创新教学和工程实践教学;将重视系统集成思想在教学中的体现,鼓励推陈出新,采用"自顶向下"的方法编写教材;将注重反映优秀的教学改革成果,推广优秀的教学经验与理念。

为了保证本系列教材的科学性、系统性及编写质量,本系列教材设立顾问委员会及编审委员会。顾问委员会由教指委高级顾问、特约高级顾问和国家级教学名师担任,编审委员会由教育部高等学校电子信息类专业教学指导委员会委员和一线教学名师组成。同时,清华大学出版社为本系列教材配置优秀的编辑团队,力求高水准出版。本系列教材的建设,不仅有众多高校教师参与,也有大量知名的电子信息类企业支持。在此,谨向参与本系列教材策划、组织、编写与出版的广大教师、企业代表及出版人员致以诚挚的感谢,并殷切希望本系列教材在我国高等学校电子信息类专业人才培养与课程体系建设中发挥切实的作用。

吕志伟 教授

前 言
PREFACE

  2016 年教育部下发的《教育信息化"十三五"规划》明确指出,教育需以"构建网络化、数字化、个性化、终身化的教育体系,建设'人人皆学、处处能学、时时可学'的学习型社会,培养大批创新人才"为发展方向。2017 年教育部下发的《国家教育事业发展"十三五"规划》中明确指出,十三五教育改革的目标之一是"教育信息化实现新突破,形成信息技术与教育融合创新发展的新局面,学习的便捷性和灵活性明显增强",而 2018 年举办的"高校 CIO 论坛"中,"推进教育信息 2.0"是一个主要论题。

  "数字信号处理"是高校电子信息专业的专业基础课程,同时很多高校在自动化、航空航天、电气、生物医学工程等众多专业开设本课程。课程的目的是为实现各类数字或离散系统的信号设计、分析和处理提供理论基础与实现算法,也为深入学习语音处理、图像处理、通信信号分析等更加专业的信号处理技术打下坚实的基础。相对其他课程,本课程理论和公式推导多、知识点多而散、难度大,教师最直接的感受是课时不够用和学生跟不上;学生则感觉课程内容枯燥,不知道当前的课程与最新技术的内在联系,不知道所学知识怎么派上用场,主动性和积极性不高,容易失去学习的兴趣与创新的活力。而创新多样的教学方法,引导学生参与课堂互动,提高学生学习的主动性和积极性,以激发学生的学习热情,培养学生创新思维方式是改变这一局面的有效手段。

  当前,随着移动终端的普及,以在线开放课程、网络教学平台形式出现的移动学习方式应运而生,如慕课、微课堂、雨课堂、学习通等,利用这些平台,学生只需要 10～20min 的零散时间,就可随时进行短时高效的学习,比如看一段上课视频、做一个课堂小测验、听一段答疑录音、进行一个课后讨论等。2016 年本教学团队开始启动在线教学实践,参加了 2017 年举办的第一届超星-学习通移动教学大赛,参与学习和比赛的人数众多。但是,我们发现与在线开放课程和网络教学平台课程相配套的教材基本上没有,市面上还是传统教学模式下的配套教材。为此,本教学团队在积极建设移动教学平台的同时,编写了这本适合移动学习的相关配套教材,与移动教学模式相呼应,以促进移动学习在数字信号处理课程中的有效应用。本课程各知识点均配二维码,读者可以在学习理论的同时通过移动教学平台观看相应的课程视频。

  本书由两部分组成,第一部分为数字信号处理的基础理论部分,包括第 1～5 章。这部分全面介绍了数字信号处理的基础理论、时域离散信号与时域离散系统、离散信号的频谱分析、离散傅里叶变换和快速傅里叶变换等内容。第二部分包括第 6 章和第 7 章,主要讲解滤波器的设计方法。本课程的学习需将"信号与系统"和"工程数学"作为先修课程。另外,MATLAB 软件由于其直观性,已经成为读者学习本课程的有效工具,为此,本书给出了大量的 MATLAB 实例,期待通过这种方法加深读者对理论知识的理解,提高读者理论与实践相结合的能力。

本书第 1 章、第 3 章和第 5 章由饶春芳编写；第 2 章、第 4 章和附录由祝远锋编写；第 6 章和第 7 章由钟华编写。书中所有视频由钟华提供。饶春芳和叶志清负责全书的统稿和审核。

课件下载

本书在编写过程中得到了江西师范大学教务处及物理与通信电子学院的大力支持，在此表示感谢。此外，还要感谢在编著过程中给予帮助的人，包括研究生/本科生吴锴、黄旭、钟金彪和李阳。

由于编者水平有限，书中难免存在不足之处，恳请读者批评指正。

编　者

2020 年 8 月

目 录
CONTENTS

第 1 章

基 本 概 念

本章主要概述相关基本知识,为后续章节的学习打下基础。本章内容包括:

➢ 信号与系统的含义;

➢ 模拟信号转换成数字信号的简单过程;

➢ 正弦信号的特点;

➢ 信号与其频谱的关系;

➢ 采样定理与采样恢复。

计算机应用的普及和现代计算机的高速处理能力,促进了数字信号技术的发展。数字信号处理(Digital Signal Processing,DSP)已被广泛地应用于许多领域,如语音合成、图像边缘检测、地震波分析、文字识别、语音识别、卫星图像识别分析等。下面介绍相关基本概念。

1.1 信号与系统的含义

通常,可以把一个信号想象成携带了某种信息的事物,这个事物是某个能够控制、存储或者传送的物理量的变化模型,如图像信号、声音信号、雷达信号和地震信号等。信号通常是一个自变量或几个自变量的函数。如果仅有一个自变量,则称为一维信号;如果有两个以上的自变量,则称为多维信号。例如,图像信号就是一个二维信号,视频信号就是三维信号。本书主要研究一维数字信号处理的理论与技术。信号还可以有许多等价的形式或者表示,比如,一个话音信号作为一种听觉信号产生,它可以是由麦克风转换成的电信号,也可以是数字声音记录中的一串二进制数。

物理信号有多种自变量的形式,这些自变量可以是时间、距离、温度、位置等。本书一般把信号看作以时间为自变量的函数。针对信号的自变量和函数值的取值特点,信号可分为以下 3 种。

(1)如果信号的自变量和函数值都取连续值,则称这种信号为模拟信号或者称为时域连续信号,比如话音信号,它的物理模型是一种在声道中变化的空气压力模型,是一种随时间变化的模型,会产生时间波形。图 1.1 表示了一段话音波形曲线,图中纵轴代表麦克风电压,横轴代表时间。还有在电路中的电压或电流波形、移动物体的位置和速度、机械系统中的力和力矩、心电图、液体的流速等,这些都是模拟信号。

(2)如果自变量取离散值,而函数值取连续值,则称这样的信号为时域离散信号。这种

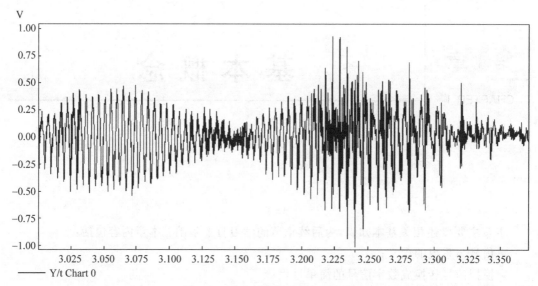

图 1.1　一个话音信号的部分曲线

信号通常来自对模拟信号的采样,而且抽样点越密,信号就越多地保留了原来模拟信号的信息。

(3) 如果信号的自变量和函数值均取离散值,则称为数字信号。计算机或专用数字信号处理芯片所用的数值以二进制形式存储于存储单元中。二进制值只能用 0 和 1 表示,位数也是有限的。如果用计算机或专用数字信号处理芯片分析与处理信号,信号的自变量和函数值都必须用有限位的二进制代码表示,这样信号本身的取值就不再是连续的,而是离散值。这种用有限位二进制代码表示的时域离散信号就是数字信号,因此,数字信号可以看作是幅度被量化了的时域离散信号。

例如:$x_a(t) = 0.9\sin(50\pi t)$是一个模拟信号,用如下的 MATLAB 命令就可以得到$x_a(t)$,程序运行后如图 1.2 所示。

```
t = 0:100;                        % 定义自变量 t 的取值数组
x = 0.9 * sin(50 * 3.14 * t);     % 计算与自变量相对应的 x 数组
plot(t, x, 'k', 'lineWidth', 2)   % 绘制图形,色彩为黑色,线宽为 2
xlabel('t', 'fontsize', 24)       % x 轴标识字号为 24
ylabel('xa(t)', 'fontsize', 24)   % y 轴标识字号为 24
set(gca, 'fontsize', 20)          % 坐标轴标识字号为 20
```

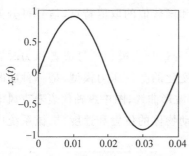

图 1.2　$x_a(t) = 0.9\sin(50\pi t)$的波形

"系统"的概念与"信号"的概念是紧密联系的。信号在系统中按一定规律运动、变化,系统在输入信号的驱动下对它进行"加工"和"处理"并最后输出信号。例如,一个一维连续时间系统接收信号 $x(t)$ 并且产生相应的输出信号 $y(t)$,其表达式为:

$$y(t) = T[x(t)] \tag{1.1}$$

式(1.1)是指输入信号(图像、波形等)经过系统运算后输出 $y(t)$。假设有这样一个系统,它的输出信号是输

入信号的平方,该系统在数学上可以简单地描述为:

$$y(t) = [x(t)]^2 \tag{1.2}$$

表示每个时刻输出信号的值都等于同一时刻输入信号值的平方,这是一个平方器系统。

再如,DVD 播放器就是一个将存储在 DVD 光盘上的数字(即信号的数字表示)转换为能够看见和听见的视频和声音信号的系统。语音识别系统用来自动识别人的声音。图像或视频压缩系统是对数字图像或视频进行再次编码,使图像或视频占用较少的内存空间,并用较短的时间在互联网上传输。此外,还可以用"系统"来指管理或者执行某个过程的一个大的组织,如"校园安全系统"或者"公路运输系统"。对于我们工程应用来说,系统应该是能够控制、变换、记录或者传送信号的事物。

数字系统与之前的模拟系统相比有许多优点。模拟系统由元器件搭建,由于制造误差,元器件的特性差异很大,且其特性会随温度变化而改变,从而改变整个模拟系统的传输特性。相比模拟系统来说,数字系统的传输特性具有可预测性和可重复性。此外,数字系统还具有更好的抗噪性能,体积小,功耗低,灵活性好等优点。

由于数字系统的诸多优点,它获得了广泛应用。在用它对信号进行处理时,首先必须获得相应的数字信号,这就需要进行模/数转换,下面先看一个简单的模/数转换过程。

1.2 模拟信号转换成数字信号的简单过程

例如,$x_a(t) = 0.9\sin(50\pi t)$ 是一个模拟信号,其自变量和函数值都是连续值。如果对它按照时间采样间隔 $T = 0.005\text{s}$ 进行等间隔采样,便得到时域离散信号 $x(n)$,即:

$$x(n) = x_a(t)\big|_{t=nT} = 0.9\sin(50\pi nT)$$

$$n = 0, \quad x(0) = 0.9\sin\left(50\pi \cdot 0 \cdot \frac{1}{200}\right) = 0$$

$$n = 1, \quad x(1) = 0.9\sin\left(50\pi \cdot 1 \cdot \frac{1}{200}\right) = 0.9\sin\left(\frac{\pi}{4}\right) = 0.6364$$

$$n = 2, \quad x(2) = 0.9\sin\left(50\pi \cdot 2 \cdot \frac{1}{200}\right) = 0.9\sin\left(\frac{\pi}{2}\right) = 0.9$$

$$n = 3, \quad x(3) = 0.9\sin\left(50\pi \cdot 3 \cdot \frac{1}{200}\right) = 0.9\sin\left(\frac{3\pi}{4}\right) = 0.6364$$

$$n = 4, \quad x(4) = 0.9\sin\left(50\pi \cdot 4 \cdot \frac{1}{200}\right) = 0.9\sin(\pi) = 0$$

$$n = 5, \quad x(5) = 0.9\sin\left(50\pi \cdot 5 \cdot \frac{1}{200}\right) = 0.9\sin\left(\frac{5\pi}{4}\right) = -0.6364$$

$$n = 6, \quad x(6) = 0.9\sin\left(50\pi \cdot 6 \cdot \frac{1}{200}\right) = 0.9\sin\left(\frac{6\pi}{4}\right) = -0.9$$

$$n = 7, \quad x(7) = 0.9\sin\left(50\pi \cdot 7 \cdot \frac{1}{200}\right) = 0.9\sin\left(\frac{\pi}{4}\right) = -0.6364$$

$$\vdots \qquad \vdots$$

因此,可以得到:

$$x(n) = \{\cdots, 0, 0.6364, 0.9, 0.6364, 0, -0.6364, -0.9, -0.6364, \cdots\}$$

用如下的 MATLAB 命令就可以得到 $x(n)$,其波形如图 1.3 所示。

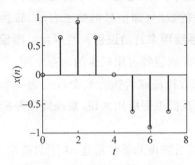

图 1.3　$x(n) = 0.9\sin(50\pi nT)$ 的
波形图

```
n = 0:1:7
x = 0.9 * sin(50 * 3.14 * 0.005 * n);
stem(n, x, 'k', 'lineWidth', 2)
xlabel('t', 'fontsize', 24)
ylabel('x(n)', 'fontsize', 24)
set(gca, 'fontsize', 20)
```

但此时的 $x(n)$ 还不是数字信号,仅仅是时域离散信号,因为其函数值还没有被量化。如果用 4 位二进制数表示该时域离散信号,需要先对幅度进行量化,得到相应的用二进制数表示的量化幅度值,才能得到相应的数字信号 $x(n)$。

这里使用的量化规则是:最高位表示幅度的正负,0 为正,1 为负;后 3 位数为按照量化表幅度模值的范围分配的 3 位二进制数,如图 1.4 所示。这样,将时域离散信号转化成了如下数字信号:

$$x(n) = \{\cdots, 0000, 0101, 0111, 0101, 0000, 1101, 1111, 1101, \cdots\}$$

这里只是简单地举了一个模/数转换的例子,后面还将详细介绍模/数转换和数/模转换的过程和要求,即采样定理和采样恢复。

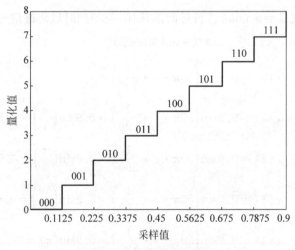

图 1.4　幅度量化编码

【随堂练习】

(1) 模拟信号转换为数字信号时如何减少量化误差的影响?

(2) 模拟电压通过采样保持电路每 5ms 采样一次。图 1.5 中标出了采样点。假设每次采样的采集时间为 $250\mu s$,画出电路的输出(为方便已用虚线绘出了输入信号)。

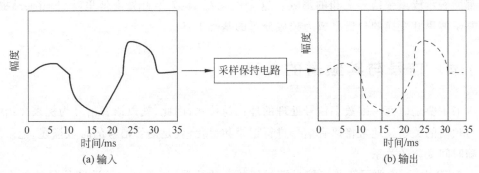

(a) 输入　　　　　　　　　　　　　　(b) 输出

图 1.5　随堂练习(2)的采样保持

1.3　正弦信号的特点

在信号与系统的理论中,有一类信号必须要介绍,就是正弦信号或余弦信号。这类信号也可以统称为正弦信号。虽然正弦信号的数学表示非常简单,但它是信号与系统理论中最基本的信号,熟悉和理解其性质是非常重要的。余弦信号可以用下面的数学表达式表示:

$$x(t) = A\cos(\Omega t + \varphi) \tag{1.3}$$

其中,$\cos(\cdot)$ 表示余弦函数。当定义一个连续时间信号时,通常用代表时间的连续变量 t 作为自变量,将这个连续时间信号定义为自变量 t 的函数。对于一个特定的余弦信号,参数 A、Ω 和 φ 都有确定的值,A 是余弦信号的振幅,Ω 是角频率,而 φ 是初相位。

正弦信号之所以重要,是因为许多物理系统产生的信号都可用数学表示成以时间为变量的正弦或余弦信号,最常见的例子就是人耳听到的声音信号,人感知乐器所产生的声音有不同的音调,这些不同的音调类似于不同的正弦波。

音叉是一个产生正弦信号的简单系统,如图 1.6 所示。用力敲击音叉时,它的叉子会振动,有规律的压缩振动空气,并发出一个单纯的声音,这个声音具有单一的频率,即音叉的固有频率。人们通常采用"A-440"音叉,因为 440Hz 是音阶的中音 C 之上 A 音的频率,常用作调谐钢琴和其他乐器的参考音阶。

通过介绍正弦信号的概念和音叉实验,无论是理论上还是通过观察都可以看到,音叉能够产生一个数学上可表示为正弦函数的信号,而且可以用正弦波来

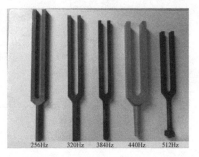

图 1.6　不同频率的音叉图

传递或表示音叉的状态信息,包括音叉是振动的还是静止的。如果振动,那么振动的频率和幅度是多少,这些信息可由听众从信号里提取,也可被记录下来供后人或计算机处理。

当有很多管弦乐器共同演奏时,所产生的复杂信号可能不能很容易地简化为一个数学公式。但这一复杂信号可以理解成是由许多不同频率、不同幅度、不同相位的正弦信号之和所组成的,而且,虽然它像正弦波那样振动,但它也可能并不一定是周期的。总之,几乎任何

信号都能表示成正弦信号之和的形式。这个概念在 1807 年首先由傅里叶(Fourier)提出，现在基于傅里叶变换的分析已成为频域分析的基础工具。

1.4　信号与其频谱的关系

本书主要是研究一维数字信号处理的理论与技术，因此，就以语音信号为例来介绍一维信号与频谱的关系。通常将语音信号进行记录和量化，就是语音信号的时域描述，记录的是信号随时间变化的关系。

在 DSP 中，不仅要了解数字信号随时间的变化情况，还要知道该数字信号的频率。众所周知，女性说话的音调通常比男性的高、尖细。对于语音识别系统，它要做的就是准确识别语音中的频率分量。频谱(Spectrum)是对信号中所含频率分量的描述，信号频率分量的重要性由该频率处的频谱幅度表示，幅度越大，表示该频率分量所占成分越多，重要性越强。频谱的横坐标是频率，纵坐标是幅度，频谱是信号频域的描述，通常用快速傅里叶变换(Fast Fourier Transform，FFT)计算。低频信号是常量或随时间变化缓慢的信号，在频谱的左端。高频信号是随时间变化较快的信号，出现在频谱的右端。比如，女声说话的频谱和男声说话的频谱就完全不一样，如图 1.7 所示，图 1.7(a)是一位女声元音 a 的频谱，图 1.7(b)是一位男声元音 a 的频谱。对于每个不同的人，其频谱可以清楚地反映出信号的特性，而时域描述则无法区分。

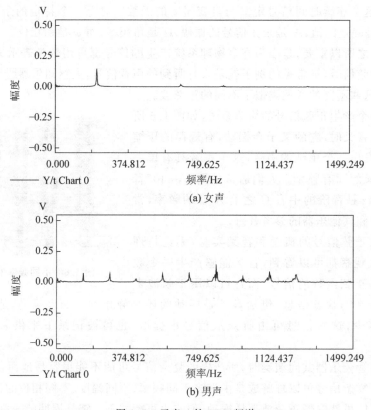

(a) 女声

(b) 男声

图 1.7　元音 a 的 FFT 频谱

　　由于频谱具有如此重要的作用，因此，找到构成复杂信号的频谱变得非常有价值。由于正弦信号是构成复杂信号的基本模块，几乎所有复杂的信号波形都能够通过加法线性组合的方式简单组合构造出来，即将 N 个不同频率、不同幅度和不同相位的余弦信号加在一起，再与一个常数相加，就能产生一个新的复杂信号。这种方法的数学表示是：

$$x(t) = A_0 + \sum_{k=1}^{N} A_k \cos(2\pi f_k t + \varphi_k) \tag{1.4}$$

其中，A_0 为常数分量，f_k 为第 k 个余弦信号的频率，A_k 为频率为 f_k 的信号的振幅，φ_k 为频率为 f_k 的信号的初相位。这里，每一个频率、幅度和相位都可以独立选择。

　　下面试着通过数学运算，将正弦信号所组成的复杂信号的频率成分简洁地表示出来。将式(1.4)表示为复振幅形式，即：

$$x(t) = X_0 + \sum_{k=1}^{N} \mathrm{Re}(X_k \mathrm{e}^{\mathrm{j}2\pi f_k t}) \tag{1.5}$$

其中，$X_0 = A_0$ 代表一个实常数成分，而 X_k 表示为复振幅：

$$X_k = A_k \mathrm{e}^{\mathrm{j}\varphi_k}$$

A_k 和 φ_k 分别表示一个频率为 f_k 的复振幅的幅度和相位。

　　利用欧拉公式可以得出 $x(t)$ 的另一种表达方法：

$$x(t) = X_0 + \sum_{k=1}^{N} \left(\frac{X_k}{2} \mathrm{e}^{\mathrm{j}2\pi f_k t} + \frac{X_k^*}{2} \mathrm{e}^{-\mathrm{j}2\pi f_k t} \right) \tag{1.6}$$

其中，X_k^* 是 X_k 的复共轭。对于各个正弦函数而言，式(1.6)表示的是，一个复数的实部等于它本身与它的共轭复数之和的一半。还可以用式(1.7)的集合来定义式(1.6)复杂信号的频谱：

$$\left\{ (0, X_0), \left(f_1, \frac{1}{2} X_1 \right), \left(-f_1, \frac{1}{2} X_1^* \right), \cdots, \left(f_k, \frac{1}{2} X_k \right), \left(-f_k, \frac{1}{2} X_k^* \right), \cdots \right\} \tag{1.7}$$

　　【例 1.1】 有一个正弦信号 $x(t) = 20 + 16\cos\left(200\pi t - \dfrac{\pi}{3}\right) + 10\cos\left(500\pi t + \dfrac{\pi}{2}\right)$，利用欧拉公式，$x(t)$ 可以转化为以下 5 项：

$$x(t) = 20 + 8\mathrm{e}^{-\mathrm{j}\frac{\pi}{3}} \mathrm{e}^{\mathrm{j}2\pi \cdot 100 \cdot t} + 8\mathrm{e}^{\mathrm{j}\frac{\pi}{3}} \mathrm{e}^{-\mathrm{j}2\pi \cdot 100 \cdot t} +$$
$$5\mathrm{e}^{\mathrm{j}\frac{\pi}{2}} \mathrm{e}^{\mathrm{j}2\pi \cdot 250 \cdot t} + 5\mathrm{e}^{-\mathrm{j}\frac{\pi}{2}} \mathrm{e}^{-\mathrm{j}2\pi \cdot 250 \cdot t} \tag{1.8}$$

　　注意：信号的常数分量，通常称为直流成分，能够表示为一个具有零频率的复指数信号，即 $20\mathrm{e}^{\mathrm{j}0} = 20$，因此，如果式(1.6)用列表形式表示，则这个信号的 5 个旋转复振幅的集合为：

$$\left\{ (0, 20), \left(100, 8\mathrm{e}^{-\mathrm{j}\frac{\pi}{3}} \right), \left(-100, 8\mathrm{e}^{\mathrm{j}\frac{\pi}{3}} \right), \left(250, 5\mathrm{e}^{\mathrm{j}\frac{\pi}{2}} \right), \left(-250, 5\mathrm{e}^{-\mathrm{j}\frac{\pi}{2}} \right) \right\}$$

　　在式(1.7)中除了 X_0 外，每个 X_k 都要与因子 1/2 相乘，如果用式(1.6)的组合方式会比较麻烦。因此，引入 a_k 作为一个新的符号来表示频谱中的复振幅，并将它定义为：

$$\alpha_k = \begin{cases} A_0 & \text{对于 } k = 0 \\ \dfrac{1}{2} A_k \mathrm{e}^{\mathrm{j}\varphi_k} & \text{对于 } k \neq 0 \end{cases} \tag{1.9}$$

这样,就可以将频谱看成是 (f_k, α_k) 对的集合,同时将式(1.6)写成单一简洁的形式:

$$x(t) = \sum_{k=0}^{N} \alpha_k \mathrm{e}^{\mathrm{j}2\pi f_k t} \tag{1.10}$$

此处, $f_0 = 0$。

频谱的图像与 (f_k, α_k) 对的列表相比要直观得多,每个频率成分可用相应频率处的一条垂直线来表示,垂直线的长度与幅度 $|\alpha_k|$ 成比例。式(1.8)的信号如图 1.8 所示,各条谱线用 α_k 的值来标定。通过这种简单的频谱描绘可以清楚地看到各个正弦信号分量频率的相对位置和相对幅度,而且这种表示可以确定当信号通过一个系统时,信号的频谱会发生什么变化,可以清楚地看到系统是如何对信号起作用的。这就是为什么频谱是理解诸如无线电、电视、CD 播放机等复杂处理系统的关键。

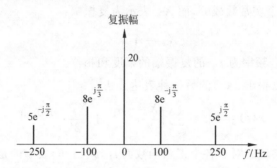

图 1.8　信号 $x(t) = 20 + 16\cos\left(200\pi t - \dfrac{\pi}{3}\right) + 10\cos\left(500\pi t + \dfrac{\pi}{2}\right)$ 的频谱图

后面要学习的数字滤波器的设计,通常就是利用滤波器改变信号的频率特性,允许一些信号频率通过,而限制另一些信号频率。如低通滤波器能让信号的低频成分通过,而限制高频成分;高通滤波器则正好相反。带通滤波器允许一定频带内的信号频率成分通过,而带阻滤波器限制一定频带内的信号频率成分通过。

一般男低音的音调范围对应频率 $65 \sim 330\,\mathrm{Hz}$,女高音的音调范围对应频率 $262 \sim 1319\,\mathrm{Hz}$,女低音的音调范围对应频率 $165 \sim 880\,\mathrm{Hz}$。如果将低通滤波器作用于一段男女声合唱的声音片段,则滤波器将提取男低音,限制女高音;而高通滤波器将提取女高音,限制或衰减男低音。

对于二维的图像信号,也有低频和高频之分。其中图像的低频部分是指图像中颜色或灰度变化缓慢的部分,而高频部分则对应图像中物体的边缘或颜色突变部分。图像通过低通滤波器,由于滤除了高频成分,图像变得模糊;而通过高通滤波器,可以锐化图像边缘并确定数字图像中物体的边界。

【随堂练习】

图 1.9(a)和图 1.9(b)分别是两人发出的同一元音的频率谱,请问哪一个属于变化更快的声音信号?

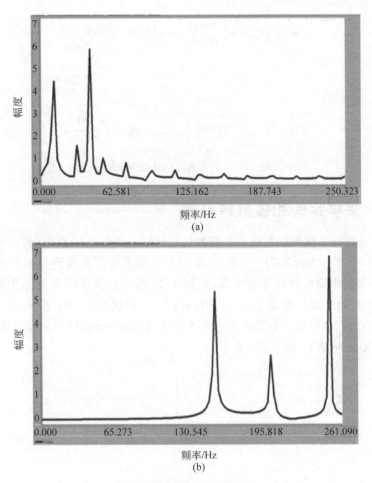

图 1.9 随堂练习的频谱图

1.5 采样定理和采样恢复

数字系统的输入是数字信号,我们平时遇到的信号有数字信号也有模拟信号。比如,可计数的信号(如一年内的下雨的天数)可直接用数字信号表示。而通过人们感觉器官感觉到的信号(不论语言、音乐或图像)大多数都是模拟信号,这些模拟信号在进入数字系统进行处理之前,都必须转换为数字信号,这就是采样。但这种转换并不是理想的,数字信号不能完全代表相应的模拟信号,可能会有差异或失真,它们之间的这种差异是转换过程的副作用。

将模拟信号转换成与之非常接近的数字信号后就可以进行数字信号处理了。例如,可以滤除语音中的高频噪声、加重音乐中的低频成分、突出图像中的边缘等。由于数字信号不能被人们的感觉器官所感知,因而数字信号在处理过程结束时,还必须再转换成模拟信号,这就是采样恢复。图 1.10 说明了数字信号处理过程中的主要组成部分。

本节主要讨论信号在模拟域(连续时间)和数字域(离散时间)之间的转换,主要任务是理解采样定理和采样恢复(也叫内插)。

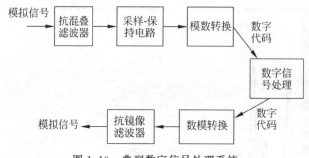

图 1.10　典型数字信号处理系统

1.5.1　采样定理和模数转换器

对模拟信号进行采样可以看成一个模拟信号通过一个电子开关 S。设电子开关每隔周期 T 合上一次,每次合上的时间 $\tau \ll T$,在电子开关输出端便可得到模拟信号的采样信号 $\hat{x}_a(t)$。采样-保持电路的核心是电容器,如图 1.11 所示。该电子开关的作用等效成一宽度为 τ,周期为 T 的矩形脉冲串 $p_T(t)$,采样信号 $\hat{x}_a(t)$ 就是 $x_a(t)$ 与 $p_T(t)$ 相乘的结果。采样过程如图 1.12(a)所示。如果让电子开关合上的时间 $\tau \to 0$,则形成理想采样,此时上面的脉冲串变成单位冲激串,用 $p_\delta(t)$ 表示。

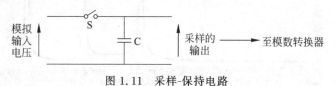

图 1.11　采样-保持电路

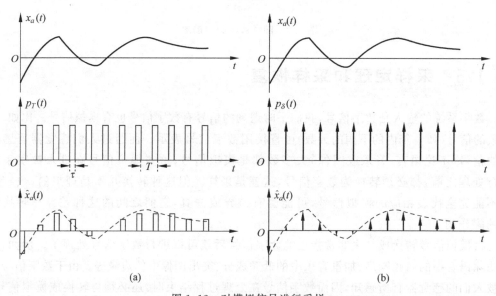

图 1.12　对模拟信号进行采样

$p_\delta(t)$ 中每个单位冲激处在采样点上,强度为 1,理想采样则是 $x_a(t)$ 与 $p_\delta(t)$ 相乘的结果,采样过程如图 1.12(b)所示,单位冲激串可表示为:

$$p_\delta(t) = \sum_{n=-\infty}^{\infty} \delta(t - nT) \quad (n = 0, \pm 1, \pm 2 \cdots) \tag{1.11}$$

其中，$\delta(t)$是单位冲激信号，而

$$\hat{x}_a(t) = x_a(t)p_\delta(t) = \sum_{n=-\infty}^{\infty} x_a(t)\delta(t - nT) \tag{1.12}$$

只有当 $t = nT$ 时，才可能有非零值，因此写成：

$$\hat{x}_a(t) = \sum_{n=-\infty}^{\infty} x_a(nT)\delta(t - nT)$$

经过理想采样后，信号的频谱会发生怎样的变化？如何从采样后的信号中不失真地恢复出原模拟信号？以及采样频率 $F_s(F_s = T^{-1})$ 与模拟信号最高频率 f_c 之间的关系如何？

在傅里叶变换中，两个时域信号乘积的傅里叶变换等于两个信号分别进行傅里叶变换后卷积的$\dfrac{1}{2\pi}$倍。按照式(1.12)，设：

$$X_a(j\Omega) = \text{FT}[x_a(t)]$$

$$\hat{X}_a(j\Omega) = \text{FT}[\hat{x}_a(t)]$$

$$P_\delta(j\Omega) = \text{FT}[p_\delta(t)]$$

其中，Ω 是模拟信号的角频率，FT 表示傅里叶变换。对式(1.11)进行傅里叶变换，得到：

$$P_\delta(j\Omega) = \sum_{k=-\infty}^{\infty} 2\pi a_k \delta(\Omega - k\Omega_s) \quad (k = 0, \pm 1, \pm 2, \cdots) \tag{1.13}$$

其中，$\Omega_s = \dfrac{2\pi}{T}$，称为采样角频率，单位是 rad/s；同时有：

$$a_k = \frac{1}{T} \int_{-\frac{T}{2}}^{\frac{T}{2}} \delta(t) e^{-jk\Omega_s t} \, dt = \frac{1}{T}$$

因此，可得到：

$$P_\delta(j\Omega) = \frac{2\pi}{T} \sum_{k=-\infty}^{\infty} \delta(\Omega - k\Omega_s) \tag{1.14}$$

$$\hat{X}_a(j\Omega) = \frac{1}{2\pi} X_a(j\Omega) \cdot P_\delta(j\Omega)$$

$$= \frac{1}{2\pi} \cdot \frac{2\pi}{T} \int_{-\infty}^{\infty} X_a(j\theta) \sum_{k=-\infty}^{\infty} \delta(\Omega - k\Omega_s - \theta) \, d\theta$$

$$= \frac{1}{T} \sum_{k=-\infty}^{\infty} \int_{-\infty}^{\infty} X_a(j\theta) \delta(\Omega - k\Omega_s - \theta) \, d\theta$$

$$= \frac{1}{T} \sum_{k=-\infty}^{\infty} X_a(j\Omega - jk\Omega_s) \tag{1.15}$$

式(1.15)表明理想采样信号的频谱是原模拟信号的频谱沿频率轴每隔一个采样角频率 Ω_s 重复出现一次，并叠加形成的周期函数。或者说理想采样信号的频谱是原模拟信号的频谱以 Ω_s 为周期，进行周期性延拓形成的。

设 $x_a(t)$ 是带限信号，最高频率为 Ω_c，其频谱 $X_a(j\Omega)$ 如图 1.13(a)所示。$p_\delta(t)$ 的频谱 $P_\delta(j\Omega)$ 如图 1.13(b)所示，那么按照式(1.15)，$\hat{x}_a(t)$ 的频谱 $\hat{X}_a(j\Omega)$ 如图 1.13(c)所示，

图中原模拟信号的频谱称为基带频谱。如果满足 $\Omega_s \geqslant 2\Omega_c$，或者用频率表示，即满足 $F_s \geqslant 2f_c$，基带谱与其他周期延拓形成的谱不重叠，如图 1.13(c)所示，可以用理想低通滤波器 $G(\mathrm{j}\Omega)$ 从采样信号中不失真地提取原模拟信号，如图 1.14 所示。但如果选择采样频率太低，或者说信号最高截止频率过高，使 $F_s < 2f_c$，$X_a(\mathrm{j}\Omega)$ 按照采样频率 F_s 周期延拓时，会形成频谱混叠现象，即欠采样，如图 1.13(d)所示。这种情况下，再用图 1.14 所示的理想低通滤波器对 $\hat{X}_a(\mathrm{j}\Omega)$ 进行滤波，得到的是失真了的模拟信号，表示如下：

$$G(\mathrm{j}\Omega) = \begin{cases} T & |\Omega| < \dfrac{1}{2}\Omega_s \\[2mm] 0 & |\Omega| \geqslant \dfrac{1}{2}\Omega_s \end{cases} \tag{1.16}$$

$$Y_a(\mathrm{j}\Omega) = \mathrm{FT}[y_a(t)] = \hat{X}_a(\mathrm{j}\Omega) \cdot G(\mathrm{j}\Omega) \tag{1.17}$$

$$y_a(t) = \mathrm{IFT}[Y_a(\mathrm{j}\Omega)] \tag{1.18}$$

$$y_a(t) = x_a(t) \quad \Omega_c \leqslant \frac{1}{2}\Omega_s \tag{1.19}$$

$$y_a(t) \neq x_a(t) \quad \Omega_c > \frac{1}{2}\Omega_s \tag{1.20}$$

其中，IFT 表示傅里叶反变换。这里需要说明的是，一般频谱函数是复函数，相加运算是复数相加，图 1.13 和图 1.14 仅是示意图。一般称 $F_s/2$ 为折叠频率，只有当信号最高频率不超过 $F_s/2$ 时，才不会产生频率混叠现象，否则超过 $F_s/2$ 的频谱会折叠回来，形成混叠现象，因此频率混叠在 $F_s/2$ 附近最严重。

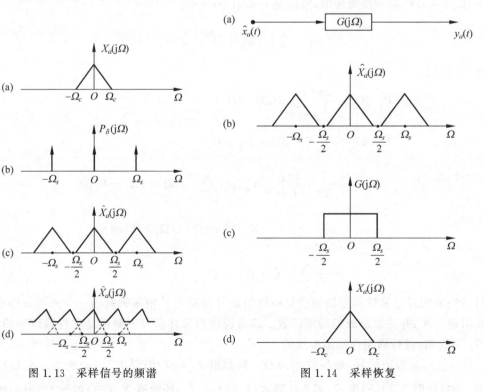

图 1.13　采样信号的频谱　　　　　　图 1.14　采样恢复

以上分析和讨论所得结论,就是奈奎斯特采样定理,叙述如下:

(1) 对连续信号进行等间隔采样形成采样信号,采样信号的频谱是原连续信号的频谱以采样频率 Ω_s 为周期进行周期性延拓形成的,用式(1.15)表示。

(2) 设连续信号 $x_a(t)$ 是带限信号,最高频率为 Ω_c,如果采样角频率 $\Omega_s \geqslant 2\Omega_c$,那么让采样信号 $\hat{x}_a(t)$ 通过一个增益为 T、截止频率为 $\Omega_s/2 = \pi/T$ 的理想低通滤波器,可以无失真地恢复出原连续信号 $x_a(t)$。否则,$\Omega_s < 2\Omega_c$ 会造成采样信号中的频谱混叠现象,不可能无失真地恢复出原连续信号。其中,$f = 2f_c$ 称为奈奎斯特采样频率。

实际中对模拟信号进行采样,需根据模拟信号的截止频率,按照采样定理的要求选择采样频率,即 $\Omega_s \geqslant 2\Omega_c$,但考虑到理想滤波器 $G(j\Omega)$ 不可实现,要有一定的过渡带,因此可选 $\Omega_s = (2+a)\Omega_c$,其中 $a > 0$。另外,可以在采样之前加一抗混叠的低通滤波器,滤除高于 $\Omega_s/2$ 的一些无用的高频分量和其他一些杂频信号,这就是在图1.10中采样之前加用于预滤波的抗混叠滤波器的原因。

通过对模拟信号进行理想采样分析推导出采样定理。采样定理表示的是采样信号 $\hat{x}_a(t)$ 的频谱与原模拟信号 $x_a(t)$ 的频谱之间的关系,以及由采样信号不失真地恢复原模拟信号的条件。

要进一步说明的是,采样信号用式(1.12)表示,它是用一串延时的单位冲激函数和表示的。按照该式,在 $t = nT$ 时,即在每个采样点上,采样信号的强度(幅度)准确地等于对应模拟信号的采样值 $x_a(nT)$,而在 $t \neq nT$ 时的非采样点上,采样信号的强度为零。时域离散信号(序列)$x(n)$ 只在 n 为整数时才有定义,否则无定义,因此采样信号和时域离散信号还是有点不一样。

但是,如果序列是通过对模拟信号采样得到的,即 $x(n) = x_a(nT)$,序列值等于采样信号在 $t = nT$ 时的幅度,在第2章将通过分析时域离散信号的频谱,得到此时序列的频谱依然是模拟信号频谱的周期延拓,因此由模拟信号通过采样得到序列时,依然要服从采样定理,否则一样会产生频谱混叠现象。

例如,许多人都有这样的幻觉,电影或电视上的车轮看起来向后转。这是混叠的直接结果,也就是说,拍摄时镜头拍摄的速率不够快,没有记录轮子的正确旋转。直径为0.6m的普通轮子周长为1.88m,这是轮子运转一周所走的路程。汽车的车速里程表上记录的速度单位是 km/h,速度 v km/h 相当于 $1000v/3600 = 0.278v$ m/s。轮子的旋转频率为:

$$\text{频率} = \frac{0.278v \text{m/s}}{1.88 \text{m}} = 0.1479v \text{Hz}$$

为满足奈奎斯特定理,对旋转轮胎的快照至少为旋转频率的两倍,即:

$$\text{最小采样频率} = 2 \times \text{最大频率} = 0.2958v \text{Hz}$$

大多数商业上16mm的相机具有 $2 \sim 64$ 张/s 的记录速度。一般选择16张/s。在此记录速度下,允许最大速度 $v_{\max}$ 可由:

$$16 = 0.2958v_{\max}$$

求出。换句话说,汽车速度大于 $v_{\max}$ 时就不能准确呈现轮子的旋转。

1.5.2 将时域离散信号转换成模拟信号

有时,处理后得到的时域离散信号可直接用来输出驱动一些不需要模拟输入的设备,如步进电机。但大多数情况下,时域离散信号必须转换成模拟信号,以便可以看见或听到。从前面的推导,已经知道模拟信号 $x_a(t)$ 经过理想采样,得到采样信号 $\hat{x}_a(t)$,$x_a(t)$ 和 $\hat{x}_a(t)$ 之间的关系可以用式(1.12)描述。如果选择的采样频率 F_s 满足采样定理,$\hat{x}_a(t)$ 的频谱没有频谱混叠现象,就可以用一个传输函数为 $G(\mathrm{j}\Omega)$ 的理想低通滤波器不失真地将原模拟信号 $x_a(t)$ 恢复出来,这是一种理想恢复。下面先分析推导该理想低通滤波器的输入和输出之间的关系,以便了解理想低通滤波器是如何由采样信号恢复出原始模拟信号的,然后再介绍在实际操作中,时域离散信号如何转换成模拟信号。

由式(1.16)表示的低通滤波器的传输函数 $G(\mathrm{j}\Omega)$ 进行傅里叶反变换得到其单位冲激响应 $g(t)$:

$$g(t) = \frac{1}{2\pi}\int_{-\infty}^{\infty} G(\mathrm{j}\Omega)\mathrm{e}^{\mathrm{j}\Omega t}\,\mathrm{d}\Omega = \frac{1}{2\pi}\int_{-\Omega_s/2}^{\Omega_s/2} T\mathrm{e}^{\mathrm{j}\Omega t}\,\mathrm{d}\Omega = \frac{\sin(\Omega_s t/2)}{\Omega_s t/2}$$

因为 $\Omega_s = 2\pi F_s = 2\pi/T$,因此 $g(t)$ 也可表示为:

$$g(t) = \frac{\sin(\pi t/T)}{\pi t/T} \tag{1.21}$$

理想低通滤波器的输入、输出分别为 $\hat{x}_a(t)$ 和 $y_a(t)$,则

$$y_a(t) = \hat{x}_a(t) * g(t) = \int_{-\infty}^{\infty} \hat{x}_a(\tau)g(t-\tau)\,\mathrm{d}\tau \tag{1.22}$$

将式(1.21)表示的 $g(t)$ 和式(1.12)表示的 $\hat{x}_a(t)$ 代入式(1.22),得到:

$$y_a(t) = \int_{-\infty}^{\infty}\left[\sum_{n=-\infty}^{\infty} x_a(nT)\delta(\tau-nT)\right]g(t-\tau)\,\mathrm{d}\tau$$

$$= \sum_{n=-\infty}^{\infty}\int_{-\infty}^{\infty} x_a(nT)\delta(\tau-nT)g(t-\tau)\,\mathrm{d}\tau$$

$$= \sum_{n=-\infty}^{\infty} x_a(nT)g(t-nT)$$

$$= \sum_{n=-\infty}^{\infty} x_a(nT)\frac{\sin[\pi(t-nT)/T]}{\pi(t-nT)/T} \tag{1.23}$$

由于满足采样定理,$y_a(t) = x_a(t)$,因此得到:

$$x_a(t) = \sum_{n=-\infty}^{\infty} x_a(nT)\frac{\sin[\pi(t-nT)/T]}{\pi(t-nT)/T} \tag{1.24}$$

其中,当 $n = \cdots,-1,0,1,2,\cdots$ 时,$x_a(nT)$ 是一串离散的采样值,而 $x_a(t)$ 是模拟信号,t 取连续值,$g(t)$ 的波形如图 1.15 所示。其特点是 $t=0$ 时,$g(0)=1$;$t=nT(n\neq 0)$ 时,$g(t)=0$。在式(1.23)中,$g(t)$ 保证了在各个采样点上,即 $t=nT$ 时,恢复的 $x_a(t)$ 等于原采样值,而在采样点之间,则是各采样值乘以 $g(t-nT)$ 的波形伸展叠加而成的。这种伸展波形叠加的情况如图 1.16 所示。$g(t)$ 函数所起的作用是在各采样点之间内插,因此称为内插函数,而式(1.24)称为内插公式。这种用理想低通滤波器恢复的模拟信号完全等于原模拟信号 $x_a(t)$,是一种无失真的恢复。但由于 $g(t)$ 是非因果的,因此理想低通滤波器是非因果

不可实现的。下面介绍实际的时域离散信号到模拟信号的转换。

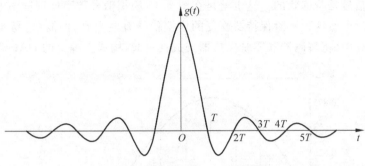

图 1.15 内插函数 $g(t)$ 的波形

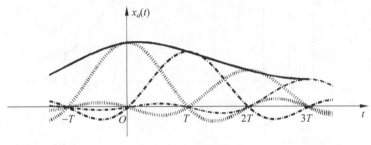

图 1.16 理想恢复

实际中采用数模转换器(Digital/Analog Converter,DAC)完成时域离散信号到模拟信号的转换。DAC 包括三部分,即解码器、零阶保持器和平滑滤波器,DAC 框图如图 1.17 所示。解码器的作用是将数字信号转换成时域离散信号 $x_a(nT)$,零阶保持器和平滑滤波器则将 $x_a(nT)$ 变成模拟信号。

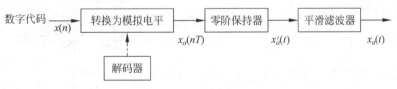

图 1.17 DAC 框图

以下说明图 1.17 具体的工作过程。电路先把数字代码变换为模拟电平;通过零阶保持,将前一个采样的电平值保持一个采样周期;维持到下一个采样值到来,再跳到新的采样值去保持。因此,DAC 的模拟输出 $x'_a(t)$ 呈阶梯状,最后再用一个低通滤波器(平滑滤波器)进行平滑得到 $x_a(t)$。图 1.18 是 3 位 DAC 实例,零阶保持器的单位冲激函数 $h(t)$ 如图 1.19 所示。

对 $h(t)$ 进行傅里叶变换,得到其传输函数:

$$H(\mathrm{j}\Omega) = \int_{-\infty}^{\infty} h(t)\mathrm{e}^{-\mathrm{j}\Omega t}\,\mathrm{d}t = \int_{0}^{T}\mathrm{e}^{-\mathrm{j}\Omega t}\,\mathrm{d}t = T\,\frac{\sin(\Omega T/2)}{\Omega T/2}\mathrm{e}^{-\mathrm{j}\Omega T/2} \tag{1.25}$$

其幅度特性和相位特性如图 1.20 所示。由该图看到,零阶保持器是一个低通滤波器,能够起到将时域离散信号恢复成模拟信号的作用。零阶保持器的幅度特性与理想低通滤波器的

幅度特性有明显的差别,主要是在 $|\Omega|>\pi/T$ 区域有较多的高频分量,表现在时域上,就是恢复出的模拟信号是阶梯状的。这也就是在图 1.10 模拟信号数字处理框图中,最后加平滑滤波器的原因。虽然这种零阶保持器恢复的模拟信号有些失真,但简单、易实现,是经常使用的方法。实际中,将解码器和零阶保持器集成在一起,构成工程上的 DAC 器件。

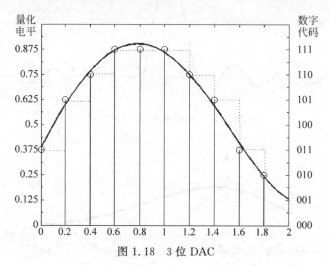

图 1.18 3 位 DAC

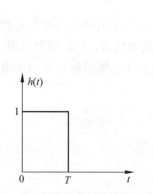

图 1.19 零阶保持器的单位冲激函数 $h(t)$

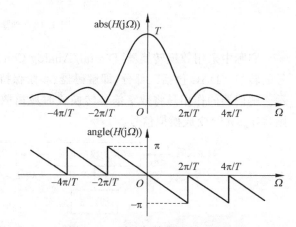

图 1.20 零阶保持器的频响特性

习题

1. 设信号 $x(t)$ 由频率相同,幅度和相位不同的两个余弦信号合成:

$$x(t) = 1.7\cos\left(2\pi \times 10t + \frac{70\pi}{180}\right) + 1.9\cos\left(2\pi \times 10t + \frac{200\pi}{180}\right)$$

试求合成后信号的幅度、频率和相位。

2. 试用复指数的欧拉公式证明:

$$(\cos\theta + \mathrm{j}\sin\theta)^n = \cos n\theta + \mathrm{j}\sin n\theta \tag{1.26}$$

并用式(1.26)计算 $\left(\dfrac{3}{5}+\mathrm{j}\dfrac{4}{5}\right)^{100}$ 的值。

3. 用相位的方法求解式(1.27)中的 M 和 φ，确定所有可能的结果，并归纳出一般算法。

$$5\cos(\omega_0 t)=M\cos\left(\omega_0 t-\frac{\pi}{6}\right)+5\cos(\omega_0 t+\varphi) \tag{1.27}$$

4. 假设有一个时域离散信号 $x(n)$ 如式(1.28)所示：

$$x(n)=2.2\cos\left(0.3\pi n-\frac{\pi}{3}\right) \tag{1.28}$$

该信号从时域连续信号 $x(t)=2.2\cos(2\pi f_0 t+\varphi)$ 抽样得到，抽样频率为 $f_s=6000\mathrm{Hz}$。试确定 3 个不同的频率的时域连续信号，用 f_s 采样后可以得到 $x(n)$，写出所有时域连续信号的数学表达式，要求这 3 个时域连续信号的频率小于 8kHz。

5. 人类可以听到的声音频率为 $20\mathrm{Hz}\sim22.05\mathrm{kHz}$，要从采样信号中理想恢复原信号，最小采样频率是多少？

6. 求下列模拟信号的奈奎斯特采样频率：

(1) $x(t)=\cos\left(20t+\dfrac{\pi}{3}\right)$；

(2) $x(t)=3\sin\left(\dfrac{500\pi t}{3}\right)$；

(3) $x(t)=\sin\left(\dfrac{300\pi t}{7}+\dfrac{\pi}{10}\right)$。

7. 语音信号以 8000 次/s 的速度进行采样。

(1) 求其采样周期。

(2) 还原信号的最大频率为多少？

8. 对模拟信号 $x(t)=5\sin\left(2500\pi t+\dfrac{\pi}{10}\right)$ 的 5 个周期进行欠采样，采样频率为 7/8 的奈奎斯特频率，则能得到多少个采样点？

9. 对模拟信号 $x(t)=\sin(4000t)$ 的 5 个周期进行过采样，采样频率为 4 倍的奈奎斯特频率，则能得到多少个采样点？

10. 模拟信号 $x(t)=\cos(1000\pi t)$ 每 3 个周期中有 7 个采样点。问：

(1) 采样频率是多少？

(2) 采样频率是否满足奈奎斯特采样定理？能否避免频谱混叠？

11. 蜂窝电话在载波上发射语音信号。传输频率范围为 $900\sim900.03\mathrm{MHz}$。要保证这个传输信号能从数字采样值中恢复，最小采样频率为多少？

12. 自行车以 15km/h 的速度沿公路行驶，车轮外径为 63.5cm，如果要正确记录车轮的实际轨迹，每秒至少要拍多少张照片？

13. 信号 $x(t)=\cos(2\pi f t)$，频率小于 1000Hz，以 600Hz 进行采样，得到频率为 150Hz 的信号。同一信号以 550Hz 的频率进行采样，得到频率为 200Hz 的信号，求该信号的频率。

第2章
CHAPTER 2

时域离散信号和时域离散系统

所有数字信号处理系统的输入均为数字信号。为了研究的方便,一般研究时域离散信号和时域离散系统。时域离散信号与数字信号的差别在于数字信号存在量化误差。本章主要内容如下:

➤ 时域离散信号的表示;

➤ 时域离散信号中常用的典型序列;

➤ 序列的运算;

➤ 滤波的基础知识;

➤ 线性、时不变、因果稳定离散系统;

➤ LTI时域离散系统输入与输出之间的关系;

➤ LTI时域离散系统的描述法——线性常系数差分方程。

2.1 时域离散信号的表示

如第1章所述,实际生活中遇到的信号大多数为模拟信号,而所有数字滤波器输入的信号要求都是数字信号,因此需要对模拟信号进行采样。模拟信号为 $x_a(t)$ 以采样间隔 T 对它进行等间隔采样后信号为 $x(n)$。显然,$x(n)$ 是一串有序的数字的集合,在数值上等于模拟信号 $x_a(t)$ 的采样值,即

$$x(n) = x_a(nT) \quad -\infty < n < +\infty$$

因此,时域离散信号也可以称为序列。对于具体的信号,$x(n)$ 也代表第 n 个序列的值。需要特别注意的是,这里 n 取整数,非整数时无定义。

时域离散信号起源于许多工程学领域,比如科学、经济、工程等。在经济应用中,离散时间变量 nT 可能就是天、月、季度或年等特定的时段。

时域离散信号有3种表示方法。

1. 用集合表示序列

如果 $x(n)$ 是通过观测得到的一组离散数据,则其可以用数学中的集合表示:

$$x(n) = \{x_n\} \quad n = \cdots -2, -1, 0, 1, 2 \cdots$$

例如:一个有限长序列

$$x(n) = \{1.3, 2.4, 3.6, 4.8, 0, 1.4; n = 0, 1, 2, 3, 4, 5\}$$

也可以简单表示为：

$$x(n) = \{1.3, 2.4, 3.6, 4.8, 0, 1.4\}$$

其中，箭头所指为 $n = 0$ 所对应的值。

2. 用数学公式表示序列

如果时域离散信号 $x(n)$ 随 n 有规律地变化，便可用数学公式表示，例如：

$$x(n) = \sin\left(\frac{3}{7}\pi n\right) \quad -\infty < n < +\infty$$

3. 用图形表示序列

时域离散信号 $x(n)$ 的图形一般都由与 n 相对应的 $x(n)$ 值给出。$x(n)$ 的值用顶部带圆圈的竖线表示。每条竖线表示一个采样点，并用某一整数标记，这个整数代表所经过的采样周期的数目。特定采样点的数字信号值（用圆圈标记）是数模（A/D）转换时最接近该模拟采样值的量化值，这就是所谓的棒图。例如，时域离散信号 $x(n) = \sin\left(\frac{3}{7}\pi n\right)$，用以下的 MATLAB 命令可以来绘制时域离散信号 $x(n)$ 的棒图，如图 2.1 所示。

```
n = -5:1:5
x = sin(3.14 * n * 3/7);
stem(n,x)
xlabel('n')
ylabel('x(n)')
```

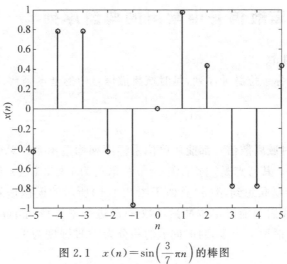

图 2.1　$x(n) = \sin\left(\frac{3}{7}\pi n\right)$ 的棒图

【例 2.1】　序列 $x(n)$ 如图 2.2 所示，假设 $n = 0$ 以前和 $n = 9$ 以后的所有采样值均为 0，这个信号用尾部随零的形式绘出。求下列序列的值：$x(0)$；$x(n-1)$。

解：（1）$x(n)$ 是指整个信号，$x(0)$ 是指信号中某一单个采样值。因此，该处采样值为 $x(0) = 0.25$。

（2）$x(n-1)$ 的图形可通过将 $x(n)$ 右移一个单位得到，通过表 2.1 验证，图形见图 2.3。

表 2.1 $x(n)$ 右移得到 $x(n-1)$

n	-2	-1	0	1	2	3	4	5	6	7	8	9	10	11	12	13
$x(n)$	0	0	0.25	0.75	0	0.125	0.575	0.5	0.75	0.275	0.5	0.25	0	0	0	0
$n-1$	-3	-2	-1	0	1	2	3	4	5	6	7	8	9	10	11	12
$x(n-1)$	0	0	0	0.25	0.75	0	0.125	0.575	0.5	0.75	0.275	0.5	0.25	0	0	0

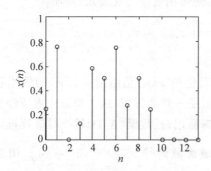
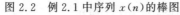
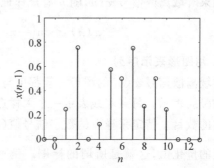

图 2.2 例 2.1 中序列 $x(n)$ 的棒图   图 2.3 例 2.1 中序列 $x(n-1)$ 的棒图

【随堂练习】

对于如图 2.2 所示序列 $x(n)$，假设 $n=0$ 以前和 $n=9$ 以后的所有采样值均为 0，这个信号用尾部随零的形式给出。求下列序列的值：① $x(5)$；② $x(n-2)$。

2.2 时域离散信号中常用的典型序列

1. 单位采样序列 $\delta(n)$

单位采样序列也称单位脉冲序列，是时域离散信号中的基本函数，其表示形式如下：

$$\delta(n) = \begin{cases} 1 & n=0 \\ 0 & n \neq 0 \end{cases} \tag{2.1}$$

事实上，所有的时域离散信号都能从单位采样序列构造出来。单位采样序列和单位冲激函数如图 2.4 所示。其特点是：除了在 $n=0$ 处取值为 1 外，其他 n 值处函数值均为 0，如图 2.4(a) 所示。很容易联想到，$\delta(n)$ 类似于图 2.4(b) 所示的模拟信号中的单位冲激函数 $\delta(t)$。但不同的是，我们不能对单位冲激函数 $\delta(t)$ 进行采样得到 $\delta(n)$，因为 $\delta(t)$ 在 $t=0$ 时，取值无穷大，$t \neq 0$ 时取值为零，对时间 t 的积分为 1，即强度为 1。

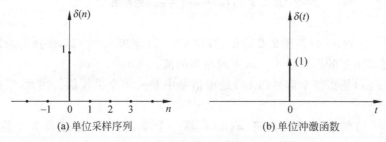

(a) 单位采样序列   (b) 单位冲激函数

图 2.4 单位采样序列和单位冲激函数

在 MATLAB 语言中,可以用逻辑关系式 $n==0$ 实现 $\delta(n)$,程序如下:

```
n = [n1:n2]
x = [(n - 0) == 0]
```

2. 单位阶跃序列 $u(n)$

单位阶跃序列如图 2.5 所示,常用来表示一个"接通"过程,其表示形式如下:

$$u(n) = \begin{cases} 1 & n \geqslant 0 \\ 0 & n < 0 \end{cases} \tag{2.2}$$

例如,12V 直流电源接通后的采样值可以表示为 $12u(n)$。它可以通过对连续时间阶跃函数 $u(n)$ 进行采样得到。同时,从图 2.5 中可以看出,单位阶跃序列是由无限多个单位采样序列平移相加而成。因此,$\delta(n)$ 与 $u(n)$ 之间的关系如下所示:

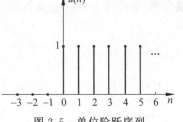

$$\delta(n) = u(n) - u(n-1) \tag{2.3}$$

$$u(n) = \sum_{k=0}^{\infty} \delta(n-k) \tag{2.4}$$

令 $n-k=m$,代入式(2.4)得

图 2.5 单位阶跃序列

$$u(n) = \sum_{m=-\infty}^{n} \delta(m) \tag{2.5}$$

同样也可以在 MATLAB 语言中,用逻辑关系式 $n \geqslant 0$ 来实现 $u(n)$,程序如下:

```
n = [n1:n2]
x = [(n - 0)> = 0]
```

【例 2.2】 有一给定时域离散信号 $x(n) = \begin{cases} 2n+3 & -3 \leqslant n \leqslant -1 \\ n-1 & 0 \leqslant n \leqslant 3 \\ 0 & \text{其他} \end{cases}$。

(1) 画出 $x(n)$ 序列的波形,并标上序列值;

(2) 试用单位采样序列移位加权和表示 $x(n)$ 序列。

解:(1) $x(n)$ 的波形如图 2.6 所示。

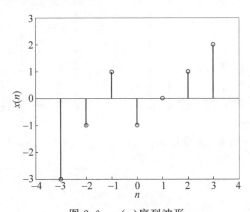

图 2.6 $x(n)$ 序列波形

（2）$x(n) = -3\delta(n+3) - \delta(n+2) + \delta(n+1) - \delta(n) + \delta(n-2) + 2\delta(n-3)$。

3. 矩形序列 $R_N(n)$

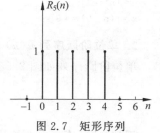

$$R_N(n) = \begin{cases} 1 & 0 \leqslant n \leqslant N-1 \\ 0 & \text{其他} \end{cases} \tag{2.6}$$

其中，N 为矩形序列的长度。当 $N=5$ 时，$R_5(n)$ 的波形如图 2.7 所示。

矩形序列可用单位阶跃表示如下：

$$R_N(n) = u(n) - u(n-N) \tag{2.7}$$

图 2.7　矩形序列

4. 实指数序列

$x(n) = a^n u(n)$，a 为实数，如果 $|a| < 1$，$x(n)$ 的幅度随 n 的增大而减小，称 $x(n)$ 为收敛序列，如图 2.8 所示。其波形可用以下 MATLAB 命令来绘制：

```
n = 0:1:10
a = 0.8;
x = a.^n
stem(n,x)
xlabel('n')
ylabel('x(n)')
```

如果 $|a| > 1$，$x(n)$ 的幅度随 n 的增大而增大，称 $x(n)$ 为发散序列，如图 2.9 所示。其波形可以用以下的 MATLAB 命令来绘制：

```
n = 0:1:10
a = 1.5;
x = a.^n
stem(n,x)
xlabel('n')
ylabel('x(n)')
```

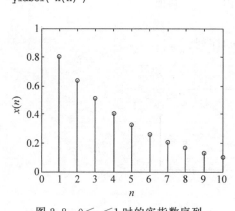

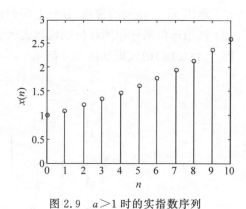

图 2.8　$0 < a < 1$ 时的实指数序列　　　　图 2.9　$a > 1$ 时的实指数序列

5. 复指数序列

$$x(n) = e^{(\sigma + j\omega_0)n} \tag{2.8}$$

其中，σ 控制序列的幅度变化，如果 $\sigma < 0$，则 $x(n)$ 收敛；如果 $\sigma > 0$，则 $x(n)$ 发散。ω_0 为数字域频率。例如：令 $x(n) = \exp[(-0.2 + 0.4j)n]$，$-10 \leqslant n \leqslant 10$，可用 MATLAB 命令分

别在图 2.10(a)～图 2.10(d)中画出它的实部、虚部、幅度和相位,程序如下:

```
n = -10:10
x = exp((-0.2 + 0.4j) * n)
subplot(2,2,1);stem(n,real(x),'k','lineWidth',1.2);title('实部');xlabel('n')
subplot(2,2,2);stem(n,imag(x),'k','lineWidth',1.2);title('虚部');xlabel('n')
subplot(2,2,3);stem(n,abs(x),'k','lineWidth',1.2);title('幅度');xlabel('n')
subplot(2,2,4);stem(n,(180/pi) * angle(x),'k','lineWidth',1.2);
title('相位');xlabel('n')
```

运行结果如图 2.10 所示。

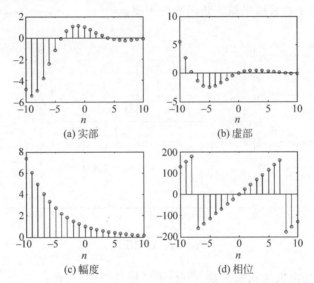

图 2.10　序列 $x(n)=\exp[(-0.2+0.4j)n]$,$-10\leqslant n\leqslant10$ 的实部、虚部、幅度和相位

如果 $\sigma=0$,其波形如图 2.11 所示。从图中可以发现,复指数序列 $x(n)$ 具有周期性,因为 $\sigma=0$ 时,

$$x(n)=e^{j\omega_0 n}=\cos(\omega_0 n)+j\sin(\omega_0 n)$$

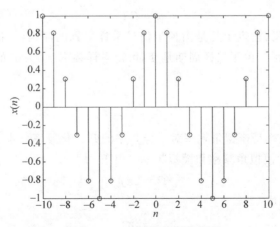

图 2.11　$\sigma=0$ 时的复指数序列

所以 n 取整数,下面等式成立:

$$e^{j(\omega_0+2\pi M)n} = e^{j\omega_0 n} \quad M = 0, \pm 1, \pm 2, \cdots$$

其周期为 2π。

6. 正弦序列

$$x(n) = A\sin(\omega n + \theta_0) \tag{2.9}$$

其中,A 是幅度,θ_0 是初始相位,单位是弧度(rad),ω 称为正弦序列的数字域频率(也称数字频率),单位是弧度(rad),它表示数字序列重复的频率。例如:$x(n) = 3\sin(0.2\pi n + \pi/4)$,$0 \leqslant n \leqslant 20$,其波形如图 2.12 所示。需要注意的是,与模拟正弦函数不同,正弦序列不一定是周期的,ω 也不等于被采样模拟正弦函数的频率。

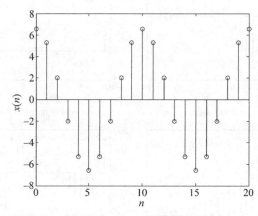

图 2.12　正弦序列

假设正弦序列是由模拟正弦函数 $x_a(t)$ 采样得到的,那么有:

$$x_a(t) = A\sin(\Omega t + \theta_0)$$

$$x_a(t)\big|_{t=nT} = A\sin(\Omega nT + \theta_0)$$

$$x(n) = A\sin(\omega n + \theta_0)$$

因为在数值上,序列值与采样信号值相等,所以得到数字频率 ω(单位是弧度)与模拟角频率 Ω(单位是弧度/秒)之间的关系为

$$\omega = \Omega T \tag{2.10}$$

式(2.10)具有普遍意义,它表示凡是由模拟信号采样得到的序列,模拟角频率 Ω 与序列的数字频率 ω 成线性关系。由于采样周期是 T,可得采样频率 f_s 为 T 的倒数,数字频率 ω 也可表示成下式:

$$\omega = \frac{\Omega}{f_s} \tag{2.11a}$$

式(2.11a)表示数字频率是模拟角频率对采样频率的归一化频率。本书中均用 ω 表示数字频率,Ω 和 f 分别表示模拟角频率和模拟频率。由于

$$\Omega = 2\pi f$$

式(2.11a)还可以表示成

$$\omega = \frac{2\pi f}{f_s} \tag{2.11b}$$

式(2.11b)说明了数字频率 ω 与模拟信号频率 f、采样频率 f_s 之间的转换关系,这一关系在后面会经常用到。

7. 周期序列

若存在一个正整数 N,使得对于所有的 n,有:

$$x(n)=x(n+N) \quad -\infty<n<\infty \tag{2.12}$$

则称序列 $x(n)$ 为周期序列。当且仅当存在一个正整数 N,使 $x(n)$ 的值每隔时间 N 重复出现,这里的 N 即为周期,信号重复出现的最小的 N 称为基本周期。

下面讨论一般正弦序列的周期性。设序列为:

$$x(n)=A\sin(\omega n+\theta_0)$$

那么

$$x(n+N)=A\sin[\omega(n+N)+\theta_0]=A\sin(\omega n+\omega N+\theta_0)$$

如果

$$x(n+N)=x(n)$$

则要求 $\omega N=2k\pi$,即 $N=\dfrac{2k\pi}{\omega}$,式中 k 与 N 均取整数,这样的正弦序列才是以 N 为周期的周期序列。

正弦序列可能有以下 3 种情况:

(1) 当 $\dfrac{2\pi}{\omega}$ 为整数时,$k=1$,正弦序列是以 $\dfrac{2\pi}{\omega}$ 为基本周期的周期序列。例如,$\sin\left(\dfrac{\pi}{4}n\right)$,$\omega=\dfrac{\pi}{4}$,$\dfrac{2\pi}{\omega}=8$,该正弦序列的基本周期为 8。

(2) 当 $\dfrac{2\pi}{\omega}$ 不是整数,而是一个有理数时,设 $\dfrac{2\pi}{\omega}=\dfrac{P}{Q}$,其中 P、Q 是互为素数的整数,取 $k=Q$,那么 $N=P$,则正弦序列是以 P 为基本周期的周期序列。例如,$\sin\left(\dfrac{4}{7}\pi n\right)$,$\omega=\dfrac{4}{7}\pi$,$\dfrac{2\pi}{\omega}=\dfrac{7}{2}$,$k=2$,该正弦序列是以 7 为基本周期的周期序列。

(3) 当 $\dfrac{2\pi}{\omega}$ 是无理数时,任何整数 k 都不能使 N 为正整数,因此,此时的正弦序列不是周期序列。例如,$\sin\dfrac{n}{5}$ 即不是周期序列。

对于复指数序列 $e^{j\omega_0 n}$ 的周期性也具有上面一样的分析结果。

【例 2.3】 数字信号为 $x(n)=\cos\left(\dfrac{4\pi}{5}n\right)$。

(1) 该序列是否为周期序列?

(2) 求出序列的前 9 个采样值。

解:(1) 数字频率为 $\omega=\dfrac{4\pi}{5}$,因而 $\dfrac{2\pi}{\omega}=\dfrac{5}{2}$。$k=2$,$N=5$,表明序列每 5 个采样点开始重复,且这 5 个采样点处于被采样模拟信号的两个完整周期上。

（2）用 MATLAB 程序画序列的棒图（图 2.13）。

```
n = [ - 10:10]
x = cos(4 * pi * n/5)
stem(n,x,'k')
xlabel('n')
ylabel('x(n)')
```

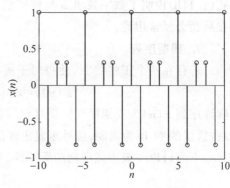

图 2.13 例 2.3 序列的棒图

n 从 $-1\sim7$ 的取值依次为：

```
x = - 0.8090   1.0000   - 0.8090
      0.3090   0.3090   - 0.8090
      1.0000 - 0.8090    0.3090
```

从序列的取值和图 2.13 中所给出的棒图可以看到,序列每 5 个采样点重复一次。

上面介绍了几种常见的序列,对于任意一般序列,可用单位采样序列 $\delta(n)$ 的移位加权和表示,即

$$x(n) = \sum_{m=-\infty}^{\infty} x(m)\delta(n-m) \tag{2.13}$$

其中

$$\delta(n-m) = \begin{cases} 1 & n=m \\ 0 & n \neq m \end{cases}$$

8. 二维数字信号

前面所涉及的信号都是一维的,这些时域离散信号适用于描述语音、音乐或电流等,不适合描述图像。描述图像要用到二维时域离散信号。二维时域离散信号是数字矩阵(Matrix),矩阵中的每一个数对应数字图像的一个像素(Pixel),它记录了像素位置上图像的灰度或颜色。对于 8 比特的黑白图像,有 256 个灰度级,每个灰度级可在 0(黑)到 255(白)中取值。这部分内容,感兴趣的同学可查阅数字图像处理的相关书籍。

【随堂练习】

判断下面的序列是否是周期的,若是周期的,确定其基本周期。

（1）$x(n) = A\cos\left(\dfrac{3}{7}\pi n - \dfrac{\pi}{8}\right)$,其中 A 是常数。

（2）$x(n) = e^{j\left(\frac{1}{8}n - \pi\right)}$。

（3）$x(n) = \cos(0.125\pi n)$。

（4）$x(n) = \text{Re}(e^{j\frac{1}{12}\pi n}) + \text{Im}(e^{j\frac{1}{18}\pi n})$。

（5）$x(n) = \sin(\pi + 0.2n)$。

（6）$x(n) = e^{j\frac{1}{16}\pi n}$。

2.3 序列的运算

在数字信号处理中,序列有以下几种运算,它们是加法、乘法、移位、翻转及尺度变换。

1. 加法和乘法

序列之间的加法和乘法,是指序列间的相同序号的序列值逐项对应相加和相乘,如图 2.14 所示。

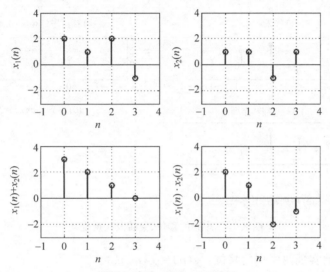

图 2.14 序列的加法和乘法

可通过建立以下函数实现两序列的相加:$y(n)=x_1(n)+x_2(n)$。

```
function[y,n] = sigadd(x1,n1,x2,n2)
n = min(min(n1),min(n2)):max(max(n1),max(n2))
y1 = zeros(1,length(n))
y2 = y1
y1(find((n > = min(n1))&(n < = max(n1)) == 1)) = x1
y2(find((n > = min(n2))&(n < = max(n2)) == 1)) = x2
y = y1 + y2
```

通过以下函数实现两序列相乘:$y(n)=x_1(n) \cdot x_2(n)$。

```
function[y,n] = sigmult(x1,n1,x2,n2)
n = min(min(n1),min(n2)):max(max(n1),max(n2))
y1 = zeros(1,length(n))
y2 = y1
y1(find((n > = min(n1))&(n < = max(n1)) == 1)) = x1
y2(find((n > = min(n2))&(n < = max(n2)) == 1)) = x2
y = y1 * y2
```

2. 移位、翻转及尺度变换

设序列 $x(n)$ 如图 2.15(a)所示,其移位序列 $x(n-n_0)$(当 $n_0=2$ 时)用图 2.15(b)表

示；当 $n_0>0$ 时称为 $x(n)$ 的延时序列；当 $n_0<0$ 时称为 $x(n)$ 的超前序列。$x(-n)$ 则是 $x(n)$ 的翻转序列，用图 2.15(c)表示。$x(mn)$ 是 $x(n)$ 序列每隔 m 点取一点形成的，相当于时间轴 n 压缩了 m 倍。当 $m=2$ 时，其波形如图 2.15(d)所示；当 $m=1/2$ 时，其波形如图 2.15(e)所示。

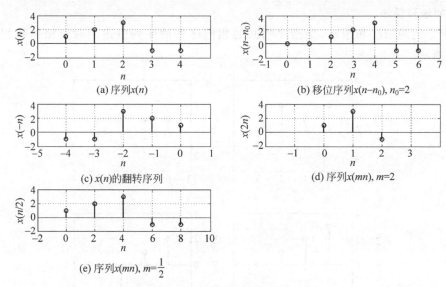

图 2.15 序列的移位、翻转及尺度变换

通过以下函数实现两序列的移位：$y(n)=x(n-k)$。

```
function[y,n] = sigshift(x,m,k)
n = m + k
y = x
```

通过以下函数实现两序列的翻转：$y(n)=x(-n)$。

```
function[y,n] = sigfold(x,n)
y = fliplr(x)
n = - fliplr(n)
```

【例 2.4】 已知例 2.2 中给出的序列 $x(n)$，$x(n)=\begin{cases}2n+3 & -3\leqslant n\leqslant-1 \\ n-1 & 0\leqslant n\leqslant3 \\ 0 & \text{其他}\end{cases}$。

(1) 令 $x_1(n)=2x(n-2)$，试用单位采样序列的移位加权和表示并画出波形；

(2) 令 $x_2(n)=x(2-2n)$，试用单位采样序列的移位加权和表示并画出波形。

解：已知 $x(n)=-3\delta(n+3)-\delta(n+2)+\delta(n+1)-\delta(n)+\delta(n-2)+2\delta(n-3)$，见图 2.16。

(1) $x_1(n)=-6\delta(n+1)-2\delta(n)+2\delta(n-1)-2\delta(n-2)+2\delta(n-4)+4\delta(n-5)$，见图 2.17。

(2) $x_2(n)=x(2-2n)=x[-2(n-1)]$，见图 2.18(b)。

由图 2.18 中可知：$x_2(n)=2\delta(n+2)+\delta(n)-3\delta(n-1)$。

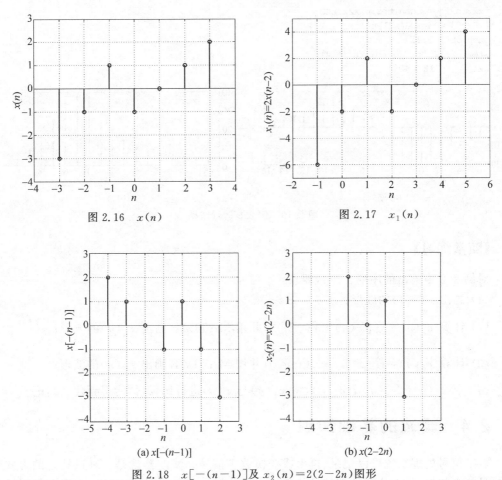

图 2.16　$x(n)$

图 2.17　$x_1(n)$

(a) $x[-(n-1)]$

(b) $x(2-2n)$

图 2.18　$x[-(n-1)]$及 $x_2(n)=2(2-2n)$图形

以下通过例 2.5 来说明用 MATLAB 软件实现序列的运算。

【例 2.5】　令 $x(n)=\{1,2,3,4,5,6,7,6,5,4,3,2,1\}$,确定并画出下列序列:

(1) $x_1(n)=2x(n-5)-3x(n+4)$;

(2) $x_2(n)=x(3-n)+x(n)x(n-2)$。

程序如下所示,运行结果见图 2.19。

```
n = - 2:10
x = [1:7,6: - 1:1]
[x11,n11] = sigshift(x,n,5)
[x12,n12] = sigshift(x,n, - 4)
[x1,n1] = sigadd(2 * x11,n11, - 3 * x12,n12)
subplot(2,1,1)
stem(n1,x1,'k','lineWidth',1.2);
xlabel('n')
ylabel('x1(n)')
axis([ - 7 16  - 20 20])
[x21,n21] = sigfold(x,n)
[x21,n21] = sigshift(x21,n21,3)
[x22,n22] = sigshift(x,n,2)
```

```
[x22,n22] = sigmult(x,n,x22,n22)
[x2,n2] = sigadd(x21,n21,x22,n22)
subplot(2,1,2)
stem(n2,x2,'k','lineWidth',1.2);
axis([-7 12 0 40])
```

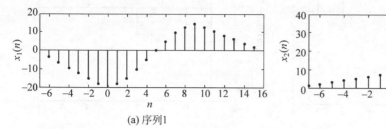

(a) 序列1   (b) 序列2

图 2.19　例 2.5 运行结果

【随堂练习】

对例 2.2 中给出的序列 $x(n)$,要求:

(1) 画出 $x(-n)$ 的波形;

(2) 计算 $x_e(n) = \dfrac{1}{2}[x(n) + x(-n)]$,并用 MATLAB 画出 $x_e(n)$ 的波形;

(3) 计算 $x_o(n) = \dfrac{1}{2}[x(n) - x(-n)]$,并用 MATLAB 画出 $x_o(n)$ 的波形;

(4) 令 $x_1(n) = x_e(n) + x_o(n)$,将 $x_1(n)$ 与 $x(n)$ 进行比较,你能得到什么结论?

2.4　滤波的基础知识

　　数字信号处理系统可以记录、再生或变换数字信号。滤波器就是一种以特定的方式改变信号频率特性,从而达到处理信号的系统。滤波器一般包括低通、高通、带通和带阻滤波器。例如,音乐的主要内容集中在低频和中频频率分量中,因此可以用低通滤波器来减小高频的杂音成分。对于海洋中的声呐系统,需要用高通滤波器消除信号中船和海的低频噪声,从而易于识别目标。

　　滤波器的特性可通过它的频域形状来直观地描述。图 2.20 给出了常用滤波器的幅频响应特性曲线。由于这里所示的滤波器不是理想滤波器,因此它们的曲线不是理想的矩形。滤波器的阶数越高,它的滚降(Roll-Off)特性越好,越接近理想情况。滤波器在某个频率的增益决定了滤波器对此频率输入的放大因子。增益高的频率范围,信号可以通过,称为滤波器的通带(Pass Band);反之,增益低的频率范围,滤波器对信号起衰减或阻塞作用,称为滤波器的阻带(Stop Band)。一般将增益为最大值的 $\sqrt{2}/2 = 0.707$ 所对应的频率称为滤波器的截止频率。截止频率也被看成是通带的边缘。增益通常用分贝或 dB 表示,计算如下:

$$增益(dB) = 20\lg(增益) \tag{2.14}$$

这样,增益为 0.707 时对应 -3dB。因此,截止频率通常被称为 -3dB 截止频率,它决定了滤波器的带宽(Bandwidth),在通带频率范围内的信号可以通过。

　　上面讲的每一种滤波器对输入信号的作用不同,低通滤波器可以平滑信号的突变,而高通滤波器可以强化信号的锐变。信号的滤波可以用模拟滤波器或数字滤波器实现。数字滤波器具有模拟滤波器无法比拟的优点,比如,数字滤波器的性能是由一系列数字系数来确定

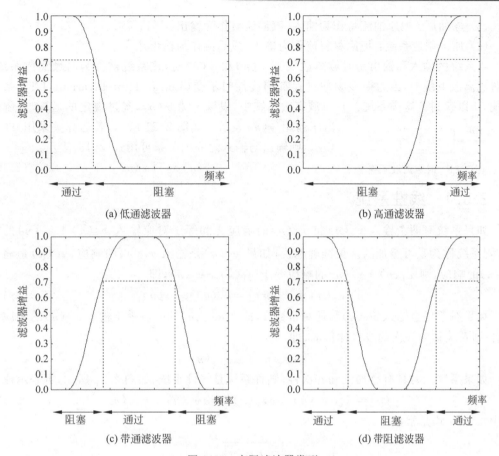

图 2.20　实际滤波器类型

的,要重新设计数字滤波器只需要重新修改滤波程序的系数即可。同时,高阶数字滤波器的实现也很容易,只是将滤波器的系数列表变长而已。由于数字滤波器具有使用方便灵活的特点,在许多情况下,人们都会选用数字滤波器。求解数字滤波器的输出主要有两种方式,一种是用差分方程计算滤波器的输出,另一种是利用卷积运算来计算滤波器的输出。这两种方法将在后续章节进行介绍。

【随堂练习】

　　一名密探想将一张机密名单照片带回情报总部,这种照片是他通过微型照相机拍摄的,请问是使用低通还是高通滤波器来处理这张照片?

2.5　线性、时不变、因果稳定离散系统

系统的定义在前面已经介绍过,由一个输入信号 x 产生一个输出信号 y。常见系统如下。

（1）电子电路：输入为电压或电流,输出为电路中各点的电压或电流。

（2）通信系统：输入是发送信号,输出是接收信号。

（3）生物系统：如人的心脏,输入是对心脏肌肉的刺激,输出是心脏的血流速率。

（4）机器人控制器：输入是作用于机器人连杆的力矩,输出是受动器(机器手)的位置。

（5）炼油厂：把原油流量作为输入，汽油流量作为输出。

（6）加工制造系统：把原材料流作为输入，成品流作为输出。

当系统的输入和输出是时域离散信号 $x(n)$ 和 $y(n)$ 时，该系统被称为时域离散系统。在时域离散系统中，因为很多物理过程都用线性时不变（Linear Time-Invariant，LTI）系统表征，所以仅讨论这类系统。在时域离散系统中，设输入为 $x(n)$，经过规定的运算，系统输出序列用 $y(n)$ 表示。如图 2.21 所示，若运算关系用 T[·] 表示，则输出与输入之间的关系可用式（2.15）表示：

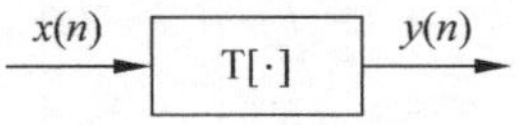

$$x(n) \xrightarrow{\quad} \boxed{\text{T}[\cdot]} \xrightarrow{\quad} y(n)$$

图 2.21　时域离散系统

$$y(n) = \text{T}[x(n)] \qquad (2.15)$$

2.5.1　线性系统

如果系统对两个输入 $x_1(n)$ 和 $x_2(n)$ 的响应之和等于对应输入 $x_1(n) + x_2(n)$ 的响应，则系统称为是可叠加的。更准确地说，如果 $y_1(n)$ 是输入 $x_1(n)$ 的响应，$y_2(n)$ 是输入 $x_2(n)$ 的响应，则 $x_1(n) + x_2(n)$ 的响应等于 $y_1(n) + y_2(n)$，即

$$\text{T}[x_1(n) + x_2(n)] = y_1(n) + y_2(n) \qquad (2.16)$$

如果对于任意输入 $x_1(n)$ 和任意常数 a，输入 $ax_1(n)$ 的响应等于输入 $x_1(n)$ 的响应的 a 倍，则系统称为齐次的或成比例的，即

$$\text{T}[ax_1(n)] = ay_1(n) \qquad (2.17)$$

如果系统同时具有叠加性和齐次性，则称系统是线性系统，如图 2.22 所示，可表示成：

$$y(n) = \text{T}[ax_1(n) + bx_2(n)] = ay_1(n) + by_2(n) \qquad (2.18)$$

其中，a 和 b 均是常数。

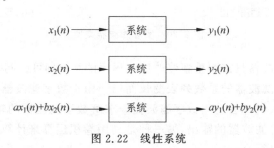

图 2.22　线性系统

线性特性是一个非常重要的性质。如果系统是线性的，在研究系统的特性和结构时，可以应用收集到的各种现有的线性运算方面的结论。如果系统是非线性系统，在研究解析理论时应用范围就非常受限制。在实际应用中，一个给定的非线性系统经常被近似为线性系统，因此线性系统的分析方法可以在非线性系统中得到利用。

【例 2.6】　证明 $y(n) = x(n)\sin\left(\omega_0 n + \dfrac{\pi}{4}\right)$ 所代表的系统是线性系统。

证明：

$$y_1(n) = \text{T}[x_1(n)] = x_1(n)\sin\left(\omega_0 n + \frac{\pi}{4}\right)$$

$$y_2(n) = \text{T}[x_2(n)] = x_2(n)\sin\left(\omega_0 n + \frac{\pi}{4}\right)$$

$$\text{T}[x_1(n) + x_2(n)] = [x_1(n) + x_2(n)] \cdot \sin\left(\omega_0 n + \frac{\pi}{4}\right)$$

$$= y_1(n) + y_2(n) \quad \text{满足叠加性}$$

$$\mathrm{T}[ax_1(n)]=ax_1(n)\cdot\sin\left(\omega_0 n+\frac{\pi}{4}\right)=a\cdot y_1(n) \quad 满足齐次性$$

所以 $y(n)=x(n)\sin\left(\omega_0 n+\frac{\pi}{4}\right)$ 是线性系统。

【例 2.7】 试判断下列系统哪些是线性系统。

(1) $y(n)=\ln x(n)$;

(2) $y(n)=6x(n+2)+4x(n+1)+2x(n)+1$;

(3) $y(n)=6x(n)+\dfrac{x(n+1)\cdot x(n-1)}{x(n)}$。

解：(1) $y_1(n)=\mathrm{T}[x_1(n)]=\ln[x_1(n)]$

$$y_2(n)=\mathrm{T}[x_2(n)]=\ln[x_2(n)]$$

$$\mathrm{T}[x_1(n)+x_2(n)]=\ln[x_1(n)+x_2(n)]$$

$$\neq \ln[x_1(n)]+\ln[x_2(n)] \quad 不满足叠加性$$

$$\mathrm{T}[ax_1(n)]=\ln[ax_1(n)]=\ln a+\ln[x_1(n)]$$

$$\neq a\cdot\ln[x_1(n)]=ay_1(n) \quad 不满足齐次性$$

系统不满足叠加性和齐次性,所以该系统是非线性系统。

(2) $y_1(n)=\mathrm{T}[x_1(n)]=6x_1(n+2)+4x_1(n+1)+2x_1(n)+1$

$$y_2(n)=\mathrm{T}[x_2(n)]=6x_2(n+2)+4x_2(n+1)+2x_2(n)+1$$

$$\mathrm{T}[x_1(n)+x_2(n)]=6[x_1(n+2)+x_2(n+2)]+$$

$$4[x_1(n+1)+x_2(n+1)]+2[x_1(n)+x_2(n)]+1$$

$$\neq y_1(n)+y_2(n) \quad 不满足叠加性$$

$$\mathrm{T}[ax_1(n)]=a[6x_1(n+2)+4x_1(n+1)+2x_1(n)]+1$$

$$\neq a\cdot y_1(n) \quad 不满足齐次性$$

系统不满足叠加性和齐次性,所以该系统是非线性系统。

(3) $y_1(n)=\mathrm{T}[x_1(n)]=6x_1(n)+\dfrac{[x_1(n+1)\cdot x_1(n-1)]}{x_1(n)}$

$$y_2(n)=\mathrm{T}[x_2(n)]=6x_2(n)+\dfrac{[x_2(n+1)\cdot x_2(n-1)]}{x_2(n)}$$

$$\mathrm{T}[x_1(n)+x_2(n)]=6[x_1(n)+x_2(n)]+$$

$$\dfrac{[x_1(n+1)+x_2(n+1)]\cdot[x_1(n-1)+x_2(n-1)]}{x_1(n)+x_2(n)}$$

$$\neq y_1(n)+y_2(n) \quad 不满足叠加性$$

$$\mathrm{T}[ax_1(n)]=6ax_1(n)+\dfrac{[ax_1(n+1)\cdot ax_1(n-1)]}{ax_1(n)}$$

$$=a\left[6x_1(n)+\dfrac{[x_1(n+1)\cdot x_1(n-1)]}{x_1(n)}\right]=ay_1(n) \quad 满足齐次性$$

该系统不满足叠加性,满足齐次性,仍是非线性系统。

【随堂练习】

判断下列系统哪些是线性系统：① $y(n)=x(n)\sin\dfrac{\pi n}{2}$；② $y(n)=\mathrm{Re}[x(n)]$；

③ $y(n)=\dfrac{1}{2}[x(n)+x^*(-n)]$。

2.5.2 时不变系统

如果时域离散系统的输入为 $x(n)$，输出为 $y(n)$。对于任意输入 $x(n)$ 和任意时间 n_0，如果输入平移后的序列 $x(n-n_0)$ 其响应等于 $y(n-n_0)$。换句话说，系统无论何时加上输入，输出都是相同的，即输入延迟，输出也延迟相同的量，则这种系统称为时不变系统，如图 2.23 所示，用公式表示如下：

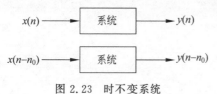

图 2.23 时不变系统

$$\left.\begin{array}{l} y(n) = T[x(n)] \\ y(n-n_0) = T[x(n-n_0)] \end{array}\right\} \tag{2.19}$$

【例 2.8】 判断 $y(n)=ax(n)+b$ 所代表的系统是否是时不变系统，式中 a 和 b 是常数。

解：
$$y(n) = T[x(n)] = ax(n) + b$$
$$y(n-n_0) = ax(n-n_0) + b$$
$$y(n-n_0) = T[x(n-n_0)] = ax(n-n_0) + b$$

因此该系统是时不变系统。

【例 2.9】 证明 $y(n)=x(n)\sin\left(\omega_0 n + \dfrac{\pi}{4}\right)$ 所代表的系统为时变系统。

证明：
$$y(n) = T[x(n)] = x(n)\sin\left(\omega_0 n + \frac{\pi}{4}\right)$$
$$y(n-n_0) = x(n-n_0)\sin\left[\omega_0(n-n_0) + \frac{\pi}{4}\right]$$
$$T[x(n-n_0)] = x(n-n_0)\sin\left(\omega_0 n + \frac{\pi}{4}\right)$$
$$y(n-n_0) \neq T[x(n-n_0)]$$

因此该系统为时变系统。

【随堂练习】

判断下列系统是否为线性系统和时不变系统：

(1) $y(n) = x(n) + 2x(n-1) + 3x(n-2)$；

(2) $y(n) = 2x(n) + 3$；

(3) $y(n) = x(n-n_0)$；

(4) $y(n) = x(-n)$；

(5) $y(n) = x^2(n)$；

(6) $y(n) = x(n^2)$；

(7) $y(n) = \displaystyle\sum_{m=0}^{n} x(m)$；

(8) $y(n) = x(n)\sin(\omega n)$。

2.5.3 系统的因果性和稳定性

因果性是所有实际系统应该具有的特性,如果系统 n 时刻的输出只取决于 n 时刻以及 n 时刻以前的输入序列,而和 n 时刻以后的输入序列无关,则称该系统具有因果性质,或称该系统为因果系统。如果 n 时刻的输出还取决于 n 时刻以后的输入序列,在时间上违背了因果性,系统是不存在的,也无法实现,则该系统被称为非因果系统。

线性时不变系统具有因果性的充分必要条件是系统的单位采样响应满足:

$$h(n) = 0 \quad n < 0 \qquad (2.20)$$

满足式(2.20)的序列称为因果序列,因此因果系统的单位采样响应必然是因果序列。因果系统的判定条件式(2.20)从概念上也容易理解,因为单位采样响应是输入为 $\delta(n)$ 的零状态响应,在 $n = 0$ 时刻以前即 $n < 0$ 时,没有加入信号,输出只能等于零。

稳定性是指若系统的输入有界,输出也应是有界的。系统稳定的充分必要条件是系统的单位采样响应绝对可和,用公式表示为

$$\sum_{n=-\infty}^{\infty} |h(n)| < \infty \qquad (2.21)$$

【例 2.10】 设线性时不变系统的单位采样响应 $h(n) = a^n u(n)$,式中 a 是实常数,试分析该系统的因果性和稳定性。

解: 由于 $n < 0$, $h(n) = 0$,因此系统是因果系统。

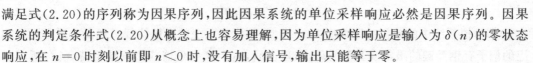

$$\sum_{n=-\infty}^{\infty} |h(n)| = \sum_{n=0}^{\infty} |a|^n = \lim_{N \to \infty} \sum_{n=0}^{N-1} |a|^n = \lim_{N \to \infty} \frac{1 - |a|^N}{1 - |a|}$$

只有当 $|a| < 1$ 时,才有

$$\sum_{n=-\infty}^{\infty} |h(n)| = \frac{1}{1 - |a|}$$

因此系统稳定的条件是 $|a| < 1$; $|a| \geq 1$ 时,系统不稳定。系统稳定时,$h(n)$ 的模值随 n 加大而减小,此时序列 $h(n)$ 称为收敛序列。如果系统不稳定,$h(n)$ 的模随 n 加大而增大,序列 $h(n)$ 称为发散序列。

【例 2.11】 设某一系统为 $y(n) = x^2(n)u(n)$,试判断其因果性和稳定性。

解: 系统 $y(n) = x^2(n)u(n)$ 是无记忆的(即系统在时刻 n 的响应仅取决于在时刻 n 输入,与其他时刻的输入无关),因此,这个系统是因果系统。

设 $x(n)$ 为任意有界输入即 $|x(n)| < M$,那么由

$$|y(n)| = |x(n)|^2 < M^2$$

可得到输出 $y(n) = x^2(n)u(n)$ 是稳定的,因此,该系统是稳定的。

【随堂练习】

(1) 设 $x(n)$ 是系统输入,$y(n)$ 是系统输出,试判断下列系统的因果性:① $y(n) = x(|n|)$;② $y(n) = x(n) + x(n-3) + x(n-10)$;③ $y(n) = x(n) - x(n^2 - n)$;④ $y(n) = \prod_{k=1}^{N} x(n-k)$;⑤ $y(n) = \sum_{k=n}^{\infty} x(n-k)$。

(2) 设 $x(n)$ 是系统输入,$y(n)$ 是系统输出,试判断下列系统的稳定性:① $y(n) =$

$$\frac{e^{x(n)}}{x(n-1)}；②y(n)=\cos(x(n))；③y(n)=\ln(1+|x(n)|)；④y(n)=x(n)\cos\left(\frac{\pi}{8}n\right)。$$

2.6 LTI 时域离散系统输入与输出之间的关系

在数字滤波器输出 $y(n)$ 的初始状态为零的情况下，设 LTI 数字滤波器的输入为单位采样(脉冲)序列 $x(n)=\delta(n)$，滤波器的输出 $y(n)$ 被称为单位采样(脉冲)响应，用 $h(n)$ 表示。公式表示为

$$h(n)=T[\delta(n)] \tag{2.22}$$

$h(n)$ 和模拟系统中的单位冲激响应 $h(t)$ 类似，都代表系统的时域特征。现实生活中脉冲响应的例子有钢琴键的敲击或音叉的敲击，敲击后，由于这些乐器能很好地维持音律，所以它们的脉冲响应会持续一段时间后才逐渐消失。

单位脉冲响应反映了系统的基本特性。设系统的输入用 $x(n)$ 表示，所有的时域离散信号都可以按照式(2.13)表示成单位采样序列的移位加权和，即：

$$x(n)=\sum_{m=-\infty}^{\infty} x(m)\delta(n-m)$$

下面通过一个例题，来理解单位采样序列和单位脉冲响应的关系。

【例 2.12】 设输入信号 $x(n)$ 如图 2.24(a)所示，加到 LTI 数字滤波器的输入端，滤波器的单位脉冲响应为 $h(n)$ 如图 2.24(b)所示。将输入信号用单位采样序列的移位加权和表示，并求每一个采样序列的响应，然后求滤波器对输入信号 $x(n)$ 的输出响应 $y(n)$。

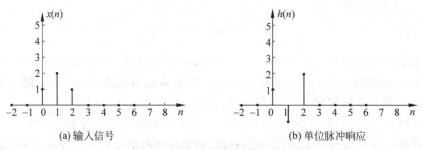

(a) 输入信号　　　　　　　　　　　(b) 单位脉冲响应

图 2.24 例 2.12 的输入信号和单位脉冲响应

解：输入信号 $x(n)$ 可表示成：

$$x(n)=\delta(n)+2\delta(n-1)+\delta(n-2)$$

由于单位采样序列 $\delta(n)$ 的响应是单位脉冲响应 $h(n)$，并且系统是线性时不变的，因此，$2\delta(n-1)$ 的响应是 $2h(n-1)$，$\delta(n-2)$ 的响应是 $h(n-2)$。这些函数如图 2.25 所示，图 2.25(a)的 3 个脉冲相加构成了输入信号 $x(n)$，图 2.25(b)的 3 个输出响应序列相加构成了系统的输出 $y(n)$。

这种移位加权和的关系为：

$$y(n)=h(n)+2h(n-1)+h(n-2)$$

例 2.12 以图例分析了 LTI 滤波器的输入与输出的关系，下面从理论上进行验证。因为

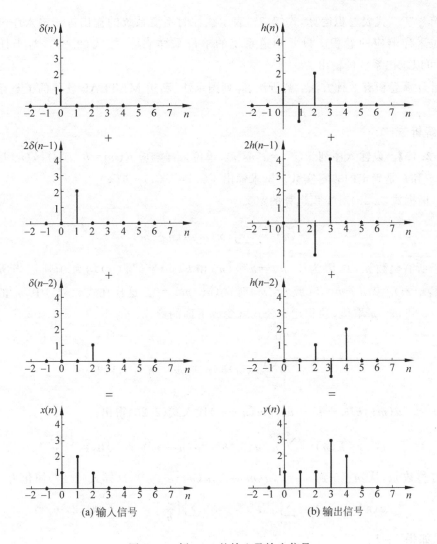

图 2.25 例 2.12 的输入及输出信号

$$x(n) = \sum_{m=-\infty}^{\infty} x(m)\delta(n-m)$$

根据式(2.16),系统的输出为

$$y(n) = T\left[\sum_{m=-\infty}^{\infty} x(m)\delta(n-m)\right] \qquad (2.23)$$

根据线性系统的性质

$$y(n) = \sum_{m=-\infty}^{\infty} x(m)T[\delta(n-m)] \qquad (2.24)$$

又根据时不变性质

$$y(n) = \sum_{m=-\infty}^{\infty} x(m)h(n-m)$$

$$= x(n) * h(n) \qquad (2.25)$$

式中的符号"＊"代表卷积运算,式(2.25)表示线性时不变系统的输出等于输入序列和该系统的单位采样响应的卷积。只要知道系统的单位采样响应,按式(2.25),对于任意输入 $x(n)$ 都可以求出系统的输出。

通常计算卷积有 3 种方法:解析法、阵列图示法、利用 MATLAB 软件的工具箱函数计算法。

1. 解析法

【**例 2.13**】 设输入序列 $x(n)=a^n u(n)$,单位采样响应 $h(n)=b^n u(n)$,$u(n)$ 是单位阶跃序列,a 和 b 是确定的非零实数。试求输出 $y(n)=x(n)＊h(n)$。

解:根据式(2.25)对卷积运算的定义

$$y(n)=\sum_{m=-\infty}^{\infty}x(m)h(n-m)$$

对于所有整数 $n<0$,因为 $x(n)=a^n u(n)$ 和 $h(n)=b^n u(n)$ 均为 0,所以当所有整数 $m<0$ 时,$x(m)=0$,$n-m<0$(或 $n<m$)时,$h(n-m)=0$。这样在式(2.25)中,m 的求和只需从 $m=0$ 到 $m=n$ 取值,卷积运算公式就变成下面的形式:

$$x(n)＊h(n)=\begin{cases}0 & n=-1,-2,\cdots \\ \sum_{m=0}^{n}x(m)h(n-m) & n=0,1,2,\cdots\end{cases} \quad (2.26)$$

将 $x(m)=a^m u(m)$,$h(n-m)=b^{n-m}u(n-m)$ 代入式(2.26)得出:

$$x(n)＊h(n)=\sum_{m=0}^{n}a^m u(m)b^{n-m}u(n-m) \quad n=0,1,2,\cdots \quad (2.27)$$

对于所有整数 m,从 $m=0$ 到 $m=n$,$u(m)=1$,$u(n-m)=1$,这样式(2.27)简化为:

$$x(n)＊h(n)=\sum_{m=0}^{n}a^m b^{n-m}=b^n\sum_{m=0}^{n}\left(\frac{a}{b}\right)^m \quad n=0,1,2,\cdots \quad (2.28)$$

(1) 如果 $a=b$:

$$\sum_{m=0}^{n}\left(\frac{a}{b}\right)^m=n+1$$

得到

$$x(n)＊h(n)=b^n(n+1)=a^n(n+1) \quad n=0,1,2,\cdots$$

(2) 如果 $a\neq b$:

$$\sum_{m=0}^{n}\left(\frac{a}{b}\right)^m=\frac{1-\left(\frac{a}{b}\right)^{n+1}}{1-\frac{a}{b}}$$

得到

$$x(n)＊h(n)=b^n\frac{1-\left(\frac{a}{b}\right)^{n+1}}{1-\frac{a}{b}}=\frac{b^{n+1}-a^{n+1}}{b-a} \quad n=0,1,2,\cdots$$

对 $n<0,x(n)$ 和 $h(n)$ 不为零的情况,可将式(2.26)推广。当 $n<Q,x(n)=0$,且 $n<P,h(n)=0$,其中 P 和 Q 是正或负的整数时,卷积运算式(2.26)可写成如下形式:

$$x(n)*h(n)=\begin{cases} 0 & 0<P+Q \\ \sum_{m=Q}^{n-P} x(m)h(n-m) & n \geqslant P+Q \end{cases} \qquad (2.29)$$

注意,式(2.29)里的卷积和仍然是有限的,因此卷积 $x(n)*h(n)$ 是存在的。

2. 阵列图示法

卷积运算式(2.29)可由图 2.26 所示的阵列图示法计算。阵列的第一行的标识为 $x(Q),x(Q+1),\cdots$,左边列的标识为 $h(P),h(P+1),\cdots$,阵列中的其他元素由相应行和列的标识相乘而得到。$y(n)=x(n)*h(n)$ 的值可由随后的对角线元素求和决定,其中对角线元素以 $x(Q+m)$ 开始,以 $h(P+m)$ 结束,求和得到 $y(Q+P+m)$。

	$x(Q)$	$x(Q+1)$	$x(Q+2)$	$x(Q+3)$
$h(P)$	$h(P)x(Q)$	$h(P)x(Q+1)$	$h(P)x(Q+2)$	$h(P)x(Q+3)$
$h(P+1)$	$h(P+1)x(Q)$	$h(P+1)x(Q+1)$	$h(P+1)x(Q+2)$	$h(P+1)x(Q+3)$
$h(P+2)$	$h(P+2)x(Q)$	$h(P+2)x(Q+1)$	$h(P+2)x(Q+2)$	$h(P+2)x(Q+3)$
$h(P+3)$	$h(P+3)x(Q)$	$h(P+3)x(Q+1)$	$h(P+3)x(Q+2)$	$h(P+3)x(Q+3)$

图 2.26 卷积的阵列求解图

下面举例说明阵列求卷积的过程。

【例 2.14】 对于 $n<-1$,设 $x(n)=0$,且 $x(-1)=1,x(0)=1,x(1)=1,x(2)=1,x(3)=1,\cdots$;对于 $n<-2,h(n)=0$,且 $h(-2)=1,h(-1)=1,h(0)=1,h(1)=1,h(2)=1,\cdots$在这种情况下,$Q=-1,P=-2$,求 $y(n)=x(n)*h(n)$ 的值。

解:阵列如下:

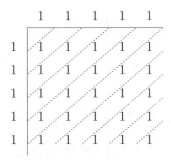

卷积 $x(n)*h(n)$ 的值 $y(n)$ 由折线所划出的对角线元素求和计算得到,其起始元素在阵列的左上角。对 $x(n)$ 和 $h(n)$ 的第一个元素的序号求和,得到输出 $y(n)$ 在顺序上第一个元素序号的值,这里 $x(n)$ 和 $h(n)$ 的第一个元素的序号分别是 $n=-1$ 和 $n=-2$,$(-1)+(-2)=-3$,即输出 y 的第一个元素的序号是 -3。因此,$y(n)$ 的第一个非零值 $y(-3)=$ 对角线元素 1。随后的输出 $y(-2)=1+1=2,y(-1)=1+1+1=3,y(0)=1+1+1+1=4,y(1)=1+1+1+1+1=5$,等等,其中,$n<-3$ 时,$y(n)=0$。

3. 用 MATLAB 软件的工具箱函数计算卷积

线性时不变系统的输出等于输入序列和该系统的单位采样响应的卷积,即:

$$y(n) = \sum_{m=-\infty}^{\infty} x(m)h(n-m) = x(n) * h(n)$$

因此,只要知道系统的单位采样响应,对于任意输入 $x(n)$ 都可以求出系统的输出。按照式(2.25),其解析法的计算步骤如下:①将 $x(n)$ 和 $h(n)$ 用 $x(m)$ 和 $h(m)$ 表示,并将 $h(m)$ 进行翻转,形成 $h(-m)$;②将 $h(-m)$ 移位 n,得到 $h(n-m)$。当 $n>0$ 时,序列右移;$n<0$ 时,序列左移;③将 $x(m)$ 和 $h(n-m)$ 相同 m 的序列值对应相乘后,再相加。按照以上 3 个步骤可得到卷积结果 $y(n)$。以下结合例 2.15 和图 2.27 说明卷积运算过程。

【例 2.15】 设 $x(n)=R_5(n)$,$h(n)=R_5(n)$,求 $y(n)=x(n) * h(n)$。

解:按照式(2.25),有:

$$y(n) = \sum_{m=-\infty}^{\infty} R_5(m)R_5(n-m)$$

本例中矩形序列长度为 5,根据矩形序列的非零值区间确定求和的上、下限,$R_5(m)$ 的非零值区间为 $0 \leqslant m \leqslant 4$,$R_5(n-m)$ 的非零值区间为 $0 \leqslant n-m \leqslant 4$,其乘积值的非零区间,要求 m 同时满足下面两个不等式:

$$0 \leqslant m \leqslant 4$$
$$n-4 \leqslant m \leqslant n$$

由图 2.27 可知,当 $0 \leqslant n \leqslant 4$ 时,

$$y(n) = \sum_{m=0}^{n} 1 = n+1$$

当 $5 \leqslant n \leqslant 8$ 时,

$$y(n) = \sum_{m=n-4}^{4} 1 = 9-n$$

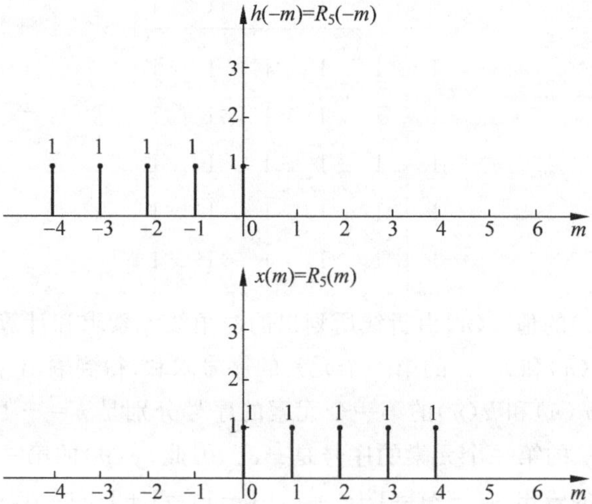

图 2.27　例 2.15 的线性卷积

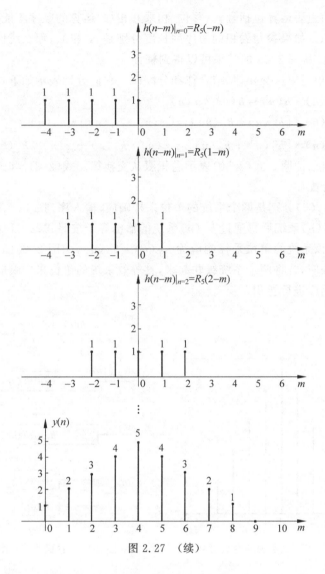

图 2.27　（续）

两个离散时间信号的卷积可利用 MATLAB 的 M 文件 conv 求得。为了说明这一点，可计算矩形序列 $x(n)=R_5(n)$ 与 $h(n)=R_5(n)$ 的卷积。MATLAB 计算卷积的命令如下，程序运行后结果如图 2.28 所示。

```
x = [0 ones(1,5) zeros(1,2)];
h = x;
y = conv(x,h);
n = -2:10;
stem(n,y(1:length(n)),'filled')
xlabel('n'); ylabel('x(n) * h(n)')
```

运行的结果也可以在 MATLAB 软件的 command 窗口中查看：

```
y = 0    0    1    2    3    4    5    4    3    2    1    0    0    0    0
```

卷积中涉及的主要运算包括翻转、移位、相乘和相加,运算的顺序不能改变,这类卷积称为序列的线性卷积。如果参与卷积的两序列长度分别是 N 和 M,那么线性卷积后的序列长度为 $(N+M-1)$。从图 2.28 的结果可以得到辅证。

另外,线性卷积还服从交换律、结合律和分配律。它们分别表示如下:

$$x(n) * h(n) = h(n) * x(n) \qquad (2.30)$$

$$x(n) * [h_1(n) * h_2(n)] = [x(n) * h_1(n)] * h_2(n) \qquad (2.31)$$

$$x(n) * [h_1(n) + h_2(n)] = x(n) * h_1(n) + x(n) * h_2(n) \qquad (2.32)$$

以上 3 个性质可自己证明。式(2.30)表示卷积服从交换律。式(2.31)和式(2.32)分别表示卷积的结合律和分配律。

设 $h_1(n)$ 和 $h_2(n)$ 分别是两个系统的单位采样响应,输入序列 $x(n)$。按照式(2.31)的右端,信号通过 $h_1(n)$ 系统后再通过 $h_2(n)$ 系统的输出等于按照式(2.31)的左端,信号通过一个系统的输出,该系统的单位采样响应为 $h_1(n) * h_2(n)$,如图 2.29(a)和图 2.29(b)所示。式(2.31)还表明,若将两个系统级联起来,其等效系统的单位采样响应等于将两个系统自身的单位采样响应进行卷积。

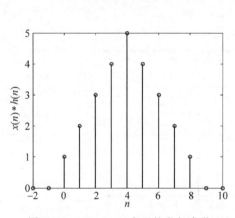

图 2.28　MATLAB 实现的卷积波形

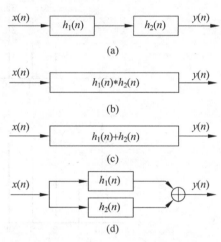

图 2.29　卷积的结合律和分配律

式(2.32)表明,若将信号同时通过两个系统后的输出相加,等效于信号通过一个系统,该系统的单位采样响应等于两个系统的单位采样响应之和,如图 2.29(c)和图 2.29(d)所示。换言之,系统并联的等效系统的单位采样响应,等于两个系统自身的单位采样响应之和。

需要特别注意的是,系统进行级联、并联后,其等效系统的单位采样响应与原来系统自身的单位采样响应的关系,是基于线性卷积的性质,而线性卷积是基于线性时不变系统满足线性叠加原理。因此对于非线性或非时不变系统,上述结论是不成立的。

再看一下式(2.13),它表示对于任意序列,用单位采样序列 $\delta(n)$ 的移位加权和表示,同时它也可以看成是一个线性卷积公式,它表示序列 $x(n)$ 本身与单位采样序列 $\delta(n)$ 的线性卷积等于序列本身,表示如下:

$$x(n) = \sum_{m=-\infty}^{\infty} x(m)\delta(n-m) = x(n) * \delta(n) \qquad (2.33)$$

如果序列与一个移位的单位采样序列 $\delta(n-n_0)$ 进行线性卷积,就相当于将序列本身移位 $n_0(n_0$ 是整常数),如下式所示:

$$y(n)=x(n)*\delta(n-n_0)=\sum_{m=-\infty}^{\infty}x(m)\delta(n-n_0-m)$$

其中求和项只有当 $m=n-n_0$ 时才有非零值,因此得到:

$$y(n)=x(n)*\delta(n-n_0)=x(n-n_0) \tag{2.34}$$

【例 2.16】　设线性时不变系统的单位采样响应 $h(n)=2R_4(n)$,输入为 $x(n)=\delta(n)-\delta(n-2)$,求系统的输出 $y(n)$。

解：$y(n)=x(n)*h(n)$,利用卷积的交换性和分配性,有下面的表达式:

$$y(n)=x(n)*h(n)=h(n)*x(n)=2R_4(n)*[\delta(n)-\delta(n-2)]$$
$$=2R_4(n)-2R_4(n-2)=2[\delta(n)+\delta(n-1)-\delta(n-4)-\delta(n-5)]$$

【随堂练习】

(1) 设线性时不变系统的单位采样响应 $h(n)$ 和输入 $x(n)$ 分别有以下两种情况：①$h(n)=R_4(n)$,$x(n)=R_5(n)$;②$h(n)=0.5^n u(n)$,$x(n)=R_5(n)$,分别求出输出 $y(n)$。

(2) 滤波器的输入和相应的输出如图 2.30 所示,如果滤波器是时不变的,画出图 2.31 所示输入的输出。

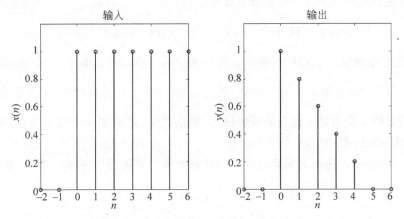

图 2.30　随堂练习(2)的输入、输出波形

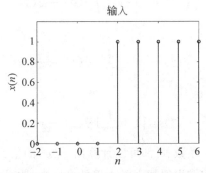

图 2.31　随堂练习(2)的输入波形

（3）利用 MATLAB 计算输出响应，假设单位采样响应 $h(n) = \sin(0.5n)u(n)$，输入 $x(n) = \sin(0.2n)u(n)$，试写出相应的命令并查看输出结果。

2.7 LTI 时域离散系统的描述法——线性常系数差分方程

在许多情况下，可将滤波器系统看成一个黑盒子，不论盒子内部的结构如何，只需要知道滤波器系统输出和输入之间的关系即可，这种方法称为输入/输出描述法。对于 LTI 时域离散系统，用差分方程（Difference Equation）就可以描述这样一个线性、时不变、因果系统。下面先看一个日常生活中应用差分方程的例子。

2.7.1 一阶差分方程

例如，银行贷款的偿还问题就可以用一个差分方程表示：当 $n = 1, 2, \cdots$ 时，输入 $x(n)$ 是第 n 个月偿还的贷款总量，输出 $y(n)$ 是第 n 个月后贷款的余额，n 是时间序号，表示月数，输入 $x(n)$ 和输出 $y(n)$ 都是离散时间信号，是 n 的函数，初始值 $y(0)$ 是贷款的总数。通常情况下，$x(n)$ 是允许每月变化的（即每月偿还的数目可以不同）。在这个例子中，每月偿还的数目 $x(n)$ 是个固定值，即 $x(n) = c, n = 1, 2, 3, \cdots$，这里 c 是常数。

贷款偿还过程可以用以下的差分方程来描述：

$$y(n) - \left(1 + \frac{I}{12}\right) y(n-1) = -x(n) \quad n = 1, 2, \cdots \tag{2.35}$$

其中，I 是用十进制形式表示的年利率。若年利率为 10%，则 I 等于 0.1。在式（2.35）中，$\frac{I}{12} y(n-1)$ 项是贷款在第 n 个月的利息，因此，式（2.35）给定的模型中，利息是按月偿还的。这一方程若要研究贷款偿还过程的系统输入/输出关系，还应加一个初始条件，并约定输出响应 $y(n)$ 为 $n \geqslant 1$ 时的响应。

输出 $y(n)$ 能通过递推法求解式（2.35）计算出来。首先，把式（2.35）重写为：

$$y(n) = \left(1 + \frac{I}{12}\right) y(n-1) - x(n) \tag{2.36}$$

在式（2.36）中，代入 $n = 1$，则：

$$y(1) = \left(1 + \frac{I}{12}\right) y(0) - x(1) \tag{2.37}$$

把 $n = 2$ 代入式（2.36）中，得：

$$y(2) = \left(1 + \frac{I}{12}\right) y(1) - x(2) \tag{2.38}$$

把 $n = 3$ 代入式（2.36）中，得：

$$y(3) = \left(1 + \frac{I}{12}\right) y(2) - x(3) \tag{2.39}$$

如此继续，则对于任何有限的整数 n，都可以计算出 $y(n)$ 的值。由式（2.37）～式（2.39）可见，下一个输出值能从当前的输出值加上输入项计算出来，所以这个过程又称为递推。本例中的递推是一阶递推。

完成由式(2.35)定义的递推计算,还可用以下MATLAB程序实现:

```
y0 = input('贷款总额');
I = input('贷款利率');
c = input('每月偿还值');
y = [];
y(1) = (1 + (I/12)) * y0 - c;
for n = 2:360
    y(n) = (1 + (I/12)) * y(n - 1) - c
    if y(n)< 0
        break
    end
end
```

语句"$y=[\,]$;"用于将 y 初始化为一个没有元素的向量。这样,y 中的元素,也就是第 n 个月末贷款的差额,可以递归地计算出来。y 中的元素按照月的序号 n 来排列。注意,向量元素在 MATLAB 中用圆括号表示。这个命令将循环执行直到贷款的差额为负值,也就意味着贷款已经全部还清。

作为例子,运行 MATLAB 程序,并设 $y(0)=6000$ 元,利率等于 12%,每月偿还值为 200 元(即 $I=0.12$,$c=200$),得到的贷款差额 $y(n)$ 如表 2.2 所示;若月偿还值为 300 元,贷款差额 $y(n)$ 如表 2.3 所示。

表 2.2 每月偿还 200 元的贷款余额

n	$y(n)$/元	n	$y(n)$/元
1	5860	19	3086.47
2	5718.6	20	2917.34
3	5575.79	21	2746.51
4	5431.54	22	2573.98
5	5285.86	23	2399.72
6	5138.72	24	2223.71
7	4990.11	25	2045.95
8	4840	26	1866.41
9	4688.41	27	1685.08
10	4535.29	28	1501.93
11	4380.64	29	1316.95
12	4224.45	30	1130.12
13	4066.69	31	941.42
14	3907.36	32	750.83
15	3746.43	33	558.34
16	3583.90	34	363.92
17	3419.734	35	167.56
18	3253.94	36	−30.76

表 2.3　每月偿还 300 元的贷款差额

n	$y(n)$/元	n	$y(n)$/元
1	5760	13	2685.76
2	5517.6	14	2412.62
3	5272.78	15	2136.75
4	5025.50	16	1858.11
5	4775.76	17	1576.69
6	4523.52	18	1292.46
7	4268.75	19	1005.39
8	4011.44	20	715.44
9	3751.55	21	422.59
10	3489.07	22	126.82
11	3223.96	23	−171.91
12	2956.20		

注意,第一种情况花 36 个月还完贷款,而后者,用了 23 个月偿还完毕。在贷款扣除过程中,偿还期的月数是确定的,则每月的偿还量也可确定。

2.7.2　N 阶线性常系数差分方程

一阶输入/输出差分方程式(2.35)很容易推广到 N 阶的情况,这里 N 是任意正整数。一个 N 阶线性常系数差分方程可表示为:

$$y(n) = \sum_{i=0}^{M} b_i x(n-i) - \sum_{i=1}^{N} a_i y(n-i) \tag{2.40}$$

或者

$$\sum_{i=0}^{N} a_i y(n-i) = \sum_{i=0}^{M} b_i x(n-i) \tag{2.41}$$

其中,$x(n)$ 和 $y(n)$ 分别是系统的输入序列和输出序列;a_i 和 b_i 均为常数且 $a_0=1$。式中 $y(n-i)$ 和 $x(n-i)$ 项只有一次幂,也没有相互交叉相乘项,故称为线性常系数差分方程。差分方程的阶数是用方程 $y(n-i)$ 项中 i 的最大取值与最小取值之差确定的。在式(2.41)中,$y(n-i)$ 项 i 的最大取值为 N,i 的最小取值为零,因此称为 N 阶差分方程。

2.7.3　线性常系数差分方程的求解

已知系统的输入序列,通过求解差分方程可以求出输出序列。求解差分方程的方法主要有递推法和变换域法。这里只介绍递推法。

递推法的特点是操作简单,且适合用计算机求解,但只能得到数值解,对于阶次较高的线性常系数差分方程不易得到闭合(公式)解。

变换域法的特点是将差分方程变换到 Z 域进行求解,方法简便有效,可以得到闭合解,这部分内容放到第 3 章学习。

当然也可以不直接求解差分方程,而是先由差分方程求出系统的单位采样响应,再与已知的输入序列进行卷积运算,得到系统的输出。但是系统的单位采样响应如果不是预先知

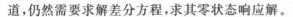

道,仍然需要求解差分方程,求其零状态响应解。

从式(2.40)可以看出,求 n 时刻的输出,要知道 n 时刻以及 n 时刻以前的输入序列值,还要知道 n 时刻以前的 N 个输出序列值。因此求解差分方程在给定输入序列的条件下,还需要确定 N 个初始条件。只有在已知 N 个初始条件的情况下,才能得到唯一解。如果求 n_0 时刻以后的输出, n_0 时刻以前的 N 个输出值 $y(n_0-1),y(n_0-2),\cdots,y(n_0-N)$ 就是要知道的初始条件。

同时从(2.40)式可以看出,若已知输入序列和 N 个初始条件,则可以求出 n 时刻的输出;如果将其中的 n 用 $n+1$ 代替,便可以求出 $n+1$ 时刻的输出,因此式(2.40)表示的差分方程本身就是一个适合递推法求解的方程。

【例 2.17】 设因果系统用差分方程 $y(n)=ay(n-1)+x(n)$ 描述,输入序列 $x(n)=\delta(n)$,求输出序列 $y(n)$ 。

解:该系统差分方程是一阶差分方程,需要一个初始条件。

(1) 设初始条件:
$$y(-1)=0$$
$$y(n)=ay(n-1)+x(n)$$
$n=0$ 时, $y(0)=ay(-1)+\delta(0)=1$
$n=1$ 时, $y(1)=ay(0)+\delta(1)=a$
$n=2$ 时, $y(2)=ay(1)+\delta(2)=a^2$
$\quad\vdots$
$n=n$ 时, $y(n)=a^n$
$$y(n)=a^n u(n)$$

(2) 设初始条件:
$$y(-1)=1$$
$n=0$ 时, $y(0)=ay(-1)+\delta(0)=1+a$
$n=1$ 时, $y(1)=ay(0)+\delta(1)=a(1+a)$
$n=2$ 时, $y(2)=ay(1)+\delta(2)=a^2(1+a)$
$\quad\vdots$
$n=n$ 时, $y(n)=a^n(1+a)$
$$y(n)=a^n(1+a)u(n)$$

例 2.17 表明,对于同一个差分方程和同一个输入信号,因为初始条件不同,得到的输出信号是不相同的。

对于实际系统,用递推解法求解,总是由初始条件向 $n>0$ 的方向递推,是一个因果解。但对于差分方程,其本身也可以向 $n<0$ 的方向递推,得到的是非因果解。因此差分方程本身不能确定该系统是因果系统还是非因果系统,还需要用初始条件进行限制。下面就是向 $n<0$ 方向递推的例子。

【例 2.18】 设差分方程为 $y(n)=ay(n-1)+x(n)$,输入序列 $x(n)=\delta(n)$, $y(n)=0,n>0$,求输出序列 $y(n)$ 。

解: $y(n-1)=a^{-1}(y(n)-\delta(n))$
$n=1$ 时, $y(0)=a^{-1}(y(1)-\delta(1))=0$

$n=0$ 时，$y(-1)=a^{-1}(y(0)-\delta(0))=-a^{-1}$

$n=-1$ 时，$y(-2)=a^{-1}(y(-1)-\delta(-1))=-a^{-2}$

$\vdots$

$n=-|n|$ 时，$y(-|n|-1)=-a^{-|n|-1}$

可写为：

$$y(n)=-a^n u(-n-1)$$

这确实是一个非因果的输出信号。用差分方程求系统的单位采样响应，由于单位采样响应是当系统输入为 $\delta(n)$ 时的零状态响应，因此只要令差分方程中的输入序列为 $\delta(n)$，N 个初始条件都为零，其解就是系统的单位采样响应。实际上例题 2.17(1) 中求出的 $y(n)$ 就是该系统的单位采样响应，例题 2.18 求出的 $y(n)$ 则是一个非因果系统的单位采样响应。

最后要说明的是，一个线性常系数差分方程描述的系统不一定是线性时不变系统，这和系统的初始状态有关。如果系统是因果的，一般在输入 $x(n)=0(n<n_0)$ 时，输出 $y(n)=0(n<n_0)$。

【例 2.19】 某厂家生产一种特定的产品。$y(n)$ 表示在第 n 天末产品的存货数量，$p(n)$ 表示第 n 天厂家生产的产品数，$d(n)$ 表示第 n 天卖给顾客的产品数，因此，第 n 天末存货的数目必定等于

$$y(n)=y(n-1)+p(n)-d(n) \quad n=1,2,\cdots$$

若设 $x(n)=p(n)-d(n)$，求输出序列 $y(n)$。

解：设初始条件为 $y(0)$

$$y(n)=y(n-1)+x(n)$$

$n=1$ 时，$y(1)=y(0)+x(1)$

$n=2$ 时，$y(2)=y(1)+x(2)=y(0)+x(1)+x(2)$

$n=3$ 时，$y(3)=y(2)+x(3)=y(0)+x(1)+x(2)+x(3)$

$\vdots$

$n=n$ 时，$y(n)=y(n-1)+x(n)=y(0)+x(1)+x(2)+x(3)+\cdots+x(n)=y(0)+\sum_{i=1}^{n}x(i)$。因此，在 $y(0)$ 和 $n\geq1$ 条件下，输出响应

$$y(n)=y(0)+\sum_{i=1}^{n}x(i)=y(0)+\sum_{i=1}^{n}[p(i)-d(i)] \quad n=1,2,\cdots \tag{2.42}$$

生产厂家的目的是使存货基本上保持为常数，且存货用尽是必须避免的，否则在货物出售给顾客的过程中将会出现延迟。从 $y(n)$ 的表达式中可以看出，通过设置 $p(n)=d(n)$ 能使 $y(n)$ 保持常数。换句话说，就是第 n 天厂家生产的产品数应该等于第 n 天卖给顾客的产品数。然而，使 $p(n)=d(n)$ 是不太可能的，因为一种产品不可能瞬间生产出来，并且 $d(n)$ 取决于将来未知的顾客需求。

如果货物的生产只需不到一天的时间，可以假设：

$$p(n) = d(n-1) \quad n = 2,3\cdots \tag{2.43}$$

也就是说，在第 n 天厂家生产的产品数 $p(n)$ 等于前一天卖给顾客的产品数 $d(n-1)$。式(2.42)可写为：

$$y(n) = y(0) + p(1) - d(1) + \sum_{i=2}^{n} [p(i) - d(i)] \quad n = 2,3,\cdots \tag{2.44}$$

然后，将 $p(n) = d(n-1)$ 代入式(2.44)，得

$$y(n) = y(0) + p(1) - d(1) + \sum_{i=2}^{n} [d(i-1) - d(i)] \quad n = 2,3,\cdots$$

$$y(n) = y(0) + p(1) - d(1) + d(1) - d(n) \quad n = 2,3,\cdots$$

$$y(n) = y(0) + p(1) - d(n) \quad n = 2,3,\cdots$$

从这里可以清楚地看出，如果初始库存足够大，就能够应付销售时一天天的数量变化，库存永远不会用尽。更为准确地说，库存用尽不会发生，即：

$$y(0) > d(n) - p(1) \tag{2.45}$$

式(2.45)告诉生产厂家库存究竟为多少时，才可以避免因库存用尽而引起的延迟交付。

【随堂练习】

数字滤波器的脉冲响应 $h(n) = 0.5\delta(n) + 0.4\delta(n-1) + 0.3\delta(n-2) + 0.2\delta(n-3)$，求此滤波器的差分方程。

习题

1. 画出信号的波形。

(1) $x(n) = 4u(n-1)$；

(2) $x(n) = -4u(n)$；

(3) $x(n) = 3u(-n)$；

(4) $x(n) = u(n-3)$；

(5) $x(n) = 4u(1-n)$。

2. 画出信号的波形。

(1) $x(n) = u(n) + u(n-2)$；

(2) $x(n) = u(n) - u(n-2)$；

(3) 画出 $x(n) = \sum_{k=1}^{\infty} 0.1u(n-k)$ 前 10 个采样点；

(4) 画出 $x(n) = \sum_{k=0}^{\infty} 0.1k\delta(n-k)$ 前 10 个采样点；

(5) $x(n) = \sum_{k=0}^{2} [u(n-5k) - u(n-5k-2)]$。

3. 按要求写出图 2.32 所示信号的表达式。

(1) 用单位脉冲函数表示序列；

（2）用阶跃函数表示序列。

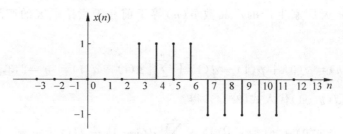

图 2.32 习题 3 的信号

4. 用阶跃函数表示图 2.33 所示的信号，假设 $n>8$ 时信号值为 3。

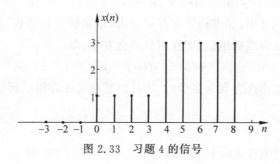

图 2.33 习题 4 的信号

5. 判断序列 $x(n)=\mathrm{e}^{\mathrm{j}\left(\frac{\pi}{16}n\right)}\cos\dfrac{n\pi}{17}$ 是否是周期的，若是周期的确定其周期。

6. 已知序列 $x(n)=(6-n)[u(n)-u(n-6)]$，画出下面序列的示意图。

（1）$y_1(n)=x(4-n)$；

（2）$y_2(n)=x(2n-3)$；

（3）$y_3(n)=x(8-3n)$。

7. 判断下列数字正弦函数是否为周期函数。若是周期函数，则指出序列每个周期有多少个采样点。

（1）$x_1(n)=\cos\left(\dfrac{4\pi}{5}n\right)$；

（2）$x_2(n)=\sin\left(\dfrac{6\pi}{7}n\right)$；

（3）$x_3(n)=4\cos\left(\dfrac{2\pi}{3}n\right)$。

8. 模拟信号 $x(t)=\cos(1000\pi t)$ 每 3 个周期中有 7 个采样点，问：

（1）采样频率为多少？

（2）该采样频率是否可以避免频谱混叠？

9. 试判断下列系统的线性特性。

（1）$y(n)=0.2x(n)-0.2x(n-1)-0.4x(n-2)$；

（2）$y(n)=|x(n)|$；

(3) $y(n) = x_1^2(n) + x_2^2(n)$;

(4) $y(n) = x_1(n) + x_2(n)$。

10. 试判断下列系统的线性时不变性、因果性和稳定性。

(1) $y(n) = \sum_{k=-\infty}^{n} x(k)$;

(2) $y(n) = x(n)g(n)$。

11. 讨论下列各线性时不变系统的因果性和稳定性。

(1) $h(n) = -a^n u(-n-1)$;

(2) $h(n) = \delta(n+n_0)$ $n_0 > 0$;

(3) $h(n) = 2^n R_N(n)$;

(4) $h(n) = 2^n u(-n)$;

(5) $h(n) = \left(\dfrac{1}{2}\right)^n u(n)$;

(6) $h(n) = \dfrac{1}{n} u(n)$。

12. 试推导 $x(n)$ 与 $h(n)$ 卷积的闭合表达式，其中：

$$x(n) = \left(\frac{1}{6}\right)^{n-6} u(n)$$

$$h(n) = \left(\frac{1}{3}\right)^n u(n-3)$$

13. 如果时域离散线性时不变系统的单位脉冲响应为 $h(n)$，输入 $x(n)$ 是以 N 为周期的周期序列，试证明其输出 $y(n)$ 亦是以 N 为周期的周期序列。

14. 证明线性卷积服从交换律、结合律和分配律，即证明下面等式成立。

(1) $x(n) * h(n) = h(n) * x(n)$;

(2) $x(n) * [h_1(n) * h_2(n)] = [x(n) * h_1(n)] * h_2(n)$;

(3) $x(n) * [h_1(n) + h_2(n)] = x(n) * h_1(n) + x(n) * h_2(n)$。

15. 一个线性时不变系统的差分方程如下：

$$y(n) = 2x(n) - 3x(n-1) + 2x(n-2)$$

(1) 当系统的输入信号为

$$x(n) = \begin{cases} 0 & n < 0 \\ n+1 & n = 0,1,2 \\ 5-n & n = 3,4 \\ 1 & n \geqslant 5 \end{cases}$$

时，试计算 $0 \leqslant n \leqslant 10$ 时，输出 $y(n)$ 的值；

(2) 根据第(1)问的结果，画出 $x(n)$ 和 $y(n)$ 的波形；

(3) 当输入 $x(n) = \delta(n)$ 时，试确定系统的单位脉冲响应 $h(n)$。

16. 设滤波器的输入信号为 $x(n) = \delta(n) + 3\delta(n-2) + 3\delta(n-3) + \delta(n-4)$，试求出并

画出下列因果滤波器的前 10 个输出采样值。

(1) $y(n) = x(n) - 0.1x(n-1)$;

(2) $y(n) = 0.6y(n-1) + x(n)$;

(3) $y(n) = x(n) - 0.7x(n-1) - 0.9y(n-1)$;

(4) $y(n) = \dfrac{1}{2}[x(n) + x(n-1)]$。

第 3 章

时域离散信号和滤波器的频谱分析

前面的章节简单介绍了时域离散信号与频谱的关系以及滤波器与频谱的关系,本章将详细研究时域离散信号和滤波器的频谱特性。本章内容包括:

➢ 频谱的定义;
➢ 非周期时域离散信号的频谱;
➢ 非周期时域离散信号傅里叶变换的性质;
➢ 周期序列的频谱;
➢ 序列的 Z 变换;
➢ 时域离散系统的系统函数;
➢ 利用 Z 变换分析系统的频率响应特性;
➢ 用几何方法研究零极点分布对系统频率响应的影响。

3.1 频谱的定义

由"信号与系统"课程内容可知,信号和系统(也称为滤波器)的分析方法有两种,一种是时域分析方法,另一种是频域分析方法。在模拟信号中,模拟信号一般用连续时间变量的函数表示,其频谱一般用信号的傅里叶变换或拉普拉斯变换表示。在时域离散信号中,时域离散信号用序列表示,其频谱则用离散时间信号的傅里叶变换(Discrete-Time Fourier Transform,DTFT)或 Z 变换表示。既然频谱分析如此重要,首先要了解信号频谱所代表的含义。

在频域,每个信号都有典型的特征。比如正弦波仅包含单一频率,而白噪声(White Noise)包含几乎所有的频率成分。信号的低频分量决定其平稳变化,信号的高频分量决定边缘的陡峭和剧烈变化程度。比如常见的方波,它既包含平稳变化的低频分量,又包含边缘剧烈变化的高频分量,如图 3.1 所示。从单一低频正弦波开始,每个图增加一个较高频率的正弦波,只要选择的正弦波具有合适的频率和振幅,将它们叠加在一起便趋近于方波,如图 3.1(e)所示。合成波形的表达式为:

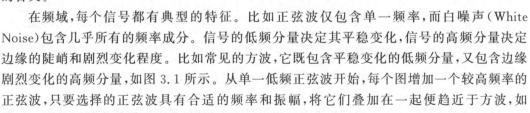

$$y(t) = \frac{4}{\pi} \left[\sin(\Omega t) + \frac{1}{3}\sin(3\Omega t) + \frac{1}{5}\sin(5\Omega t) + \frac{1}{7}\sin(7\Omega t) + \frac{1}{9}\sin(9\Omega t) + \cdots \right]$$

其中 Ω 为信号的角频率。信号的频谱能够详细记录信号所包含的频率分量(频率成分),包括幅度频谱(幅频)和相位频谱。信号的幅度频谱表示的是每一频率分量的大小或幅度;信

号的相位频谱表示的是不同频率分量的相位关系。以图 3.1(e)所形成的合成波形为例,组
成这一波形的每个正弦波反映在其幅频图中就是一个个尖峰,如图 3.1(f)所示。

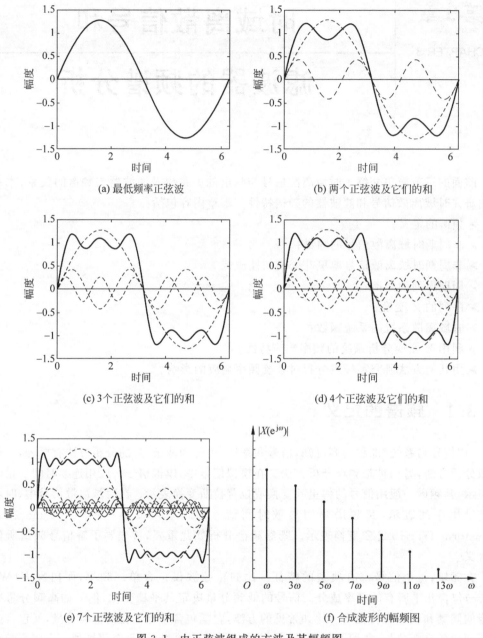

图 3.1　由正弦波组成的方波及其幅频图

　　滤波器的频谱特性包括幅度频率响应和相位频率响应,其中幅度频率响应是所有频率
信号通过系统的增益值的集合;相位频率响应是所有频率信号通过系统后的相位差的集
合。因此,当需要预测滤波器对信号的作用时,既需要知道滤波器的特性,还要知道信号的
频谱。

　　所有的信号都有频谱,但是频谱的计算方法取决于信号是否具有周期性。下面将分别

介绍非周期信号和周期信号频谱的计算方法。

3.2　非周期时域离散信号的频谱

已知模拟信号 $x(t)$ 的傅里叶变换定义为：

$$X(\Omega) = \int_{-\infty}^{\infty} x(t)e^{-j\Omega t}\,dt \tag{3.1}$$

序列 $x(n)$ 的傅里叶变换定义为：

$$X(\omega) = X(e^{j\omega}) = \mathrm{DTFT}[x(n)] = \sum_{n=-\infty}^{\infty} x(n)e^{-j\omega n} \tag{3.2}$$

其中 $X(e^{j\omega})$ 是实变量 ω（频率变量）的复值函数。注意到式(3.2)是式(3.1)对应傅里叶变换的离散时间表示，其中用求和代替了求积分，以 T 表示采样间隔，用 nT 代替了 t，从而 $\omega = \Omega T$。为了区别连续时间和离散时间两种情况，本书用 ω 表示离散时间的频率变量。

对于所有的实值 ω，如果式(3.2)中的双边无限求和收敛（即和为有限值），则称时域离散信号 $x(n)$ 的 DTFT 存在。$x(n)$ 的 DTFT 存在的充分条件是序列 $x(n)$ 满足：

$$\sum_{n=-\infty}^{\infty} |x(n)| < \infty \tag{3.3}$$

$X(e^{j\omega})$ 的傅里叶反变换为

$$x(n) = \mathrm{IDTFT}[X(e^{j\omega})] = \frac{1}{2\pi}\int_{-\pi}^{\pi} X(e^{j\omega})e^{j\omega n}\,d\omega \tag{3.4}$$

式(3.2)和式(3.4)组成一对傅里叶变换公式。式(3.3)是傅里叶变换存在的充分条件，有些函数(比如周期序列)并不满足式(3.3)，说明它的傅里叶变换不存在，对于周期序列的频谱计算，将在 3.4 节介绍。

【例 3.1】　设 $x(n) = R_N(n)$，求 $x(n)$ 的傅里叶变换。

解：

$$X(e^{j\omega}) = \sum_{n=-\infty}^{\infty} R_N(n)e^{-j\omega n} = \sum_{n=0}^{N-1} e^{-j\omega n}$$

$$= \frac{1 - e^{-j\omega N}}{1 - e^{-j\omega}} = \frac{e^{-j\omega \frac{N}{2}}(e^{j\omega\frac{N}{2}} - e^{-j\omega\frac{N}{2}})}{e^{-j\omega\frac{1}{2}}(e^{j\omega\frac{1}{2}} - e^{-j\omega\frac{1}{2}})}$$

$$= e^{-j\omega\frac{N-1}{2}}\frac{\sin\left(\omega\dfrac{N}{2}\right)}{\sin\left(\omega\dfrac{1}{2}\right)}$$

当 $N = 4$ 时，

$$X(e^{j\omega}) = \sum_{n=-\infty}^{\infty} x(n)e^{-j\omega n} = 1 + e^{-j\omega} + e^{-j2\omega} + e^{-j3\omega}$$

其幅度和相位随频率 ω 变化的曲线如图 3.2 所示。

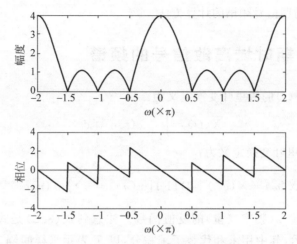

图 3.2　$R_4(n)$ 的幅度与相位曲线

【例 3.2】　设序列

$$x(n) = \begin{cases} 0 & n < 0 \\ a^n & 0 \leqslant n \leqslant q, \\ 0 & n > q \end{cases}$$

求 $x(n)$ 的离散时间傅里叶变换。

解：

$$\begin{aligned} X(\mathrm{e}^{\mathrm{j}\omega}) &= \sum_{n=-\infty}^{\infty} x(n)\mathrm{e}^{-\mathrm{j}\omega n} \\ &= \sum_{n=0}^{q} a^n \mathrm{e}^{-\mathrm{j}\omega n} \\ &= \sum_{n=0}^{q} (a\mathrm{e}^{-\mathrm{j}\omega})^n \\ &= \frac{1-(a\mathrm{e}^{-\mathrm{j}\omega})^{q+1}}{1-a\mathrm{e}^{-\mathrm{j}\omega}} \end{aligned}$$

【例 3.3】　例 3.2 中令 $a=0.5$，$q=50$，用 MATLAB 程序实现这个有限长序列的离散时间傅里叶变换的幅频特性曲线和相频特性曲线。程序如下：

```
n = 0:50
a = 0.5
x = a.^n
w = linspace( - 4 * pi,4 * pi,501)
X = (1 - a^51 * cos(51 * w) + j * a^51 * sin(51 * w))./(1 - a * cos(w) + a * j * sin(w))
X_abs = abs(X)
X_angle = angle(X)
subplot(211)
plot(w/pi,X_abs,'k')
subplot(212)
plot(w/pi,X_angle,'k')
```

运行结果如图 3.3 所示。

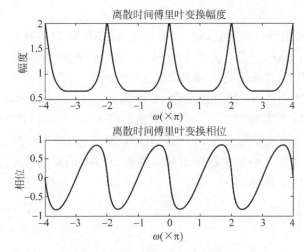

图 3.3　例 3.3 的幅频和相频图

思考题：

(1) 幅度特性和相位特性的周期是多少？

(2) 幅度特性和相位特性的对称性如何？

【随堂练习】

求下列序列的 DTFT。

(1) $x(n)=\delta(n-3)$；

(2) $x(n)=\dfrac{1}{2}\delta(n+1)+\delta(n)+\dfrac{1}{2}\delta(n-1)$；

(3) $x(n)=u(n+3)-u(n-4)$。

3.3　非周期时域离散信号傅里叶变换的性质

由例 3.1 可得其频谱函数为 $X(\mathrm{e}^{\mathrm{j}\omega})=1+\mathrm{e}^{-\mathrm{j}\omega}+\mathrm{e}^{-\mathrm{j}2\omega}+\mathrm{e}^{-\mathrm{j}3\omega}$，根据 DTFT 的定义：

$$X(\omega+2\pi)=\sum_{n=-\infty}^{\infty}x(n)\mathrm{e}^{-\mathrm{j}(\omega+2\pi)n}=\sum_{n=-\infty}^{\infty}x(n)\mathrm{e}^{-\mathrm{j}\omega n}\cdot\mathrm{e}^{-\mathrm{j}2\pi n}$$

因为 $\mathrm{e}^{-\mathrm{j}2\pi n}=1$，所以

$$X(\omega+2\pi)=\sum_{n=-\infty}^{\infty}x(n)\mathrm{e}^{-\mathrm{j}(\omega+2\pi)n}=\sum_{n=-\infty}^{\infty}x(n)\mathrm{e}^{-\mathrm{j}\omega n}\cdot\mathrm{e}^{-\mathrm{j}2\pi n}=\sum_{n=-\infty}^{\infty}x(n)\mathrm{e}^{-\mathrm{j}\omega n}=X(\omega)$$

故 DTFT 具有周期性，其周期为 2π。换句话说，所有离散时间傅里叶变换对于所有 ω，每 2π 重复一次，并且不断地重复。因此，得到 DTFT 的第一个性质。

3.3.1　DTFT 的周期性

离散傅里叶变换 $X(\mathrm{e}^{\mathrm{j}\omega})$ 是 ω 的周期函数，周期为 2π，即：

$$X(\omega+2\pi)=X(\omega)\quad-\infty<\omega<\infty \tag{3.5}$$

关于 $X(\mathrm{e}^{\mathrm{j}\omega})$ 周期性的一个重要结论是：$X(\mathrm{e}^{\mathrm{j}\omega})$ 可以通过计算任意 2π 间隔内的 $X(\mathrm{e}^{\mathrm{j}\omega})$

来完全确定,比如 ω 取 $0 \leqslant \omega \leqslant 2\pi$ 或 $-\pi \leqslant \omega \leqslant \pi$。

根据 DTFT 的周期性分析得到,在 $\omega = 0$ 和 $\omega = 2\pi M$(M 取整数)附近的频谱分布应该相同,在 $\omega = 0, \pm 2\pi, \pm 4\pi, \cdots$ 点上表示 $x(n)$ 信号的直流分量;离开这些点愈远,其频率愈高,但又是以 2π 为周期,那么最高的频率应是在 $\omega = \pi$ 处。

还要说明的是,所谓 $x(n)$ 的直流分量,是指如图 3.4(a)所示的波形。例如,$x(n) = \cos\omega n$,当 $\omega = 2\pi M$(M 取整数)时,$x(n)$ 的序列值如图 3.4(a)所示,其幅度值恒为 1,不随 n 变化而变化,因此称为直流信号;当 $\omega = (2M+1)\pi$ 时,$x(n)$ 波形如图 3.4(b)所示,它代表最高频率信号,是一种变化最快的正弦信号。由于 DTFT 的周期是 2π,一般只分析 $0 \sim 2\pi$ 或 $-\pi \sim \pi$ 范围的 DTFT 就够了。

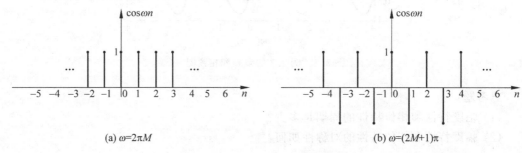

(a) $\omega = 2\pi M$ (b) $\omega = (2M+1)\pi$

图 3.4 $\cos\omega n$ 的波形

3.3.2 线性

设 $X_1(e^{j\omega}) = \text{DTFT}[x_1(n)]$,$X_2(e^{j\omega}) = \text{DTFT}[x_2(n)]$,那么

$$\text{DTFT}[ax_1(n) + bx_2(n)] = aX_1(e^{j\omega}) + bX_2(e^{j\omega}) \tag{3.6}$$

其中,a, b 是常数。

3.3.3 时移与频移性质

在时域的移位相应于频域中的相移

$$\text{DTFT}[x(n - n_0)] = e^{-j\omega n_0} X(e^{j\omega}) \tag{3.7}$$

时域乘以复指数相应于频域中的移位

$$\text{DTFT}[e^{j\omega_0 n} x(n)] = X(e^{j(\omega - \omega_0)}) \tag{3.8}$$

3.3.4 时间反转特性(序列的反转)

在时域中的反转相应于频域中的反转

$$\text{DTFT}[x(-n)] = X(e^{-j\omega}) \tag{3.9}$$

相关证明,请读者根据 DTFT 的定义自行推导。

【随堂练习】

已知 $x(n)$ 的离散傅里叶变换为 $X(e^{j\omega})$,用 $X(e^{j\omega})$ 表示下列信号的 DTFT:

$$x_1(n) = x(1-n) + x(-1-n); \quad x_2(n) = \frac{x^*(-n) + x(n)}{2}$$

3.3.5 DTFT 的对称性

在学习 DTFT 的对称性之前,首先介绍共轭对称与共轭反对称以及它们的性质。

在中学数学中,学习过奇函数与偶函数的概念,那些函数的自变量和函数值都是实数。如果将实数的范围变广一些,就到了复数范围,即函数的自变量和函数值是复数。因此,共轭对称与共轭反对称就可以看成是复数范围内的偶对称和奇对称。

设序列 $x_e(n)$ 满足下式:

$$x_e(n) = x_e^*(-n) \tag{3.10}$$

则称 $x_e(n)$ 为共轭对称序列。下面研究共轭对称序列具有什么性质,先将 $x_e(n)$ 表示成实部 $x_{er}(n)$ 和虚部 $x_{ei}(n)$:

$$x_e(n) = x_{er}(n) + jx_{ei}(n) \tag{3.11}$$

将式(3.11)两边的 n 用 $-n$ 代替,并取共轭,得到:

$$x_e^*(-n) = x_{er}(-n) - jx_{ei}(-n) \tag{3.12}$$

对比式(3.11)和式(3.12),根据共轭对称序列的定义,两式左边相等,因此右边的实部和虚部均要相等,得到:

$$x_{er}(n) = x_{er}(-n) \tag{3.13}$$

$$x_{ei}(n) = -x_{ei}(-n) \tag{3.14}$$

式(3.13)和式(3.14)两式表明共轭对称序列的实部是偶函数,而虚部是奇函数。类似地,可定义满足式(3.15)的共轭反对称序列 $x_o(n)$:

$$x_o(n) = -x_o^*(-n) \tag{3.15}$$

同样将 $x_o(n)$ 表示成实部 $x_{or}(n)$ 和虚部 $x_{oi}(n)$ 形式,如下式:

$$x_o(n) = x_{or}(n) + jx_{oi}(n) \tag{3.16}$$

再将 $-x_o^*(-n)$ 表示成实部和虚部形式,如下式:

$$-x_o^*(-n) = -x_{or}(-n) + jx_{oi}(-n) \tag{3.17}$$

对比式(3.16)和式(3.17),根据共轭反对称序列的定义,两式左边相等,因此右边的实部和虚部均要相等,可以得到:

$$x_{or}(n) = -x_{or}(-n) \tag{3.18}$$

$$x_{oi}(n) = x_{oi}(-n) \tag{3.19}$$

即共轭反对称序列的实部是奇函数,而虚部是偶函数。

【例 3.4】 试分析 $x(n) = e^{j\omega n}$ 的对称性。

解:因为

$$x^*(-n) = e^{j\omega n} = x(n)$$

满足式(3.10),所以 $x(n)$ 是共轭对称序列,若展开成实部和虚部,则得到:

$$x(n) = \cos\omega n + j\sin\omega n$$

表明共轭对称序列的实部确实是偶函数,虚部是奇函数。

类似于一般的实函数总可以表示成奇函数与偶函数和的形式,推广到复数域,一般序列

均可用共轭对称与共轭反对称序列之和表示,即

$$x(n) = x_e(n) + x_o(n) \tag{3.20}$$

其中,$x_e(n)$ 和 $x_o(n)$ 可分别用原序列 $x(n)$ 求出,将式(3.20)中的 n 用 $-n$ 代替,再取共轭,得到:

$$x^*(-n) = x_e(n) - x_o(n) \tag{3.21}$$

利用式(3.20)和式(3.21),得到:

$$x_e(n) = \frac{1}{2}[x(n) + x^*(-n)] \tag{3.22}$$

$$x_o(n) = \frac{1}{2}[x(n) - x^*(-n)] \tag{3.23}$$

利用式(3.22)和式(3.23),可以用 $x(n)$ 分别求出 $x(n)$ 的共轭对称分量 $x_e(n)$ 和共轭反对称分量 $x_o(n)$。

上面分析的是时域函数的共轭对称和共轭反对称,对于频域函数 $X(e^{j\omega})$,也有类似的定义和结论:

$$X(e^{j\omega}) = X_e(e^{j\omega}) + X_o(e^{j\omega}) \tag{3.24}$$

其中,$X_e(e^{j\omega})$ 和 $X_o(e^{j\omega})$ 分别称为共轭对称部分与共轭反对称部分,它们满足:

$$X_e(e^{j\omega}) = X_e^*(e^{-j\omega}) \tag{3.25}$$

$$X_o(e^{j\omega}) = -X_o^*(e^{-j\omega}) \tag{3.26}$$

同样有:

$$X_e(e^{j\omega}) = \frac{1}{2}[X(e^{j\omega}) + X^*(e^{-j\omega})] \tag{3.27}$$

$$X_o(e^{j\omega}) = \frac{1}{2}[X(e^{j\omega}) - X^*(e^{-j\omega})] \tag{3.28}$$

根据上面的定义和结论,研究 DTFT 的对称性。

(1) 将序列 $x(n)$ 分成实部 $x_r(n)$ 与虚部 $x_i(n)$,即

$$x(n) = x_r(n) + jx_i(n) \tag{3.29}$$

将式(3.29)进行傅里叶变换,得到:

$$X(e^{j\omega}) = X_e(e^{j\omega}) + X_o(e^{j\omega}) \tag{3.30}$$

其中

$$X_e(e^{j\omega}) = \text{DTFT}[x_r(n)] = \sum_{n=-\infty}^{\infty} x_r(n)e^{-j\omega n}$$

$$X_o(e^{j\omega}) = \text{DTFT}[jx_i(n)] = j\sum_{n=-\infty}^{\infty} x_i(n)e^{-j\omega n}$$

式(3.29)中,$x_r(n)$ 和 $x_i(n)$ 都是实数序列。容易证明:$X_e(e^{j\omega})$ 满足式(3.25),具有共轭对称性,它的实部是偶函数,虚部是奇函数;$X_o(e^{j\omega})$ 满足式(3.26),具有共轭反对称性,它的实部是奇函数,虚部是偶函数。

最后得到结论：序列分成实部和虚部两部分时，实部对应的傅里叶变换具有共轭对称性，虚部和 j 一起对应的傅里叶变换具有共轭反对称性。

(2) 将序列 $x(n)$ 分成共轭对称部分 $x_e(n)$ 与共轭反对称部分 $x_o(n)$，即

$$x(n) = x_e(n) + x_o(n) \tag{3.31}$$

将式(3.22)和式(3.23)重写如下：

$$x_e(n) = \frac{1}{2}[x(n) + x^*(-n)]$$

$$x_o(n) = \frac{1}{2}[x(n) - x^*(-n)]$$

然后分别进行傅里叶变换，得到：

$$\mathrm{FT}[x_e(n)] = \frac{1}{2}[X(e^{j\omega}) + X^*(e^{j\omega})] = \mathrm{Re}[X(e^{j\omega})] = X_R(e^{j\omega}) \tag{3.32a}$$

$$\mathrm{FT}[x_o(n)] = \frac{1}{2}[X(e^{j\omega}) - X^*(e^{j\omega})] = j\mathrm{Im}[X(e^{j\omega})] = jX_I(e^{j\omega}) \tag{3.32b}$$

因此式(3.31)的 DTFT 为

$$X(e^{j\omega}) = X_R(e^{j\omega}) + jX_I(e^{j\omega}) \tag{3.32c}$$

式(3.32a)和式(3.32b)表示：序列 $x(n)$ 共轭对称部分 $x_e(n)$ 的 DTFT 对应着 $X(e^{j\omega})$ 的实部 $X_R(e^{j\omega})$，而序列 $x(n)$ 共轭反对称部分 $x_o(n)$ 的 DTFT 对应着 $X(e^{j\omega})$ 的虚部 $X_I(e^{j\omega})$ 乘以 j。

对于实序列 $x(n)$，$X(e^{j\omega})$ 是共轭对称的，即：

$$X(e^{j\omega}) = X^*(e^{-j\omega}) \tag{3.33}$$

它等同于 $X(e^{j\omega})$ 的实部偶对称、虚部奇对称；或幅度偶对称、相角奇对称。这一性质可在例 3.5 的图中得到验证。

【例 3.5】 设 $x(n)$ 为序列

$$x(n) = \delta(n+1) - \delta(n) + 2\delta(n-1) + 3\delta(n-2)$$

其 DTFT 为

$$X(e^{j\omega}) = X_R(e^{j\omega}) + jX_I(e^{j\omega})$$

其中，$X_R(e^{j\omega})$ 和 $X_I(e^{j\omega})$ 分别是 $X(e^{j\omega})$ 的实部和虚部。若某一序列 $y(n)$ 的 DTFT 为 $Y(e^{j\omega}) = X_I(e^{j\omega}) + jX_R(e^{j\omega})e^{j2\omega}$，试求出序列 $y(n)$。

解： 求解这个问题的关键是要知道，如果 $x(n)$ 是实序列，并且如果把 $X(e^{j\omega})$ 用其实部和虚部来表示，那么 $X_R(e^{j\omega})$ 就是 $x(n)$ 共轭对称部分的 DTFT，$X_I(e^{j\omega})$ 就是 $x(n)$ 共轭反对称部分的 DTFT，即：

$$x_e(n) = \frac{1}{2}[x(n) + x(-n)] \overset{\mathrm{DTFT}}{\longleftrightarrow} X_R(e^{j\omega})$$

$$x_o(n) = \frac{1}{2}[x(n) - x(-n)] \overset{\mathrm{DTFT}}{\longleftrightarrow} jX_I(e^{j\omega})$$

所以，$-jx_o(n)$ 的 DTFT 是 $X_I(e^{j\omega})$：

$$-jx_o(n) \overset{\mathrm{DTFT}}{\longleftrightarrow} X_I(e^{j\omega})$$

$jx_e(n+2)$ 的 DTFT 是

$$jx_e(n+2) \overset{\text{DTFT}}{\longleftrightarrow} jX_R(e^{j\omega})e^{j2\omega}$$

于是有：

$$jx_e(n+2) - jx_o(n) \overset{\text{DTFT}}{\longleftrightarrow} Y(e^{j\omega}) = X_I(e^{j\omega}) + jX_R(e^{j\omega})e^{j2\omega}$$

可得：

$$y(n) = jx_e(n+2) - jx_o(n)$$

其中

$$x_e(n) = \frac{1}{2}\big[x(n) + x(-n)\big]$$

$$= \frac{1}{2}\big[\delta(n+1) - \delta(n) + 2\delta(n-1) + 3\delta(n-2) +$$

$$\delta(-n+1) - \delta(-n) + 2\delta(-n-1) + 3\delta(-n-2)\big]$$

$$= \frac{1}{2}\big[\delta(n+1) - \delta(n) + 2\delta(n-1) + 3\delta(n-2) +$$

$$\delta(n-1) - \delta(n) + 2\delta(n+1) + 3\delta(n+2)\big]$$

$$= \frac{3}{2}\delta(n+2) + \frac{3}{2}\delta(n+1) - \delta(n) + \frac{3}{2}\delta(n-1) + \frac{3}{2}\delta(n-2)$$

$$x_o(n) = \frac{1}{2}\big[x(n) - x(-n)\big]$$

$$= \frac{1}{2}\big[\delta(n+1) - \delta(n) + 2\delta(n-1) + 3\delta(n-2) -$$

$$\delta(-n+1) + \delta(-n) - 2\delta(-n-1) - 3\delta(-n-2)\big]$$

$$= \frac{1}{2}\big[\delta(n+1) - \delta(n) + 2\delta(n-1) + 3\delta(n-2) -$$

$$\delta(n-1) + \delta(n) - 2\delta(n+1) - 3\delta(n+2)\big]$$

$$= -\frac{3}{2}\delta(n+2) - \frac{1}{2}\delta(n+1) + \frac{1}{2}\delta(n-1) + \frac{3}{2}\delta(n-2)$$

所以

$$y(n) = jx_e(n+2) - jx_o(n)$$

$$= j\Big[\frac{3}{2}\delta(n+4) + \frac{3}{2}\delta(n+3) - \delta(n+2) + \frac{3}{2}\delta(n+1) + \frac{3}{2}\delta(n)\Big] -$$

$$j\Big[-\frac{3}{2}\delta(n+2) - \frac{1}{2}\delta(n+1) + \frac{1}{2}\delta(n-1) + \frac{3}{2}\delta(n-2)\Big]$$

$$= j\Big[\frac{3}{2}\delta(n+4) + \frac{3}{2}\delta(n+3) + \frac{1}{2}\delta(n+2) + 2\delta(n+1) + \frac{3}{2}\delta(n) -$$

$$\frac{1}{2}\delta(n-1) - \frac{3}{2}\delta(n-2)\Big]$$

求解过程如图 3.5 所示。

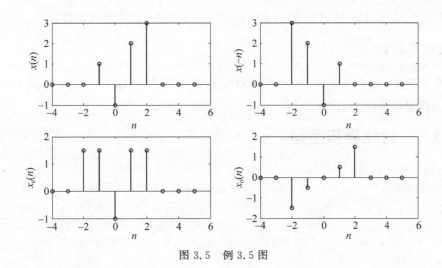

图 3.5 例 3.5 图

【**例 3.6**】 设 $x(n)=(0.9\exp(\mathrm{j}\pi/3))^n, 0 \leqslant n \leqslant 10$,其幅度及相位的频谱特性如图 3.6 所示,试用 MATLAB 程序画出 $X(\mathrm{e}^{\mathrm{j}\omega})$,并研究它的周期性和对称性。

解:MATLAB 程序如下:

```
n = 0:10
x = (0.9 * exp(j * pi/3)).^n
k = - 200:200
w = (pi/100) * k
X = x * (exp( - j * pi/100)).^(n' * k)
magX = abs(X)
angX = angle(X)
subplot(2,1,1)
plot(w/pi,magX,'k','lineWidth',2);grid
axis([ - 2 2 - 1 8])
subplot(2,1,2)
plot(w/pi,angX,'k','lineWidth',2);grid
axis([ - 2 2 - 2 2])
```

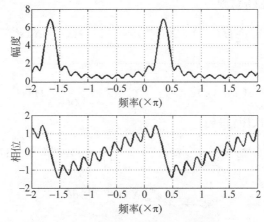

图 3.6 例 3.6 幅度及相位的频谱特性

由图 3.6 可知，上述复数序列 $x(n)$，$X(\mathrm{e}^{\mathrm{j}\omega})$ 是周期的，但不是共轭对称的。

【随堂练习】

若序列 $h(n)$ 是实因果序列，其傅里叶变换的实部为：$H_R(\mathrm{e}^{\mathrm{j}\omega})=1+\cos3\omega$，求序列 $h(n)$ 及其傅里叶变换 $H(\mathrm{e}^{\mathrm{j}\omega})$。

3.3.6　时域卷积定理

设 $y(n)=x(n)*h(n)$，则

$$Y(\mathrm{e}^{\mathrm{j}\omega})=X(\mathrm{e}^{\mathrm{j}\omega})H(\mathrm{e}^{\mathrm{j}\omega}) \tag{3.34}$$

证明：

$$y(n)=\sum_{m=-\infty}^{\infty}x(m)h(n-m)$$

$$Y(\mathrm{e}^{\mathrm{j}\omega})=\mathrm{DTFT}[y(n)]=\sum_{n=-\infty}^{\infty}\left[\sum_{m=-\infty}^{\infty}x(m)h(n-m)\right]\mathrm{e}^{-\mathrm{j}\omega n}$$

令 $k=n-m$，则

$$Y(\mathrm{e}^{\mathrm{j}\omega})=\sum_{k=-\infty}^{\infty}\sum_{m=-\infty}^{\infty}h(k)x(m)\mathrm{e}^{-\mathrm{j}\omega k}\mathrm{e}^{-\mathrm{j}\omega m}$$

$$=\sum_{k=-\infty}^{\infty}h(k)\mathrm{e}^{-\mathrm{j}\omega k}\sum_{m=-\infty}^{\infty}x(m)\mathrm{e}^{-\mathrm{j}\omega m}$$

$$=H(\mathrm{e}^{\mathrm{j}\omega})X(\mathrm{e}^{\mathrm{j}\omega})$$

该定理说明，两序列卷积的 DTFT 服从相乘的关系。对于线性时不变系统，输出信号的 DTFT 等于输入信号的 DTFT 乘以单位脉冲响应的 DTFT。因此，在求系统的输出信号时，可以在时域用卷积公式(2.25)计算，也可以在频域按照式(3.34)求出输出的 DTFT，再作逆 DTFT，求出输出信号 $y(n)$。

3.3.7　频域卷积定理

设 $y(n)=h(n)\cdot x(n)$，则

$$Y(\mathrm{e}^{\mathrm{j}\omega})=\frac{1}{2\pi}H(\mathrm{e}^{\mathrm{j}\omega})*X(\mathrm{e}^{\mathrm{j}\omega})=\frac{1}{2\pi}\int_{-\pi}^{\pi}H(\mathrm{e}^{\mathrm{j}\theta})X(\mathrm{e}^{\mathrm{j}(\omega-\theta)})\mathrm{d}\theta \tag{3.35}$$

证明：

$$Y(\mathrm{e}^{\mathrm{j}\omega})=\sum_{n=-\infty}^{\infty}x(n)h(n)\mathrm{e}^{-\mathrm{j}\omega n}=\sum_{n=-\infty}^{\infty}x(n)\left[\frac{1}{2\pi}\int_{-\pi}^{\pi}H(\mathrm{e}^{\mathrm{j}\theta})\mathrm{e}^{-\mathrm{j}\theta n}\mathrm{d}\theta\right]\mathrm{e}^{-\mathrm{j}\omega n}$$

交换积分与求和的次序，得到：

$$Y(\mathrm{e}^{\mathrm{j}\omega})=\frac{1}{2\pi}\int_{-\pi}^{\pi}H(\mathrm{e}^{\mathrm{j}\theta})\left[\sum_{n=-\infty}^{\infty}x(n)\mathrm{e}^{-\mathrm{j}(\omega-\theta)n}\right]\mathrm{d}\theta$$

$$=\frac{1}{2\pi}\int_{-\pi}^{\pi}H(\mathrm{e}^{\mathrm{j}\theta})X(\mathrm{e}^{\mathrm{j}(\omega-\theta)})\mathrm{d}\theta$$

$$=\frac{1}{2\pi}H(\mathrm{e}^{\mathrm{j}\omega})*X(\mathrm{e}^{\mathrm{j}\omega})$$

该定理表明,在时域两序列相乘,对应到频域则服从卷积关系。

3.3.8　帕塞瓦尔定理

$$\sum_{n=-\infty}^{\infty} \mid x(n) \mid^2 = \frac{1}{2\pi} \int_{-\pi}^{\pi} \mid X(e^{j\omega}) \mid^2 d\omega \tag{3.36}$$

证明:

$$\sum_{n=-\infty}^{\infty} \mid x(n) \mid^2 = \sum_{n=-\infty}^{\infty} x(n) \cdot x^*(n) = \sum_{n=-\infty}^{\infty} x^*(n) \left[\frac{1}{2\pi} \int_{-\pi}^{\pi} X(e^{j\omega}) e^{j\omega n} d\omega \right]$$

$$= \frac{1}{2\pi} \int_{-\pi}^{\pi} X(e^{j\omega}) \sum_{n=-\infty}^{\infty} x^*(n) e^{j\omega n} d\omega$$

$$= \frac{1}{2\pi} \int_{-\pi}^{\pi} X(e^{j\omega}) X^*(e^{j\omega}) d\omega$$

$$= \frac{1}{2\pi} \int_{-\pi}^{\pi} \mid X(e^{j\omega}) \mid^2 d\omega$$

帕塞瓦尔(Parseval)定理表明了信号时域的能量与频域的能量满足能量守恒定理。表 3.1 和表 3.2 分别列出了常见的 DTFT 以及 DTFT 的主要性质。

表 3.1　常见的 DTFT

序　列	DTFT
1,所有 n	$\displaystyle\sum_{k=-\infty}^{\infty} 2\pi\delta(\omega - 2\pi k)$
$\text{sgn}(n) = \begin{cases} 1, & n=1,2,\cdots \\ 0, & n=0 \\ -1, & n=-1,-2,\cdots \end{cases}$	$\dfrac{2}{1-e^{-j\omega}}$
$u(n)$	$\dfrac{1}{1-e^{-j\omega}} + \displaystyle\sum_{k=-\infty}^{\infty} \pi\delta(\omega - 2\pi k)$
$\delta(n)$	1
$\delta(n-p)$	$e^{-jp\omega} \quad p = \pm 1, \pm 2, \cdots$
$a^n u(n) \quad \mid a \mid < 1$	$\dfrac{1}{1-a e^{-j\omega}} \quad \mid a \mid < 1$
$e^{j\omega_0 n}$	$\displaystyle\sum_{k=-\infty}^{\infty} 2\pi\delta(\omega - \omega_0 - 2\pi k)$
$\cos(\omega_0 n)$	$\displaystyle\sum_{k=-\infty}^{\infty} \pi[\delta(\omega + \omega_0 - 2\pi k) + \delta(\omega - \omega_0 - 2\pi k)]$
$\sin(\omega_0 n)$	$\displaystyle\sum_{k=-\infty}^{\infty} j\pi[\delta(\omega + \omega_0 - 2\pi k) - \delta(\omega - \omega_0 - 2\pi k)]$
$\cos(\omega_0 n + \theta)$	$\displaystyle\sum_{k=-\infty}^{\infty} \pi[e^{-j\theta}\delta(\omega + \omega_0 - 2\pi k) + e^{j\theta}\delta(\omega - \omega_0 - 2\pi k)]$

表 3.2　DTFT 的性质

性　质	序　列	DTFT
线性性质	$ax(n)+by(n)$	$aX(\mathrm{e}^{j\omega})+bY(\mathrm{e}^{j\omega})$　a,b 为常数
时移性质	$x(n-n_0)$	$\mathrm{e}^{-j\omega n_0}X(\mathrm{e}^{j\omega})$
乘以 n	$nx(n)$	$j\dfrac{\mathrm{d}}{\mathrm{d}\omega}X(\mathrm{e}^{j\omega})$
乘以复指数	$\mathrm{e}^{j\omega_0 n}x(n)$	$X(\mathrm{e}^{j(\omega-\omega_0)})$
时域卷积	$x(n)*y(n)$	$X(\mathrm{e}^{j\omega})Y(\mathrm{e}^{j\omega})$
时域相乘	$x(n)y(n)$	$\dfrac{1}{2\pi}\displaystyle\int_{-\pi}^{\pi}X(\mathrm{e}^{j\theta})Y(\mathrm{e}^{j(\omega-\theta)})\mathrm{d}\theta$
乘以 $\sin(\omega_0 n)$	$x(n)\sin(\omega_0 n)$	$\dfrac{j}{2}[X(\mathrm{e}^{j(\omega+\omega_0)})-X(\mathrm{e}^{j(\omega-\omega_0)})]$
乘以 $\cos(\omega_0 n)$	$x(n)\cos(\omega_0 n)$	$\dfrac{1}{2}[X(\mathrm{e}^{j(\omega+\omega_0)})+X(\mathrm{e}^{j(\omega-\omega_0)})]$
共轭对称性	$\mathrm{Re}[x(n)]$	$X_e(\mathrm{e}^{j\omega})$
	$j\mathrm{Im}[x(n)]$	$X_o(\mathrm{e}^{j\omega})$
帕塞瓦尔定理	$\displaystyle\sum_{n=-\infty}^{\infty}x(n)\cdot y(n)$	$\dfrac{1}{2\pi}\displaystyle\int_{-\pi}^{\pi}X^*(\mathrm{e}^{j\omega})Y(\mathrm{e}^{j\omega})\mathrm{d}\omega$
帕塞瓦尔定理特例	$\displaystyle\sum_{n=-\infty}^{\infty}|x(n)|^2$	$\dfrac{1}{2\pi}\displaystyle\int_{-\pi}^{\pi}|X(\mathrm{e}^{j\omega})|^2\mathrm{d}\omega$

【随堂练习】

设 $X(\mathrm{e}^{j\omega})$ 是 $x(n)$ 的 DTFT,试求下面序列的 DTFT:① $x(n-n_0)$;② $x^*(n)$;③ $x(-n)$;
④ $x(n)*x^*(-n)$;⑤ $nx(n)$;⑥ $x(2n)$;⑦ $x^2(n)$;⑧ $y(n)=\begin{cases}x\left(\dfrac{n}{2}\right) & n\text{ 为偶数}\\ 0 & n\text{ 为奇数}\end{cases}$。

3.4　周期序列的频谱

周期序列是在整个时域按固定间隔重复出现的信号。每个间隔中出现的采样点数称为时域离散信号的数字周期。由于序列在整个时域不断重复,不满足式(3.2)绝对可和的条件,因此 DTFT 不适合用来计算周期序列的频谱。用来计算周期序列频谱的工具为傅里叶级数,也称为离散傅里叶级数(Discrete Fourier Series,DFS),这个级数很重要,与后面要研究的离散傅里叶变换联系很密切。

表 3.3 列出了各类周期信号的傅里叶级数表示,从表中可以看出,每个周期信号可以表示为正弦或余弦之和的形式,利用欧拉公式,这些周期信号也可以表示为复指数之和的形式。设 $\tilde{x}(n)$ 是以 N 为周期的周期序列,可以展成离散傅里叶级数为:

表 3.3 周期序列的离散傅里叶级数

名 称	波 形	分解成的傅里叶级数
方形波		$f(t) = \dfrac{4A}{\pi}\left(\sin\omega t + \dfrac{1}{3}\sin3\omega t + \dfrac{1}{5}\sin5\omega t + \cdots\right)$
矩形脉冲		$f(t) = A\left[\dfrac{\tau}{T} + \dfrac{2}{\pi}\left(\sin\dfrac{\omega t}{2}\cos\omega t + \dfrac{1}{2}\sin\omega t\cos2\omega t + \dfrac{1}{3}\sin\dfrac{3\omega t}{2}\cos3\omega t + \cdots\right)\right]$
三角波		$f(t) = \dfrac{8A}{\pi^2}\left(\sin\omega t - \dfrac{1}{9}\sin3\omega t + \dfrac{1}{25}\sin5\omega t - \cdots\right)$
锯齿波		$f(t) = A\left[\dfrac{1}{2} - \dfrac{1}{\pi}\left(\sin\omega t + \dfrac{1}{2}\sin2\omega t + \dfrac{1}{3}\sin3\omega t + \cdots\right)\right]$
全波整流波形		$f(t) = \dfrac{4A}{\pi}\left(\dfrac{1}{2} - \dfrac{1}{1\times3}\cos2\omega t - \dfrac{1}{3\times5}\cos4\omega t - \dfrac{1}{5\times7}\cos6\omega t - \cdots\right)$
半波整流波形		$f(t) = \dfrac{A}{\pi} + \dfrac{A}{2}\sin\omega t - \dfrac{2A}{\pi}\left(\dfrac{1}{1\times3}\cos2\omega t + \dfrac{1}{3\times5}\cos4\omega t + \dfrac{1}{5\times7}\cos6\omega t + \cdots\right)$

$$\tilde{x}(n) = \frac{1}{N} \sum_{k=0}^{N-1} \alpha_k e^{j\frac{2\pi}{N}kn} \tag{3.37}$$

其中，n 为采样点编号，标号 $k = 0, 1, \cdots, N-1$。傅里叶系数 a_k 可由信号采样值 $\tilde{x}(n)$ 按式(3.38)求解得到：

$$\alpha_k = \sum_{n=0}^{N-1} \tilde{x}(n) e^{-j\frac{2\pi}{N}kn} \quad 0 \leqslant k \leqslant N-1 \tag{3.38}$$

系数 a_k 的求解过程如下，将式(3.37)两边乘以 $e^{-j\frac{2\pi}{N}mn}$，并对 n 在一个周期($0 \sim N-1$)中求和，即

$$\sum_{n=0}^{N-1} \tilde{x}(n) e^{-j\frac{2\pi}{N}mn} = \sum_{n=0}^{N-1} \left[\frac{1}{N} \sum_{k=0}^{N-1} \alpha_k e^{j\frac{2\pi}{N}kn} \right] e^{-j\frac{2\pi}{N}mn} = \frac{1}{N} \sum_{k=0}^{N-1} \alpha_k \sum_{n=0}^{N-1} e^{j\frac{2\pi}{N}(k-m)n} \tag{3.39}$$

其中

$$\sum_{n=0}^{N-1} e^{j\frac{2\pi}{N}(k-m)n} = \begin{cases} N & k = m \\ 0 & k \neq m \end{cases} \tag{3.40}$$

因此，只有 $k = m$ 时，$\alpha_k \sum_{n=0}^{N-1} e^{j\frac{2\pi}{N}(k-m)n}$ 这一项才有非零值，即 $\sum_{n=0}^{N-1} \tilde{x}(n) e^{-j\frac{2\pi}{N}mn} = \alpha_m$。

将 m 换成 k，得

$$\alpha_k = \sum_{n=0}^{N-1} \tilde{x}(n) e^{-j\frac{2\pi}{N}kn} \quad 0 \leqslant k \leqslant N-1 \tag{3.41}$$

其中，k 和 n 均取整数。因为 $e^{-j\frac{2\pi}{N}(k+lN)n} = e^{-j\frac{2\pi}{N}kn}$，$l$ 取整数，即 $e^{-j\frac{2\pi}{N}kn}$ 是周期为 N 的周期函数。所以，系数 a_k 也是周期序列，也只有 N 个主值，此后不断重复，满足 $\alpha_k = \alpha_{k+lN}$。

由于 $\tilde{x}(n)$ 是周期信号，周期为 N，求所有系数 α_k 只需要 N 个采样值，用任意 N 个连续值即可，一般取 n 为 $0 \sim N-1$。

如果令 $\tilde{X}(k) = \alpha_k$，则式(3.37)和式(3.41)可重写如下：

$$\tilde{x}(n) = \text{IDFS}[\tilde{X}(k)] = \frac{1}{N} \sum_{k=0}^{N-1} \tilde{X}(k) e^{j\frac{2\pi}{N}kn} \tag{3.42}$$

$$\tilde{X}(k) = \text{DFS}[\tilde{x}(n)] = \sum_{n=0}^{N-1} \tilde{x}(n) e^{-j\frac{2\pi}{N}kn} \tag{3.43}$$

其中，$\tilde{X}(k)$ 也是以 N 为周期的周期序列，称为 $\tilde{x}(n)$ 的离散傅里叶级数的系数，用 DFS 表示。式(3.42)和式(3.43)称为 DFS 变换对。式(3.42)表明将周期序列分解成 N 次谐波，第 k 个谐波频率为 $\omega_k = \frac{2\pi}{N}k, k = 0, 1, 2, \cdots, N-1$，幅度为 $\frac{1}{N}\tilde{X}(k)$。基波分量的频率是 $\frac{2\pi}{N}$，幅度是 $\frac{1}{N}\tilde{X}(1)$。一个周期序列可以用其 DFS 系数 $\tilde{X}(k)$ 表示它的频谱分布规律。

由于系数 a_k 通常为复数，也可用极坐标形式表示：

$$\alpha_k = |\alpha_k| e^{j\varphi_k} \tag{3.44}$$

则式(3.37)变为：

$$\tilde{x}(n) = \sum_{k=0}^{N-1} |\alpha_k| e^{j\varphi_k} e^{j\frac{2\pi}{N}kn} = \sum_{k=0}^{N-1} |\alpha_k| e^{j\left(\frac{2\pi}{N}kn + \varphi_k\right)} \tag{3.45}$$

这是周期序列傅里叶级数展开的另一种形式。其中$|\alpha_k|$含有幅度信息,而φ_k含有相位信息。

同时可以看出,标号$k=0,1,\cdots,N-1,k=0$表示周期序列的直流成分,它是信号的平均值,k取其他值时,对应的频率称为周期信号的谐波。$\tilde{x}(n)$的基波成分是$e_1(n)=\alpha_1 e^{j\frac{2\pi}{N}n}$,$k$次谐波成分为$e_k(n)=\alpha_k e^{j\frac{2\pi}{N}kn}$。因为$e^{j\frac{2\pi}{N}(k+N)n}=e^{j\frac{2\pi}{N}kn}$,所以,离散傅里叶级数中只有$N$个独立的谐波成分,展成离散傅里叶级数时,只能取$k=0,1,\cdots,N-1$的$N$个独立的谐波分量。

从上面的分析可以看出,周期序列的频谱与非周期序列的频谱有很大的区别。由 3.2 节知道,DTFT 产生连续频谱,这说明频谱在所有的频率处都有值,因此,非周期序列的幅度和相位频谱是光滑连续的曲线。而 DFS 仅在N个频率点上有值,因此,周期序列的幅度和相位频谱是离散的等间隔的竖线。

【**例 3.7**】 设$x(n)=\begin{cases}1 & n=0,1 \\ 0 & \text{其他}\end{cases}$,将$x(n)$以$N=4$为周期进行周期延拓,得到如图 3.7(a)所示的周期序列$\tilde{x}(n)$,周期为 4,求 DFS$[\tilde{x}(n)]$。

解:

$$\tilde{X}(k)=\text{DFS}[\tilde{x}(n)]=\sum_{n=0}^{N-1}\tilde{x}(n)e^{-j\frac{2\pi}{N}kn}$$

$$=\sum_{n=0}^{3}\tilde{x}(n)e^{-j\frac{2\pi}{4}kn}$$

$$=1+e^{-j\frac{2\pi}{4}k}$$

$$=1+e^{-j\frac{\pi}{2}k}$$

$$=e^{-j\frac{\pi}{4}k}(e^{j\frac{\pi}{4}k}+e^{-j\frac{\pi}{4}k})$$

$$=2\cos\left(\frac{\pi}{4}k\right)e^{-j\frac{\pi}{4}k}$$

其幅度特性$|\tilde{X}(k)|$如图 3.7(b)所示,它也是一个以 4 为周期的离散序列。

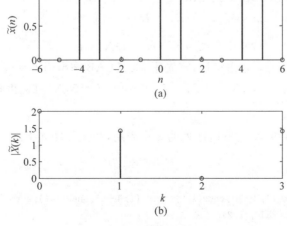

图 3.7 例 3.7 图

在 MATLAB 中可以用矩阵矢量乘法实现高效的 DFS 计算。重写式(3.42):

$$\tilde{x}(n) = \text{IDFS}[\widetilde{X}(k)] = \frac{1}{N}\sum_{k=0}^{N-1}\widetilde{X}(k)e^{j\frac{2\pi}{N}kn} = \frac{1}{N}\boldsymbol{W}_N^*\widetilde{X}(k)$$

$$\widetilde{X}(k) = \text{DFS}[\tilde{x}(n)] = \sum_{n=0}^{N-1}\tilde{x}(n)e^{-j\frac{2\pi}{N}kn} = \boldsymbol{W}_N\tilde{x}(n)$$

其中 $\boldsymbol{W}_N$ 为一矩阵,其形式为:

$$\boldsymbol{W}_N = \begin{bmatrix} 1 & 1 & 1 & \cdots & 1 \\ 1 & e^{j\frac{2\pi}{N}1\cdot1} & e^{j\frac{2\pi}{N}1\cdot2} & \cdots & e^{j\frac{2\pi}{N}1\cdot(N-1)} \\ 1 & e^{j\frac{2\pi}{N}2\cdot1} & e^{j\frac{2\pi}{N}2\cdot2} & \cdots & e^{j\frac{2\pi}{N}2\cdot(N-1)} \\ \vdots & \vdots & \vdots & \vdots & \vdots \\ 1 & e^{j\frac{2\pi}{N}(N-1)\cdot1} & e^{j\frac{2\pi}{N}(N-1)\cdot2} & \cdots & e^{j\frac{2\pi}{N}(N-1)\cdot(N-1)} \end{bmatrix}$$

则可由以下函数文件实现 DFS:

```
function [XK] = dfs(xn,N)
n = [0:N-1]
K = [0:N-1]
W = exp( - j * 2 * pi/N)
nk = n' * k
WN = W.^nk
XK = xn * WN
```

可由以下函数文件实现 IDFS:

```
function [xn] = idfs(XK,N)
n = [0:N-1]
K = [0:N-1]
W1 = exp(j * 2 * pi/N)
nk = n' * k
WN1 = W1.^nk
xn = XK * WN1
```

【例 3.8】 一周期序列由下式给出:

$$\tilde{x}(n) = \begin{cases} 1 & mN \leqslant n \leqslant mN+L-1 \\ 0 & mN+L \leqslant n \leqslant (m+1)N-1 \end{cases} \quad m=0,\pm1,\pm2,\cdots$$

其中,N 是基波周期,L/N 是占空比,首先用 MATLAB 画出当 $L=5$,$N=20$ 时此序列的 3 个周期,然后分别画出 $L=5$,$N=20$; $L=5$,$N=40$; $L=5$,$N=60$ 和 $L=7$,$N=60$ 的幅频图 $|\widetilde{X}(k)|$。

解: 首先画出 $L=5$,$N=20$ 时序列的 3 个周期,相关程序如下:

```
L = 5,N = 20
n = - 20:39
x = [ones(1,L),zeros(1,N-L),ones(1,L),zeros(1,N-L),ones(1,L),zeros(1,N-L)]
stem(n,x,'k','lineWidth', 1.2)
axis([ - 20 40 0 1.2])
```

运行结果如图 3.8 所示。

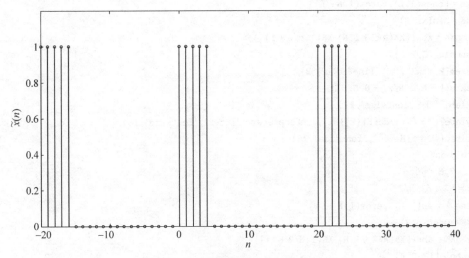

图 3.8　周期序列 $L=5,N=20$

接下来画出 $L=5,N=20$；$L=5,N=40$；$L=5,N=60$ 和 $L=7,N=60$ 的幅频 $|\tilde{X}(k)|$，程序如下：

```
clc
clear
L = 5, N = 20
k = [ - N/2:N/2]
xn = [ones(1,L),zeros(1,N - L)]
XK = dfs(xn,N)
magXK = abs([XK(N/2 + 1:N) XK(1:N/2 + 1)])
subplot(2,2,1)
stem(k,magXK,'k','lineWidth', 2)
axis([ - N/2,N/2, - 0.5,5.5])
xlabel('k','fontsize',18)
ylabel(' $ |\tilde{X}(k)| $ ','interpreter','latex','fontsize',18)
title('L = 5,N = 20','fontsize',18)
hold on
L = 5, N = 40
k = [ - N/2:N/2]
xn = [ones(1,L),zeros(1,N - L)]
XK = dfs(xn,N)
magXK = abs([XK(N/2 + 1:N) XK(1:N/2 + 1)])
subplot(2,2,2)
stem(k,magXK,'k','lineWidth', 2)
axis([ - N/2,N/2, - 0.5,5.5])
xlabel('k','fontsize',18)
ylabel(' $ |\tilde{X}(k)| $ ','interpreter','latex','fontsize',18)
title('L = 5,N = 40','fontsize',18)
hold on
L = 5, N = 60
```

```
k = [ - N/2:N/2]
xn = [ones(1,L),zeros(1,N-L)]
XK = dfs(xn,N)
magXK = abs([XK(N/2+1:N) XK(1:N/2+1)])
subplot(2,2,3)
stem(k,magXK,'k','lineWidth', 2)
axis([ - N/2,N/2, - 0.5,8])
xlabel('k','fontsize',18)
ylabel('$ |\tilde{X}(k)| $','interpreter','latex','fontsize',18)
title('L=5,N=60','fontsize',18)
hold on
L=7,N=60
k = [ - N/2:N/2]
xn = [ones(1,L),zeros(1,N-L)]
XK = dfs(xn,N)
magXK = abs([XK(N/2+1:N) XK(1:N/2+1)])
subplot(2,2,4)
stem(k,magXK,'k','lineWidth', 2)
axis([ - N/2,N/2, - 0.5,8])
xlabel('k','fontsize',18)
ylabel('$ |\tilde{X}(k)| $','interpreter','latex','fontsize',18)
title('L=7,N=60','fontsize',18)
```

画出图形如图 3.9 所示。

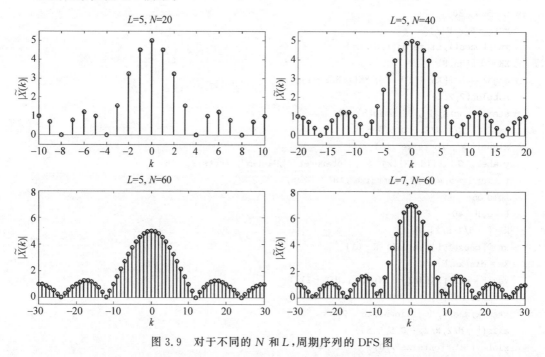

图 3.9 对于不同的 N 和 L，周期序列的 DFS 图

由图 3.9 可知，这一周期序列的包络类似于 sinc 函数，在 $k=0$ 时的幅度等于 L，而函数的零点在 N/L 的整数倍点。

【随堂练习】

设 $x(n)=R_4(n)$，将 $x(n)$ 以 $N=8$ 为周期进行周期延拓，形成周期序列 $\tilde{x}(n)$，求 $\tilde{x}(n)$ 的离散傅里叶级数并用 MATLAB 程序画出其离散傅里叶级数的波形。

3.5 序列的 Z 变换

在模拟信号与系统中，通常用傅里叶变换进行频域分析，而拉普拉斯变换则可看成是傅里叶变换的推广，对信号进行复频域分析。类似于模拟信号与系统，在时域离散信号与系统中，通常用序列的傅里叶变换进行频域分析，而 Z 变换便是其推广，用其对序列进行复频域分析。Z 变换可以使数字信号和系统的描述更加紧凑，它可以简单有效地帮助我们求解线性差分方程，并使数字信号的计算更加容易。

3.5.1 Z 变换的定义

给定离散时间信号即序列 $x(n)$，其 DTFT 定义为：

$$X(\mathrm{e}^{\mathrm{j}\omega}) = \sum_{n=-\infty}^{\infty} x(n)\mathrm{e}^{-\mathrm{j}\omega n} \tag{3.46}$$

注意 $X(\mathrm{e}^{\mathrm{j}\omega})$ 通常情况下是数字频率变量 ω 的复值函数。

类似于将因子 $\mathrm{e}^{-\sigma t}$ 加到傅里叶变换中就得到了拉普拉斯变换，将因子 r^{-n} 加到式(3.46)中，则有：

$$X'(\mathrm{e}^{\mathrm{j}\omega}) = \sum_{n=-\infty}^{\infty} x(n)r^{-n}\mathrm{e}^{-\mathrm{j}\omega n} \tag{3.47}$$

式(3.47)可改写为：

$$X'(\mathrm{e}^{\mathrm{j}\omega}) = \sum_{n=-\infty}^{\infty} x(n)(r\mathrm{e}^{\mathrm{j}\omega})^{-n} \tag{3.48}$$

令 $z=r\mathrm{e}^{\mathrm{j}\omega}$，$z$ 是一个复变量，它所在的复平面称为 Z 平面。因此 $X'(\mathrm{e}^{\mathrm{j}\omega})$ 可改写成 z 函数：

$$X(z) = \sum_{n=-\infty}^{\infty} x(n)z^{-n} \tag{3.49}$$

式(3.49)定义的函数 $X(z)$ 就被称为序列 $x(n)$ 的双边 Z 变换。$x(n)$ 的单边 Z 变换仍用 $X(z)$ 来表示，定义为：

$$X(z) = \sum_{n=0}^{\infty} x(n)z^{-n} = x(0) + x(1)z^{-1} + x(2)z^{-2} + \cdots \tag{3.50}$$

由式(3.50)可知，单边 Z 变换是 z^{-1} 的幂级数，其系数是序列 $x(n)$ 的值。

注意，若 $x(n)=0$，$n=-1,-2,\cdots$，即序列 $x(n)$ 是因果序列，用两种 Z 变换定义计算的结果是一样的。本书中除特别说明外，均用双边 Z 变换对信号进行分析和变换。

式(3.49)中 Z 变换存在的条件是等号右边级数收敛，要求级数绝对可和，即

$$\sum_{n=-\infty}^{\infty} |x(n)z^{-n}| < \infty \tag{3.51}$$

使式(3.51)成立的 z 变量的所有取值的集合称为收敛域。一般收敛域为环状域,即

$$R_{x-} < |z| < R_{x+}$$

将 $z = re^{j\omega}$ 代入上式得到 $R_{x-} < |r| < R_{x+}$,收敛域是分别以 R_{x+} 和 R_{x-} 为收敛半径的两个圆形成的环状域(如图 3.10 中所示的斜线部分)。当然,R_{x-} 可以小到零,R_{x+} 可以大到无穷大。

常用的 Z 变换是一个有理数,用两个多项式之比表示:

$$X(z) = \frac{P(z)}{Q(z)}$$

分子多项式 $P(z)$ 的根是 $X(z)$ 的零点,分母多项式 $Q(z)$ 的根是 $X(z)$ 的极点。在极点处 Z 变换不存在,因此收敛域中没有极点,收敛域总是用极点限定其边界。

对比序列的傅里叶变换定义式(3.2),很容易得到序列的傅里叶变换和 Z 变换之间的关系:

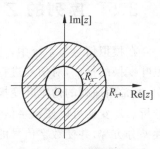

图 3.10　Z 变换的收敛域

$$X(e^{j\omega}) = X(z)\big|_{z=e^{j\omega}} \tag{3.52}$$

其中,$z = e^{j\omega}$ 表示在 Z 平面上 $r = 1$ 的圆,该圆称为单位圆。式(3.52)表明单位圆上的 Z 变换就是序列的傅里叶变换。如果已知序列的 Z 变换,就可用式(3.52)很方便地求出序列的傅里叶变换,条件是收敛域中包含单位圆。

【例 3.9】　计算 $x(n) = u(n)$ 的 Z 变换 $X(z)$。

解:
$$X(z) = \sum_{n=-\infty}^{\infty} u(n)z^{-n} = \sum_{n=0}^{\infty} z^{-n}$$

$X(z)$ 存在的条件是 $|z^{-1}| < 1$,得到收敛域为 $|z| > 1$,因此

$$X(z) = \frac{1}{1-z^{-1}} \quad |z| > 1$$

$X(z)$ 表达式表明,极点是 $z = 1$,单位圆上的 Z 变换不存在,或者说收敛域不包含单位圆,因此其傅里叶变换不存在,不能用式(3.52)求其傅里叶变换。该例题说明一个序列的傅里叶变换不存在,但在一定收敛域内 Z 变换是可以存在的。

【随堂练习】

求下列序列的 Z 变换及其收敛域:①$x(n) = 2^{-n}u(n)$；②$x(n) = -2^{-n}u(-n-1)$；③$x(n) = 2^{-n}u(-n)$；④$x(n) = \delta(n)$；⑤$x(n) = \delta(n-1)$；⑥$x(n) = 2^{-n}[u(n) - u(n-10)]$。

3.5.2　序列特性与收敛域的关系

序列的特性会影响其 Z 变换的收敛域,了解序列特性与收敛域的一般关系,有助于更好地使用 Z 变换。

1. 有限长序列

若序列 $x(n)$ 满足下式:

$$x(n) = \begin{cases} x(n) & n_1 \leqslant n \leqslant n_2 \\ 0 & \text{其他} \end{cases}$$

即序列 $x(n)$ 从 n_1 到 n_2 的序列值不全为零,此范围之外序列值为零,这样的序列称为有限长序列。其 Z 变换为

$$X(z) = \sum_{n=n_1}^{n_2} x(n) z^{-n}$$

设 $x(n)$ 为有界序列,由于是有限项求和,除 0 与 ∞ 两点是否收敛与 n_1、n_2 取值情况有关外,整个 Z 平面均收敛。如果 $n_1 < 0$,则收敛域不包括 ∞ 点;如果 $n_2 > 0$,则收敛域不包括 $z = 0$ 点;如果是因果序列,收敛域包括 $z = \infty$ 点。具体有限长序列的收敛域表示如下:

$$n_1 < 0, n_2 \leqslant 0 \text{ 时,} \quad 0 \leqslant |z| < \infty$$
$$n_1 < 0, n_2 > 0 \text{ 时,} \quad 0 < |z| < \infty$$
$$n_1 \geqslant 0, n_2 > 0 \text{ 时,} \quad 0 < |z| \leqslant \infty$$

【例 3.10】 求 $x(n) = R_N(n)$ 的 Z 变换及其收敛域。

解:
$$X(z) = \sum_{n=-\infty}^{\infty} R_N(n) z^{-n} = \sum_{n=0}^{N-1} z^{-n} = \frac{1 - z^{-N}}{1 - z^{-1}}$$

这是一个因果的有限长序列,因此收敛域为 $0 < |z| \leqslant \infty$。但由结果的分母可以看出,似乎 $z = 1$ 是 $X(z)$ 的极点,但同时分子多项式在 $z = 1$ 时也有一个零点,极、零点对消,$X(z)$ 在单位圆上仍存在,求 $R_N(n)$ 的傅里叶变换,可将 $z = e^{j\omega}$ 代入 $X(z)$ 得到,其结果和例 3.1 中的结果是相同的。

【随堂练习】

有没有序列 Z 变换的收敛域是全部 Z 平面,即 $0 \leqslant |z| \leqslant \infty$?

2. 右边序列

右边序列是指在 $n \geqslant n_1$ 时,序列值不全为零,而在 $n < n_1$ 时,序列值全为零的序列。右边序列的 Z 变换表示为

$$X(z) = \sum_{n=n_1}^{\infty} x(n) z^{-n} = \sum_{n=n_1}^{-1} x(n) z^{-n} + \sum_{n=0}^{\infty} x(n) z^{-n}$$

第一项为有限长序列,设 $n_1 \leqslant -1$,其收敛域为 $0 \leqslant |z| < \infty$。第二项为因果序列,其收敛域为 $R_{x-} < |z| \leqslant \infty$,$R_{x-}$ 是第二项最小的收敛半径。将两收敛域相与,其收敛域为 $R_{x-} < |z| < \infty$。如果是因果序列,收敛域为 $R_{x-} < |z| \leqslant \infty$。

【例 3.11】 求 $x(n) = a^n u(n)$ 的 Z 变换及其收敛域。

解:
$$X(z) = \sum_{n=-\infty}^{\infty} a^n u(n) z^{-n} = \sum_{n=0}^{\infty} a^n z^{-n} = \frac{1}{1 - az^{-1}}$$

在收敛域中必须满足 $|az^{-1}| < 1$,因此收敛域为 $|z| > |a|$。

3. 左边序列

左边序列是指在 $n \leqslant n_2$ 时,序列值不全为零,而在 $n > n_2$ 时,序列值全为零的序列。左边序列的 Z 变换表示为:

$$X(z) = \sum_{n=-\infty}^{n_2} x(n) z^{-n}$$

如果 $n_2 \leqslant 0$,$z = 0$ 点收敛,$z = \infty$ 点不收敛,其收敛域是在某一圆(半径为 R_{x+})的圆内,

收敛域为 $0 \leqslant |z| < R_{x+}$。如果 $n_2 > 0$，则收敛域为 $0 < |z| < R_{x+}$。

【例 3.12】 求 $x(n) = -a^n u(-n-1)$ 的 Z 变换及其收敛域。

解：这里 $x(n)$ 是一个左边序列，当 $n \geqslant 0$ 时，$x(n) = 0$，

$$X(z) = \sum_{n=-\infty}^{\infty} -a^n u(-n-1) z^{-n} = \sum_{n=-\infty}^{-1} -a^n z^{-n} = \sum_{n=1}^{\infty} -a^{-n} z^n$$

$X(z)$ 需满足条件 $|a^{-1}z| < 1$，即收敛域为 $|z| < |a|$，因此

$$X(z) = \frac{-a^{-1}z}{1-a^{-1}z} = \frac{1}{1-az^{-1}} \qquad |z| < |a|$$

注意到，例 3.11 和例 3.12 的序列是不同的，即一个是左边序列，一个是右边序列，但其 Z 变换 $X(z)$ 的函数表示式相同，仅收敛域不同。换句话说，同一个 Z 变换函数表达式，收敛域不同，对应的序列是不相同的。所以，$X(z)$ 的函数表达式及其收敛域是一个不可分离的整体，求 Z 变换就包括求其收敛域。

4. 双边序列

一个双边序列可以看作是一个左边序列和一个右边序列之和，其 Z 变换表示为

$$X(z) = \sum_{n=-\infty}^{\infty} x(n) z^{-n} = X_1(z) + X_2(z)$$

$$X_1(z) = \sum_{n=-\infty}^{-1} x(n) z^{-n} \qquad 0 \leqslant |z| < R_{x+}$$

$$X_2(z) = \sum_{n=0}^{\infty} x(n) z^{-n} \qquad R_{x-} < |z| \leqslant \infty$$

$X(z)$ 的收敛域是 $X_1(z)$ 和 $X_2(z)$ 收敛域的交集。如果 $R_{x+} > R_{x-}$，则其收敛域为 $R_{x-} < |z| < R_{x+}$，是一个环状域；如果 $R_{x+} < R_{x-}$，两个收敛域没有交集，$X(z)$ 则没有收敛域，因此 $X(z)$ 不存在。

【例 3.13】 已知 $x(n) = a^{|n|}$，a 为实数，求 $x(n)$ 的 Z 变换及其收敛域。

解：$X(z) = \sum_{n=-\infty}^{\infty} a^{|n|} z^{-n} = \sum_{n=-\infty}^{-1} a^{-n} z^{-n} + \sum_{n=0}^{\infty} a^n z^{-n} = \sum_{n=1}^{\infty} a^n z^n + \sum_{n=0}^{\infty} a^n z^{-n}$

第一部分收敛条件为 $|az| < 1$，得到的收敛域为 $|z| < |a|^{-1}$；第二部分收敛条件为 $|az^{-1}| < 1$，得到的收敛域为 $|z| > |a|$。如果 $|a| < 1$，两部分的公共收敛域为 $|a| < |z| < |a|^{-1}$，其 Z 变换如下：

$$X(z) = \frac{az}{1-az} + \frac{1}{1-az^{-1}} = \frac{1-a^2}{(1-az)(1-az^{-1})} \qquad |a| < |z| < |a|^{-1}$$

如果 $|a| \geqslant 1$，则无公共收敛域，因此 $X(z)$ 不存在。当 $0 < a < 1$ 时，$x(n)$ 的波形及 $X(z)$ 的收敛域如图 3.11 所示。

此外，因为收敛域中无极点，收敛域总是以极点为界，所以如果求出序列的 Z 变换，找出其极点，则可以根据序列的特性，较简单地确定其收敛域。例如在例 3.11 中，其极点为 $z = a$，根据 $x(n)$ 是一个因果序列，其收敛域必为 $|z| > |a|$；又例如在例 3.12 中，其极点为 $z = a$，但 $x(n)$ 是一个左序列，收敛域一定在某个圆内，即 $|z| < |a|$。

序列的 Z 变换可以用 MATLAB 语言里的 ztrans 命令简单地实现，例 3.14 给出了求

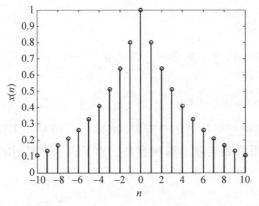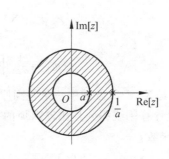

图 3.11 例 3.13 图

解序列 Z 变换的 MATLAB 程序及运行结果。

【例 3.14】 用 ztrans 命令求下列序列的 Z 变换:

(1) $x(n) = \left[\left(\dfrac{1}{2}\right)^n + \left(\dfrac{1}{4}\right)^n\right] u(n)$;

(2) $x(n) = \sin(an+b)u(n)$。

解:MATLAB 程序:

```
syms n a b
f1 = 0.5^n + 0.25^n
f2 = sin(a * n + b)
F1 = ztrans(f1)
F2 = ztrans(f2)
```

运行结果:

```
F1 = z/(z - 1/2) + z/(z - 1/4)
F2 = (z * cos(b) * sin(a))/(z^2 - 2 * cos(a) * z + 1) + (z * sin(b) * (z - cos(a)))/(z^2 -
2 * cos(a) * z + 1)
```

但是,收敛域还是需要手动求解。

【随堂练习】

求下列序列的 Z 变换及其收敛域,并与 MATLAB 程序实现的结果进行对比:①$x(n) = \left[\left(\dfrac{1}{2}\right)^n + \left(\dfrac{3}{4}\right)^n\right] u(n-10)$;②$x(n) = \begin{cases} 1 & -10 \leqslant n \leqslant 10 \\ 0 & \text{其他} \end{cases}$;③$x(n) = 2^n u(-n)$。

3.5.3 逆 Z 变换(Z 反变换)

已知序列的 Z 变换 $X(z)$ 及其收敛域,求原序列 $x(n)$ 的过程称为求逆 Z 变换。求解逆 Z 变换有多种方法,包括留数法、部分分式展开法和幂级数法(长除法)。因为幂级数法(长除法)一般很难得到闭合解,所以这里仅介绍留数法和部分分式展开法,重点是留数法。

1. 用留数定理求逆 Z 变换

序列的 Z 变换及其逆 Z 变换表示如下：

$$X(z) = \sum_{n=-\infty}^{\infty} x(n)z^{-n} \quad R_{x^-} < |z| < R_{x^+}$$

$$x(n) = \frac{1}{2\pi\mathrm{j}} \oint_c X(z)z^{n-1}\mathrm{d}z \tag{3.53}$$

其中，c 是 $X(z)$ 收敛域中一条包围原点的逆时针的闭合围线，如图 3.12 所示。求逆 Z 变换时，直接计算围线积分是比较麻烦的，用留数定理求则很容易。为了表示简单，用 $F(z)$ 表示被积函数：

$$F(z) = X(z)z^{n-1}$$

如果 $F(z)$ 在围线 c 内的极点用 z_k 表示，则根据留数定理有

$$\frac{1}{2\pi\mathrm{j}} \oint_c X(z)z^{n-1}\mathrm{d}z = \sum_k \mathrm{Res}[F(z), z_k] \tag{3.54}$$

其中，$\mathrm{Res}[F(z), z_k]$ 表示被积函数 $F(z)$ 在极点 $z = z_k$ 的留数，逆 Z 变换是围线 c 内所有的极点留数之和。

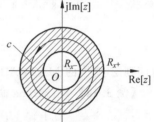

图 3.12 围线积分路径

如果 z_k 是单阶极点，则根据留数定理有

$$\mathrm{Res}[F(z), z_k] = (z - z_k) \cdot F(z) \big|_{z=z_k} \tag{3.55}$$

如果 z_k 是 m 阶极点，则根据留数定理有

$$\mathrm{Res}[F(z), z_k] = \frac{1}{(m-1)!} \frac{\mathrm{d}z}{\mathrm{d}z^{m-1}}[(z - z_k)^m \cdot F(z)] \big|_{z=z_k} \tag{3.56}$$

式(3.56)表明，对于 m 阶极点，需要求 $m-1$ 次导数，这是比较麻烦的。如果 c 内有多阶极点，而 c 外没有多阶极点，则可以用以下方法使问题简单化。

如果 $F(z)$ 在 Z 平面上有 N 个极点，在收敛域内的封闭曲线 c 将 Z 平面上的极点分成两部分：一部分是 c 内极点，设有 N_1 个极点，用 z_{1k} 表示；另一部分是 c 外极点，有 N_2 个，用 z_{2k} 表示。$N = N_1 + N_2$。根据留数辅助定理，则有：

$$\sum_{k=1}^{N_1} \mathrm{Res}[F(z), z_{1k}] = -\sum_{k=1}^{N_2} \mathrm{Res}[F(z), z_{2k}] \tag{3.57}$$

注意：式(3.57)成立的条件是 $F(z)$ 的分母阶次应比分子阶次高二阶或二阶以上。设 $X(z) = P(z)/Q(z)$，$P(z)$ 和 $Q(z)$ 分别是 M 与 N 阶多项式。式(3.57)成立的条件是：

$$N - M - n + 1 \geqslant 2$$

因此要求

$$n < N - M \tag{3.58}$$

如果满足式(3.58)，c 内极点中有多阶极点，而 c 外没有多阶极点，则逆 Z 变换的计算可以按照式(3.57)，改求 c 外极点留数之和，最后加一个负号。

【例 3.15】 已知 $X(z) = \dfrac{3}{1-0.5z^{-1}} + \dfrac{2}{1-2z^{-1}}$，求对应 $X(z)$ 的各种可能的序列表达式。

解：$X(z)$有两个极点，$z_1=0.5$、$z_2=2$，因为收敛域总是以极点为界，所以收敛域有以下3种情况：$|z|<0.5,0.5<|z|<2,|z|>2$，这3种收敛域对应3种原序列。

(1) 当收敛域为$|z|<0.5$时，

$$x(n)=\frac{1}{2\pi j}\oint_c X(z)z^{n-1}dz$$

令

$$F(z)=X(z)z^{n-1}=\frac{5-7z^{-1}}{(1-0.5z^{-1})(1-2z^{-1})}z^{n-1}$$

$$=\frac{5z-7}{(z-0.5)(z-2)}z^n$$

当$n\geq 0$时，c内无极点，$x(n)=0$；

当$n\leq -1$时，c内有极点0，但$z=0$是一个n阶极点，改求c外极点留数，c外极点有$z_1=0.5,z_2=2$，那么

$$x(n)=-\text{Res}[F(z),0.5]-\text{Res}[F(z),2]$$

$$=\frac{(5z-7)z^n}{(z-0.5)(z-2)}(z-0.5)\mid_{z=0.5}-\frac{(5z-7)z^n}{(z-0.5)(z-2)}(z-2)\mid_{z=2}$$

$$=-\left[3\cdot\left(\frac{1}{2}\right)^n+2\cdot 2^n\right]u(-n-1)$$

(2) 当收敛域为$0.5<|z|<2$时，

$$F(z)=\frac{5z-7}{(z-0.5)(z-2)}z^n$$

当$n\geq 0$时，c内有极点0.5，

$$x(n)=\text{Res}[F(z),0.5]=3\cdot\left(\frac{1}{2}\right)^n$$

当$n<0$时，c内有极点0.5,0，但0是一个n阶极点，改求c外极点留数，c外极点只有一个，即2，$x(n)=-\text{Res}[F(z),2]=-2\cdot 2^n u(-n-1)$。

最后得到

$$x(n)=3\cdot\left(\frac{1}{2}\right)^n u(n)-2\cdot 2^n u(-n-1)$$

(3) 当收敛域为$|z|>2$时，

$$F(z)=\frac{5z-7}{(z-0.5)(z-2)}z^n$$

当$n\geq 0$时，c内有极点0.5,2。

$$x(n)=\text{Res}[F(z),0.5]+\text{Res}[F(z),2]$$

$$=\frac{(5z-7)z^n}{(z-0.5)(z-2)}(z-0.5)\mid_{z=0.5}+\frac{(5z-7)z^n}{(z-0.5)(z-2)}(z-2)\mid_{z=2}$$

$$=\left[3\cdot\left(\frac{1}{2}\right)^n+2\cdot 2^n\right]u(n)$$

当$n<0$时，由收敛域判断，这是一个因果序列，因此$x(n)=0$。或者用另一种分析方法，c内有极点0.5,2,0，但0是一个n阶极点，改求c外极点留数，c外无极点，所以$x(n)=0$。

最后得到：

$$x(n) = \left[3 \cdot \left(\frac{1}{2} \right)^n + 2 \cdot 2^n \right] u(n)$$

【随堂练习】

(1) 已知 $X(z) = (1 - 0.5z^{-1})^{-1}$，$|z| > 0.5$，试用留数法，求其逆 Z 变换 $x(n)$。

(2) 已知 $X(z) = \dfrac{1 - a^2}{(1 - az)(1 - az^{-1})}$，$|a| < |z| < |a^{-1}|$ 且 $|a| < 1$，试用留数法，求其逆 Z 变换 $x(n)$。

2. 部分分式展开法

对于大多数单阶极点的序列，常常也用部分分式展开法求逆 Z 变换。

设 $x(n)$ 的 Z 变换 $X(z)$ 是有理函数，分母多项式是 N 阶，分子多项式是 M 阶，将 $X(z)$ 展开成一些简单的常用的部分分式之和，通过查表（参考表 3.4）求得各部分的逆变换，再相加便得到原序列 $x(n)$。设 $X(z)$ 只有 N 个一阶极点，可展成：

$$X(z) = A_0 + \sum_{m=1}^{N} \frac{A_m z}{z - z_m} \tag{3.59}$$

$$\frac{X(z)}{z} = \frac{A_0}{z} + \sum_{m=1}^{N} \frac{A_m}{z - z_m} \tag{3.60}$$

观察式(3.60)，$X(z)/z$ 在 $z = 0$ 的极点留数就是系数 A_0，在极点 $z = z_m$ 的留数就是系数 A_m。

$$A_0 = \mathrm{Res}\left[\frac{X(z)}{z}, 0 \right] \tag{3.61}$$

$$A_m = \mathrm{Res}\left[\frac{X(z)}{z}, z_m \right] \tag{3.62}$$

求出系数 $A_m (m = 0, 1, 2, \cdots, N)$ 后，查表 3.4 可求得序列 $x(n)$。

【例 3.16】 已知 $X(z) = \dfrac{5z^{-1}}{1 + z^{-1} - 6z^{-2}}$，$2 < |z| < 3$，求逆 Z 变换。

解：$\dfrac{X(z)}{z} = \dfrac{5z^{-2}}{1 + z^{-1} - 6z^{-2}} = \dfrac{5}{z^2 + z - 6} = \dfrac{5}{(z - 2)(z + 3)} = \dfrac{A_1}{z - 2} + \dfrac{A_2}{z + 3}$

$A_1 = \mathrm{Res}\left[\dfrac{X(z)}{z}, 2 \right] = \dfrac{X(z)}{z}(z - 2) \mid_{z=2} = 1$

$A_2 = \mathrm{Res}\left[\dfrac{X(z)}{z}, -3 \right] = \dfrac{X(z)}{z}(z + 3) \mid_{z=-3} = -1$

$\dfrac{X(z)}{z} = \dfrac{1}{z - 2} - \dfrac{1}{z + 3}$

$X(z) = \dfrac{1}{1 - 2z^{-1}} - \dfrac{1}{1 + 3z^{-1}}$

因为收敛域为 $2 < |z| < 3$，第一部分极点是 $z = 2$，因此收敛域为 $2 < |z|$。第二部分极点是 $z = -3$，因此收敛域应为 $|z| < 3$。查表 3.4，得到：

$$x(n) = 2^n u(n) + (-3)^n u(-n - 1)$$

注意：在进行部分分式展开时，也用到求留数问题；求各部分分式对应的原序列时，还要确定它的收敛域在哪里，因此一般情况下不如直接用留数法求方便。

例 3.16 可以用一个 MATLAB 函数 residues 来校核留数计算，首先将 $X(z)$ 写成以 z^{-1} 升幂的函数：$X(z) = \dfrac{5z^{-1}}{1+z^{-1}-6z^{-2}} = \dfrac{0+5z^{-1}}{1+z^{-1}-6z^{-2}}$，分子和分母的系数矢量分别为：$b = [0,5]$；$a = [1,1,-6]$，则运行下列程序：

```
a = [1,1, - 6]
b = [0,5]
[R,p,C] = residuez(b,a)
```

结果为：

```
R =
    - 1
     1
p =
    - 3
     2
C =
     []
```

其中，R 为留数；P 为极点位置；C 为直接项。

一些常见序列的 Z 变换可参考表 3.4。

表 3.4　常见序列的 Z 变换

序　　列	Z 变　换	收　敛　域
$\delta(n)$	1	整体 Z 平面
$u(n)$	$\dfrac{1}{1-z^{-1}}$	$|z|>1$
$a^n u(n)$	$\dfrac{1}{1-az^{-1}}$	$|z|>|a|$
$R_N(n)$	$\dfrac{1-z^{-N}}{1-z^{-1}}$	$|z|>0$
$-a^n u(-n-1)$	$\dfrac{1}{1-az^{-1}}$	$|z|<|a|$
$nu(n)$	$\dfrac{z^{-1}}{(1-z^{-1})^2}$	$|z|>1$
$na^n u(n)$	$\dfrac{az^{-1}}{(1-az^{-1})^2}$	$|z|>|a|$
$e^{j\omega_0 n} u(n)$	$\dfrac{1}{1-e^{j\omega_0}z^{-1}}$	$|z|>1$
$\sin(\omega_0 n)u(n)$	$\dfrac{z^{-1}\sin\omega_0}{1-2z^{-1}\cos\omega_0+z^{-2}}$	$|z|>1$
$\cos(\omega_0 n)u(n)$	$\dfrac{1-z^{-1}\cos\omega_0}{1-2z^{-1}\cos\omega_0+z^{-2}}$	$|z|>1$

【随堂练习】

(1) 已知 $X(z) = \dfrac{2 - 3z^{-1}}{1 - 3z^{-1} + 2z^{-2}}$，试用部分分式法分别求：收敛域为 $1 < |z| < 2$ 对应的原序列 $x(n)$；收敛域为 $|z| > 2$ 对应的原序列 $x(n)$。

(2) 试用部分分式法，求下列 $X(z)$ 的逆 Z 变换：① $X(z) = \dfrac{1 - \dfrac{1}{3} z^{-1}}{1 - \dfrac{1}{4} z^{-2}}$　$|z| > \dfrac{1}{2}$；

② $X(z) = \dfrac{1 - 2z^{-1}}{1 - \dfrac{1}{4} z^{-2}}$　$|z| < \dfrac{1}{2}$。

3.5.4　Z 变换的性质和定理

Z 变换的性质和傅里叶变换的性质类似，但也有一些不同，可以进行对照学习。

1. 线性性质

设 $m(n) = ax(n) + by(n)$　a,b 为常数，$x(n)$ 和 $y(n)$ 的 Z 变换表示为：

$$X(z) = \mathrm{ZT}[x(n)]　R_{x-} < |z| < R_{x+}$$
$$Y(z) = \mathrm{ZT}[y(n)]　R_{y-} < |z| < R_{y+}$$

则

$$M(z) = \mathrm{ZT}[m(n)] = aX(z) + bY(z)　R_{m-} < |z| < R_{m+} \tag{3.63}$$
$$R_{m+} = \min(R_{x+}, R_{y+})$$
$$R_{m-} = \max(R_{x-}, R_{y-})$$

这里，$M(z)$ 的收敛域 (R_{m-}, R_{m+}) 是 $X(z)$ 和 $Y(z)$ 的公共收敛域，如果没有公共收敛域，例如当 $R_{x+} > R_{x-} > R_{y+} > R_{y-}$ 时，则 $M(z)$ 不存在。

2. 序列的移位性质

设

$$X(z) = \mathrm{ZT}[x(n)]　R_{x-} < |z| < R_{x+}$$

则

$$\mathrm{ZT}[x(n - n_0)] = z^{-n_0} X(z)　R_{x-} < |z| < R_{x+} \tag{3.64}$$

3. 序列乘以指数序列的性质

设

$$X(z) = \mathrm{ZT}[x(n)]　R_{x-} < |z| < R_{x+}$$
$$y(n) = a^n x(n)　a \text{ 为常数}$$

则

$$Y(z) = \mathrm{ZT}[a^n x(n)] = X(a^{-1} z)　|a| R_{x-} < |z| < |a| R_{x+} \tag{3.65}$$

4. 序列乘以 n 的 ZT

设

$$X(z) = \mathrm{ZT}[x(n)]　R_{x-} < |z| < R_{x+}$$

则

$$ZT[nx(n)] = -z\frac{dX(z)}{dz} \quad R_{x^-} < |z| < R_{x^+}$$ (3.66)

5. 复共轭序列的 ZT

设

$$X(z) = ZT[x(n)] \quad R_{x^-} < |z| < R_{x^+}$$

则

$$ZT[x^*(n)] = X^*(z^*) \quad R_{x^-} < |z| < R_{x^+}$$ (3.67)

6. 初值定理

设 $x(n)$ 是因果序列，$X(z) = ZT[x(n)]$，则

$$x(0) = \lim_{x \to \infty} X(z)$$ (3.68)

7. 终值定理

若 $x(n)$ 是因果序列，其 Z 变换的极点，除可以有一个一阶极点在 $z=1$ 上，其他极点均在单位圆内，则

$$\lim_{n \to \infty} x(n) = \lim_{z \to 1}(z-1)X(z)$$ (3.69)

终值定理也可用 $X(z)$ 在 $z=1$ 点的留数表示，因为

$$\lim_{z \to 1}(z-1)X(z) = \text{Res}[X(z), 1]$$

因此

$$x(\infty) = \text{Res}[X(z), 1]$$ (3.70)

如果在单位圆上 $X(z)$ 无极点，则 $x(\infty) = 0$。

8. 时域卷积定理

设

$$w(n) = x(n) * y(n)$$
$$X(z) = ZT[x(n)] \quad R_{x^-} < |z| < R_{x^+}$$
$$Y(z) = ZT[y(n)] \quad R_{y^-} < |z| < R_{y^+}$$

则

$$W(z) = ZT[w(n)] = X(z)Y(z) \quad R_{w^-} < |z| < R_{w^+}$$ (3.71)
$$R_{w^+} = \min(R_{x^+}, R_{y^+})$$
$$R_{w^-} = \max(R_{x^-}, R_{y^-})$$

【例 3.17】 已知某网络的单位脉冲响应 $h(n) = a^n u(n)$，$|a| < 1$，网络输入序列
$x(n) = u(n)$，求该网络的输出序列 $y(n)$。

解： 求 $y(n)$ 可用两种方法，一种是直接求解线性卷积，另一种是 Z 变换法。

(1) 直接求解线性卷积法，则有：

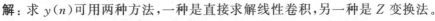

$$y(n) = \sum_{m=-\infty}^{\infty} h(m)x(n-m)$$

$$= \sum_{m=0}^{\infty} a^m u(m)u(n-m)$$

$$= \left(\sum_{m=0}^{n} a^m\right)u(n) = \frac{1-a^{n+1}}{1-a}u(n)$$

（2）Z 变换法，因为：

$$H(z) = ZT[a^n u(n)] = \frac{1}{1 - az^{-1}} \qquad |z| > |a|$$

$$X(z) = ZT[u(n)] = \frac{1}{1 - z^{-1}} \qquad |z| > 1$$

根据时域卷积定理有：

$$Y(z) = H(z)X(z) = \frac{1}{(1 - z^{-1})(1 - az^{-1})} \qquad |z| > 1$$

求其逆 Z 变换，得到：

$$y(n) = \frac{1}{2\pi j} \oint_c \frac{z^{n+1}}{(z-1)(z-a)} dz$$

由收敛域判定

$$y(n) = 0 \quad n < 0$$

$n \geqslant 0$ 时，

$$y(n) = \text{Res}[Y(z)z^{n-1}, 1] + \text{Res}[Y(z)z^{n-1}, a]$$

$$= \frac{1}{1-a} + \frac{a^{n+1}}{a-1} = \frac{1 - a^{n+1}}{1-a}$$

最后将 $y(n)$ 表示为

$$y(n) = \frac{1 - a^{n+1}}{1 - a} u(n)$$

9. 复卷积定理

如果

$$X(z) = ZT[x(n)] \quad R_{x^-} < |z| < R_{x^+}$$

$$Y(z) = ZT[y(n)] \quad R_{y^-} < |z| < R_{y^+}$$

$$w(n) = x(n) * y(n)$$

则

$$W(z) = \frac{1}{2\pi j} \oint_c X(v) Y\left(\frac{z}{v}\right) \frac{dv}{v} \tag{3.72}$$

其中，c 是 v 平面收敛域中任一条环绕原点的逆时针方向的闭合围线，$W(z)$ 的收敛域为

$$R_{x^-} R_{y^-} < |z| < R_{x^+} R_{y^+} \tag{3.73}$$

式（3.72）中 v 平面上，被积函数的收敛域为

$$\max\left(R_{x^-}, \frac{|z|}{R_{y^+}}\right) < |v| < \min\left(R_{x^+}, \frac{|z|}{R_{y^-}}\right) \tag{3.74}$$

10. 帕塞瓦尔定理

设

$$X(z) = ZT[x(n)] \quad R_{x^-} < |z| < R_{x^+}$$

$$Y(z) = ZT[y(n)] \quad R_{y^-} < |z| < R_{y^+}$$

$$R_{x^-} R_{y^-} < 1, \quad R_{x^+} R_{y^+} > 1$$

那么

$$\sum_{n=-\infty}^{\infty} x(n)y^*(n) = \frac{1}{2\pi j}\oint_c X(v)Y^*\left(\frac{1}{v^*}\right)\frac{dv}{v} \tag{3.75}$$

其中,c 是 $X(v)Y^*\left(\dfrac{1}{v^*}\right)$ 收敛域中任一条环绕原点的逆时针方向的闭合围线,v 的收敛域为

$$\max\left(R_{x^-},\frac{1}{R_{y^+}}\right) < |v| < \min\left(R_{x^+},\frac{1}{R_{y^-}}\right)$$

如果 $x(n)$ 和 $y(n)$ 都满足绝对可和,即单位圆上收敛,令 $v = e^{j\omega}$,得到:

$$\sum_{n=-\infty}^{\infty} x(n)y^*(n) = \frac{1}{2\pi}\int_{-\pi}^{\pi} X(e^{j\omega})Y^*(e^{j\omega})d\omega$$

令 $x(n) = y(n)$,得到:

$$\sum_{n=-\infty}^{\infty} x(n)x^*(n) = \sum_{n=-\infty}^{\infty} |x(n)|^2 = \frac{1}{2\pi}\int_{-\pi}^{\pi} |X(e^{j\omega})|^2 d\omega \tag{3.76}$$

式(3.76)等号的左边表示时间信号的能量,等号的右边表示信号频谱的能量。因此帕塞瓦尔定理的物理意义是:在时域中计算得到的序列能量与在频域中计算得到的能量相等。式(3.76)还可以表示为:

$$\sum_{n=-\infty}^{\infty} |x(n)|^2 = \frac{1}{2\pi j}\oint_c X(z)X(z^{-1})\frac{dz}{z} \tag{3.77}$$

注意:式(3.77)中 $X(z)$ 收敛域包含单位圆,当 $x(n)$ 为实序列时,

$$X(e^{-j\omega}) = X^*(e^{j\omega})$$

3.6 时域离散系统的系统函数

3.6.1 系统函数与差分方程

首先需要知道什么是时域离散系统的系统函数? 如何得到系统函数?

根据前面的知识,一个时域离散系统可以用差分方程来描述系统的功能和特性。比如 $y(n) = 3x(n)$ 这样一个差分方程,可以对输入的信号放大 3 倍,表示的是一个具有放大功能的系统,类似于麦克风。假设一个任意的时域离散系统可以用下面这个 N 阶线性常系数差分方程描述:

$$\sum_{k=0}^{N} a_k y(n-k) = \sum_{l=0}^{M} b_l x(n-l) \tag{3.78}$$

那么对式(3.78)求 Z 变换,则需要对方程中的每一项都进行 Z 变换,即可得到:

$$\sum_{k=0}^{N} a_k Y(z)z^{-k} = \sum_{l=0}^{M} b_l X(z)z^{-l} \tag{3.79}$$

然后在 Z 域对系统的输出与输入求比值得:

$$H(z) = Y(z)/X(z)$$

$$= \frac{\displaystyle\sum_{l=0}^{M} b_l z^{-l}}{\displaystyle\sum_{k=0}^{N} a_k z^{-k}} \tag{3.80}$$

其中,$H(z)$ 就称为时域离散系统的系统函数(也称传输函数)。系统函数表示的是系统输出与输入的关系,包含了时域离散系统的所有信息。它不仅可以表征线性时不变系统的动态特性,而且还可以借以研究系统的结构或参数变化对系统性能的影响,是了解系统和计算系统输出的极为有用的工具。

虽然实际系统基本都有非线性的输入输出特性,但是许多系统在标称参数范围内的运行状态非常接近于线性,所以实际应用中完全可以用线性时不变系统理论表示其输入输出行为。

【例 3.18】 求下列差分方程所描述系统的系统函数:

$$2y(n) + 3y(n-1) + 0.8y(n-2) = 2x(n) + x(n-3)$$

解: 对上面的差分方程逐项进行 Z 变换得:

$$2Y(z) + 3z^{-1}Y(z) + 0.8z^{-2}Y(z) = 2X(z) + z^{-3}X(z)$$

$Y(z)$ 是系统输出 $y(n)$ 的 Z 变换,$X(z)$ 是系统输入 $x(n)$ 的 Z 变换,上式左右两边分别提取公因式 $Y(z)$ 和 $X(z)$ 有:

$$(2 + 3z^{-1} + 0.8z^{-2})Y(z) = (2 + z^{-3})X(z)$$

最后得时域离散系统的系统函数为:

$$H(z) = \frac{Y(z)}{X(z)} = \frac{2 + z^{-3}}{2 + 3z^{-1} + 0.8z^{-2}}$$

【随堂练习】

(1) 求下列差分方程所描述系统的系统函数:① $2y(n) + y(n-1) + 0.8y(n-2) = x(n-1) + x(n-3)$;② $y(n) = 0.7x(n) - 0.3x(n-2) - 0.01x(n-3)$。

(2) 求下列系统函数的差分方程:① $H(z) = \dfrac{1 + 0.7z^{-1}}{1 - 0.7z^{-1}}$;② $H(z) = \dfrac{z}{(2z-1)(3z+1)}$。

3.6.2 系统函数与单位脉冲响应

到目前为止,已介绍了 3 种描述系统特性的方法,包括差分方程、单位脉冲响应和系统函数。如图 3.13 所示。如果对卷积式(2.25)求 Z 变换,可以得到单位脉冲响应与系统函数的关系:

$$y(n) = h(n) * x(n) = \sum_{m=-\infty}^{\infty} h(m)x(n-m)$$

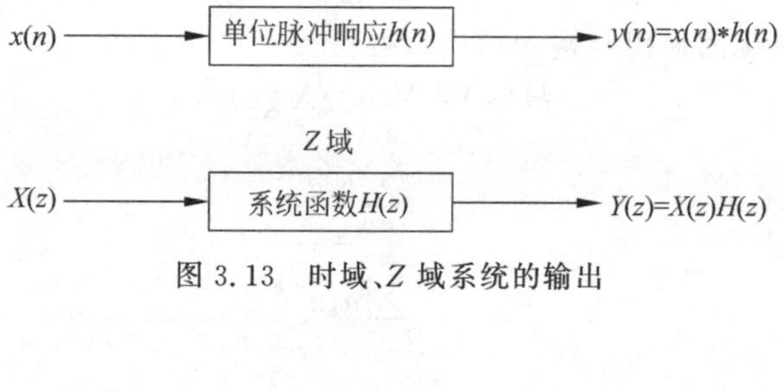

时域

$x(n)$ ⟶ [差分方程] ⟶ $y(n)$

$x(n)$ ⟶ [单位脉冲响应 $h(n)$] ⟶ $y(n) = x(n) * h(n)$

Z 域

$X(z)$ ⟶ [系统函数 $H(z)$] ⟶ $Y(z) = X(z)H(z)$

图 3.13 时域、Z 域系统的输出

两边求 Z 变换,得:

$$
\begin{aligned}
Y(z) &= \sum_{n=-\infty}^{+\infty} y(n) z^{-n} \\
&= \sum_{n=-\infty}^{+\infty} \left[\sum_{m=-\infty}^{+\infty} h(m) x(n-m) \right] \cdot z^{-n} \\
&= \sum_{m=-\infty}^{+\infty} h(m) \cdot \sum_{n=-\infty}^{+\infty} x(n-m) \cdot z^{-n} \\
&= \sum_{m=-\infty}^{+\infty} h(m) \cdot \sum_{n'=-\infty}^{+\infty} x(n') \cdot z^{-(n'+m)} \\
&= \sum_{m=-\infty}^{+\infty} h(m) z^{-m'} \cdot \sum_{n'=-\infty}^{+\infty} x(n') \cdot z^{-n'} \\
&= H(z) X(z)
\end{aligned}
\tag{3.81}
$$

其中,$Y(z)$ 是 $y(n)$ 的 Z 变换,$X(z)$ 是 $x(n)$ 的 Z 变换。需要特别注意的是,$H(z)$ 是 $h(n)$ 的 Z 变换,换句话说,系统的系统函数是其单位脉冲响应的 Z 变换。由 Z 变换的定义可以求解:

$$
\begin{aligned}
H(z) &= \mathrm{ZT}[h(n)] \\
&= \sum_{n=0}^{\infty} h(n) z^{-n}
\end{aligned}
\tag{3.82}
$$

【随堂练习】

设数字滤波器的单位脉冲响应为:

$$h(n) = \delta(n) + 0.5\delta(n-1) + 0.2\delta(n-2) + 0.06\delta(n-3)$$

求此滤波器的系统函数和差分方程。

3.6.3 利用 Z 变换计算系统输出

第 2 章介绍了两种计算系统输出的方法:一种是通过线性卷积运算计算系统输出,还有一种是通过递推的方法直接计算差分方程得出系统的输出,这两种方法都是在时域中的运算。下面介绍一种在 Z 域,利用系统的系统函数 $H(z)$ 和 Z 变换求解系统的输出。这种方法将求解差分方程变成求解代数方程,让求解过程更加简单。

设 N 阶线性常系数差分方程描述为:

$$
\sum_{k=0}^{N} a_k y(n-k) = \sum_{k=0}^{M} b_k x(n-k)
\tag{3.83}
$$

1. 求稳态解

如果输入序列 $x(n)$ 是在 $n=0$ 以前 ∞ 时刻输入的,此时的输入 $y(n)$ 是稳态解,对式(3.83)求 Z 变换,得到:

$$
\sum_{k=0}^{N} a_k Y(z) z^{-k} = \sum_{k=0}^{M} b_k X(z) z^{-k}
$$

$$Y(z) = \frac{\sum\limits_{k=0}^{M} b_k z^{-k}}{\sum\limits_{k=0}^{N} a_k z^{-k}} \cdot X(z) \tag{3.84}$$

对 $Y(z)$ 求逆 Z 变换,便可得到系统的输出信号 $y(n)$,即

$$y(n) = \text{IZT}[Y(z)] \tag{3.85}$$

此时的 $y(n)$ 是系统的稳态解。

2. 求暂态解

对于 N 阶差分方程,求暂态解必须已知 N 个初始条件。设 $x(n)$ 是因果序列,即 $x(n) = 0, n < 0$,已知初始条件 $y(-1), y(-2), \cdots, y(-N)$。对式(3.83)进行 Z 变换时(注意这里要用单边 Z 变换),该方程式的右边由于 $x(n)$ 是因果序列,单边 Z 变换与双边 Z 变换是相同的。下面先求移位序列的单边 Z 变换。

设

$$Y(z) = \sum_{n=0}^{\infty} y(n) z^{-n}$$

$$\begin{aligned}
\text{ZT}[y(n-m)u(n)] &= \sum_{n=0}^{\infty} y(n-m) z^{-n} \\
&= z^{-m} \sum_{n=0}^{\infty} y(n-m) z^{-(n-m)} \\
&= z^{-m} \sum_{k=-m}^{\infty} y(k) z^{-k} \\
&= z^{-m} \left[\sum_{k=0}^{\infty} y(k) z^{-k} + \sum_{k=-m}^{-1} y(k) z^{-k} \right] \\
&= z^{-m} \left[Y(z) + \sum_{k=-m}^{-1} y(k) z^{-k} \right]
\end{aligned} \tag{3.86}$$

按照式(3.86)对式(3.83)进行单边 Z 变换,有

$$\sum_{k=0}^{N} a_k z^{-k} \left[Y(z) + \sum_{l=-k}^{-1} y(l) z^{-l} \right] = \sum_{k=0}^{M} b_k X(z) z^{-k}$$

$$Y(z) = \frac{\sum\limits_{k=0}^{M} b_k z^{-k}}{\sum\limits_{k=0}^{N} a_k z^{-k}} \cdot X(z) - \frac{\sum\limits_{k=0}^{N} a_k z^{-k} \sum\limits_{l=-k}^{-1} y(l) z^{-l}}{\sum\limits_{k=0}^{N} a_k z^{-k}} \tag{3.87}$$

其中右边第一部分与系统初始状态无关,称为零状态解;而第二部分与输入信号无关,称为零输入解。求零状态解时,可用双边 Z 变换求解也可用单边 Z 变换求解,求零输入解却必须考虑初始条件,用单边 Z 变换求解。

【例 3.19】 已知差分方程 $y(n) = 0.5y(n-1) + x(n)$,设输入为 $x(n) = 0.7u(n)$,初始条件为(1)$y(-1) = 1.5$,(2)$y(-1) = 0$,求 $y(n)$。

解：(1) $y(-1)=1.5$ 时，将已知差分方程进行单边 Z 变换：

$$Y(z)-0.5z^{-1}Y(z)-0.5y(-1)=X(z)$$

$$Y(z)=\frac{X(z)+0.5y(-1)}{1-0.5z^{-1}}$$

其中

$$X(z)=\frac{0.7}{1-z^{-1}}, \quad y(-1)=1.5$$

于是

$$Y(z)=\frac{0.7}{(1-0.5z^{-1})(1-z^{-1})}+\frac{0.75}{1-0.5z^{-1}}$$

$$=\frac{0.7z^2}{(z-0.5)(z-1)}+\frac{0.75z}{z-0.5}$$

部分分式展开得

$$Y(z)=\frac{-0.7z}{z-0.5}+\frac{1.4z}{z-1}+\frac{0.75z}{z-0.5}$$

$$=\frac{1.4z}{z-1}+\frac{0.05z}{z-0.5}$$

取逆 Z 变换，得

$$y(n)=(0.05\times0.5^n+1.4)u(n)$$

(2) 若 $y(-1)=0$，则 Z 变换方程为

$$Y(z)-0.5z^{-1}Y(z)=X(z)$$

故

$$Y(z)=\frac{-0.7z}{z-0.5}+\frac{1.4z}{z-1}$$

则有

$$y(n)=(1.4-0.7\times0.5^n)u(n)$$

以上计算也可以用 MATLAB 语言中的 filter 来求出其数值解，程序如下：

```
clc
clear
n = [0:7]
x = 0.7 * ones(1,8)
b = [1];                    %分子系数
a = [1, -0.5];              %分母系数
y1 = [1.5];                 %初始条件 y(-1) = 1.5
y2 = [0];                   %初始条件 y(-1) = 0
xic1 = filtic(b,a,y1);
xic2 = filtic(b,a,y2);
format long
yf1 = filter(b,a,x,xic1)
yf2 = filter(b,a,x,xic2)
```

运行结果为：

```
yf1 =
  Columns 1 through 4
    1.45000000000000   1.42500000000000   1.41250000000000   1.40625000000000
  Columns 5 through 8
    1.40312500000000   1.40156250000000   1.40078125000000   1.40039062500000
yf2 =
  Columns 1 through 4
    0.70000000000000   1.05000000000000   1.22500000000000   1.31250000000000
  Columns 5 through 8
    1.35625000000000   1.37812500000000   1.38906250000000   1.39453125000000
```

【随堂练习】

用 Z 变换法解下列差分方程：①$y(n)-0.9y(n-1)=0.05u(n)$，当 $n\leqslant-1$ 时，$y(n)=0$；②$y(n)-0.9y(n-1)=0.05u(n)$，且 $y(-1)=1$，且当 $n<-1$ 时，$y(n)=0$；③$y(n)-0.8y(n-1)+0.15y(n-2)=\delta(n)$，且 $y(-1)=0.2$，$y(-2)=0.5$，且当 $n<-2$ 时，$y(n)=0$。

3.6.4 系统函数的级联和并联

通过前面内容的学习，了解到滤波器的输出 $y(n)$ 既可以通过直接计算差分方程得出，也可通过数字卷积运算计算得到，这两种方法都是在时域的运算。在 Z 域，可以利用 $Y(z)=H(z)X(z)$，求解 $Y(z)$ 的逆 Z 变换得到输出信号 $y(n)$。这种方法的最大优点就是乘法运算一般要比卷积运算简单，而最大的缺点在于要计算 Z 变换和逆 Z 变换。

这种利用系统函数 $H(z)$ 计算滤波器输出的思想，也可以扩展到更加复杂的系统，即系统函数的级联和并联，如图 3.14 所示。图 3.14(a) 是滤波器的级联组合，第一级滤波器的输出是第二级的输入，因此级联组合的系统函数是 $H_1(z)$ 和 $H_2(z)$ 的乘积。图 3.14(b) 是滤波器的并联组合，并联组合的系统函数是系统函数之和 $H_1(z)+H_2(z)$。

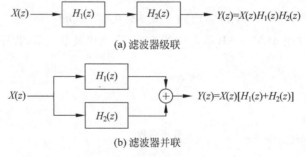

(a) 滤波器级联

(b) 滤波器并联

图 3.14　滤波器的级联与并联

【随堂练习】

两个滤波器的差分方程分别为：$y_1(n)+0.2y_1(n-1)=x_1(n)-0.2x_1(n-1)$；$y_2(n)-0.1y_2(n-1)+0.4y_2(n-2)=0.5x_2(n-1)$，①滤波器级联，求总的传输函数；②滤波器并联，求总的传输函数。

3.7 利用 Z 变换分析系统的频率响应特性

3.7.1 频率响应函数、系统函数和单位脉冲响应

1. 频率响应函数与系统函数

频率响应函数与系统函数 $H(z)$ 之间有密切的联系。设系统初始状态为零,系统对输入为单位脉冲序列 $\delta(n)$ 的输出称为系统的单位脉冲响应 $h(n)$。根据上一节的介绍,对 $h(n)$ 进行 Z 变换,可以得到系统函数 $H(z)$,它表征了系统对复频域的响应特性。

同样如果对 N 阶差分方程式(3.83)进行 Z 变换,也可得到系统函数的一般表示:

$$H(z) = \frac{Y(z)}{X(z)} = \frac{\sum_{l=0}^{M} b_l z^{-l}}{\sum_{i=0}^{N} a_i z^{-i}} \tag{3.88}$$

而如果对 $h(n)$ 进行序列的傅里叶变换(DTFT),可以得到:

$$H(e^{j\omega}) = \sum_{n=-\infty}^{\infty} h(n) e^{-j\omega n} = |H(e^{j\omega})| e^{j\varphi(\omega)} \tag{3.89}$$

一般称 $H(e^{j\omega})$ 为系统的频率响应函数,它表征系统的频率响应特性。$|H(e^{j\omega})|$ 称为幅频响应特性函数(简称幅频响应),$\varphi(\omega)$ 称为相频响应特性函数(简称相频响应)。

如果 $H(z)$ 的收敛域包含单位圆 $|z|=1$,则 $H(e^{j\omega})$ 与 $H(z)$ 之间的关系如下:

$$H(e^{j\omega}) = H(z)\mid_{z=e^{j\omega}} \tag{3.90}$$

即在 $z=e^{j\omega}$ 时,系统的频率响应和系统函数相等。换言之,把系统函数 $H(z)$ 中所有的 z 换成 $e^{j\omega}$,即可得到系统的频率响应 $H(e^{j\omega})$。

类比前面利用 Z 变换求解系统的输出,理论上利用 DTFT 的方法也可以用来求解系统的输出。但 Z 变换在计算一般输出时更方便,而 DTFT 仅限于计算输入为正弦信号时的系统的输出。这是因为系统的频率响应显示了滤波器在每个频率上的特性,当输入信号是单一频率的正弦信号时,根据滤波器的频率响应特性很容易确定输出信号。同时,根据前面的知识,大多数复杂信号可由各种不同频率、幅度和相位的正弦信号叠加而成,甚至还可以构成复数形式的信号,因此,滤波器的输出仍然可以用 DTFT 的方法求解,这样就扩大了应用的范围,下面举例阐述。

设系统输入一个复数信号 $x(n) = \cos(\omega n) + j\sin(\omega n) = e^{j\omega n}$,则利用卷积和求解,系统输出信号为

$$y(n) = h(n) * x(n) = \sum_{m=-\infty}^{\infty} h(m) x(n-m) = \sum_{m=-\infty}^{\infty} h(m) e^{j\omega(n-m)}$$

$$= e^{j\omega n} \sum_{m=-\infty}^{\infty} h(m) e^{-j\omega m} = H(e^{j\omega}) e^{j\omega n}$$

即

$$y(n) = H(e^{j\omega}) e^{j\omega n} = |H(e^{j\omega})| e^{j[\omega n + \varphi(\omega)]} \tag{3.91}$$

式(3.91)说明,单频复指数信号 $e^{j\omega n}$ 通过频率响应函数为 $H(e^{j\omega})$ 的系统后,输出仍为

单频复指数序列,其幅度放大$|H(\mathrm{e}^{\mathrm{j}\omega})|$倍,相移为$\varphi(\omega)$。

为了加深读者对$H(\mathrm{e}^{\mathrm{j}\omega})$物理意义的理解,再以常见的正弦信号为例进行讨论。当系统输入信号$x(n)=\cos(\omega n)$时,求系统的输出信号$y(n)$:

因为

$$x(n)=\cos(\omega n)=\frac{1}{2}(\mathrm{e}^{\mathrm{j}\omega n}+\mathrm{e}^{-\mathrm{j}\omega n})$$

所以,利用上面的结论可得到:

$$y(n)=\frac{1}{2}[H(\mathrm{e}^{\mathrm{j}\omega})\mathrm{e}^{\mathrm{j}\omega n}+H(\mathrm{e}^{\mathrm{j}(-\omega)})\mathrm{e}^{-\mathrm{j}\omega n}]$$

设$h(n)$为实序列,则$H^*(\mathrm{e}^{\mathrm{j}\omega})=H(\mathrm{e}^{-\mathrm{j}\omega})$,$|H(\mathrm{e}^{\mathrm{j}\omega})|=|H(\mathrm{e}^{-\mathrm{j}\omega})|$,$\varphi(\omega)=-\varphi(-\omega)$,故

$$y(n)=\frac{1}{2}[|H(\mathrm{e}^{\mathrm{j}\omega})|\,\mathrm{e}^{\mathrm{j}\varphi(\omega)}\mathrm{e}^{\mathrm{j}\omega n}+|H(\mathrm{e}^{-\mathrm{j}\omega})|\,\mathrm{e}^{\mathrm{j}\varphi(-\omega)}\mathrm{e}^{-\mathrm{j}\omega n}]$$

$$=\frac{1}{2}|H(\mathrm{e}^{\mathrm{j}\omega})|\,\{\mathrm{e}^{\mathrm{j}[\omega n+\varphi(\omega)]}+\mathrm{e}^{-\mathrm{j}[\omega n+\varphi(\omega)]}\}$$

$$=|H(\mathrm{e}^{\mathrm{j}\omega})|\cos[\omega n+\varphi(\omega)] \tag{3.92}$$

由式(3.92)可见,线性时不变系统对单频正弦信号$\cos(\omega n)$的响应为同频正弦信号,其幅度放大$|H(\mathrm{e}^{\mathrm{j}\omega})|$倍,相移增加$\varphi(\omega)$,这就是"频率响应函数""幅频响应"和"相频响应"的物理含义。如果系统输入为一般的序列$x(n)$,则$H(\mathrm{e}^{\mathrm{j}\omega})$对$x(n)$的不同的频率成分进行加权处理。对感兴趣的频段取$|H(\mathrm{e}^{\mathrm{j}\omega})|=1$,其他频段$|H(\mathrm{e}^{\mathrm{j}\omega})|=0$,则$Y(\mathrm{e}^{\mathrm{j}\omega})=X(\mathrm{e}^{\mathrm{j}\omega})\cdot H(\mathrm{e}^{\mathrm{j}\omega})$,就实现了对输入序列$x(n)$的理想滤波处理。

【例3.20】 设输入信号为数字频率$\omega=1.5\mathrm{rad}$的余弦波:

$$x(n)=30\cos(1.5n+20°)$$

在此频率下,滤波器系统增益为$-21\mathrm{dB}$,相位差为68°,则输出信号的幅度和相位是多少?

解:因为输入信号为$x(n)=30\cos(1.5n+20°)$,用极坐标形式可以简写为$30\angle20°$。在1.5rad处,滤波器的增益为$-21\mathrm{dB}$,但分贝不能用于计算,必须转换成线性值。根据题意,$20\lg|H(\mathrm{e}^{\mathrm{j}\times1.5})|=-21\mathrm{dB}$,有

$$|H(\mathrm{e}^{\mathrm{j}\times1.5})|=10^{\frac{-21}{20}}=0.0891$$

因为相位差为68°,即$\varphi(\omega)|_{\omega=1.5}=68°$,所以频率响应可简化为$0.0891\angle68°$。

这样,根据式(3.92)可得输出信号为:

$$y(n)=30\times0.0891\times\cos(1.5n+20°+68°)=2.673\cos(1.5n+88°)$$

【随堂练习】

已知线性因果系统用下面的差分方程描述:$y(n)=0.9y(n-1)+x(n)+0.9x(n-1)$,①求系统函数$H(z)$及其单位脉冲响应$h(n)$;②写出频率响应函数$H(\mathrm{e}^{\mathrm{j}\omega})$的表达式,并定性画出其幅频特性曲线;③设输入$x(n)=\mathrm{e}^{\mathrm{j}\omega_0 n}$,求输出$y(n)$。

2. 频率响应函数与单位脉冲响应

DTFT提供了另一种描述滤波器的方法,这样所有描述滤波器的方法包括:差分方程、单位脉冲响应、系统函数和频率响应函数。像其他描述方法一样,滤波器的频率响应含有滤波器的所有信息,利用这些信息,可以预测滤波器的工作状态。根据前面的知识,滤波器的

系统函数 $H(z)$ 是单位脉冲响应 $h(n)$ 的 Z 变换。那么,当滤波器的输入 $x(n)$ 是一个单位脉冲序列 $\delta(n)$ 时,对应的输出 $y(n)$ 是 $h(n)$。分别对 $x(n)$ 和 $y(n)$ 求 DTFT 得:

$$X(\mathrm{e}^{\mathrm{j}\omega}) = \sum_{n=-\infty}^{\infty} \delta(n)\mathrm{e}^{-\mathrm{j}\omega n} = 1$$

$$Y(\mathrm{e}^{\mathrm{j}\omega}) = \sum_{n=-\infty}^{\infty} h(n)\mathrm{e}^{-\mathrm{j}\omega n}$$

因为滤波器的频率响应 $H(\mathrm{e}^{\mathrm{j}\omega}) = Y(\mathrm{e}^{\mathrm{j}\omega})/X(\mathrm{e}^{\mathrm{j}\omega})$,所以

$$H(\mathrm{e}^{\mathrm{j}\omega}) = \frac{Y(\mathrm{e}^{\mathrm{j}\omega})}{X(\mathrm{e}^{\mathrm{j}\omega})} = \frac{\displaystyle\sum_{n=-\infty}^{\infty} h(n)\mathrm{e}^{-\mathrm{j}\omega n}}{1} = \sum_{n=-\infty}^{\infty} h(n)\mathrm{e}^{-\mathrm{j}\omega n} \tag{3.93}$$

因此,滤波器的频率响应 $H(\mathrm{e}^{\mathrm{j}\omega})$ 是单位脉冲响应 $h(n)$ 的 DTFT。滤波器的单位脉冲响应、频率响应和系统函数的关系,如图 3.15 所示。

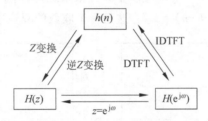

图 3.15 滤波器单位脉冲响应、频率响应和系统函数的关系图

3.7.2 系统函数与系统的因果性和稳定性

滤波器的系统函数是描述滤波器特性的一个重要表现形式,根据式(3.88),滤波器的系统函数一般形式为:

$$H(z) = \frac{Y(z)}{X(z)} = \frac{\displaystyle\sum_{l=0}^{M} b_l z^{-l}}{\displaystyle\sum_{i=0}^{N} a_i z^{-i}}$$

有关 $H(z)$ 的收敛域问题有以下结论:

(1) 一个因果(可实现)系统的单位脉冲响应 $h(n)$ 一定是因果序列。因此,根据前面所学的序列及其收敛域的关系可知,因果系统函数 $H(z)$ 的收敛域一定是因果序列的收敛域,即

$$R_- < |z| \leqslant \infty$$

(2) 系统稳定要求 $\displaystyle\sum_{n=-\infty}^{+\infty} |h(n)| < \infty$,这是 $H(\mathrm{e}^{\mathrm{j}\omega}) = \mathrm{DTFT}[h(n)]$ 存在的条件,对照 Z 变换与傅里叶变换的关系可知,如果单位圆外有极点,则系统不稳定(Unstable);如果单位圆上有极点,则系统是临界稳定(Marginally Stable);如果系统的所有极点都在单位圆内,则系统是稳定的(Stable)。

因此,系统稳定的条件是 $H(z)$ 的收敛域包含单位圆。如果要求系统因果且稳定,收敛

域包含∞点和单位圆,那么 $H(z)$ 的收敛域可表示为

$$R_- < |z| \leqslant \infty \quad 0 < R_- < 1$$

这样 $H(z)$ 的极点集中在单位圆的内部。此外,如果每个极点的模值都小于 1,也说明系统是稳定的。下面通过例 3.21 说明。

【例 3.21】 已知 $H(z) = \dfrac{1-a^2}{(1-az^{-1})(1-az)}$ $0 < a < 1$,分析其因果性和稳定性。

解:$H(z)$ 的极点为 $z=a$,$z=a^{-1}$,如图 3.16(a)所示。

(1) 收敛域为 $a^{-1} < |z| \leqslant \infty$:对应的系统是因果系统,但由于收敛域不包含单位圆,因此是不稳定系统。单位脉冲响应 $h(n) = (a^n - a^{-n})u(n)$,这是一个因果序列,但不收敛。

(2) 收敛域为 $0 \leqslant |z| < a$:对应的系统是非因果且不稳定系统。其单位脉冲响应 $h(n) = (a^{-n} - a^n)u(-n-1)$,这是一个非因果且不收敛的序列。

(3) 收敛域为 $a < |z| < a^{-1}$:对应一个非因果系统,但由于收敛域包含单位圆,因此是稳定系统。其单位脉冲响应 $h(n) = a^{|n|}$,这是一个收敛的双边序列,如图 3.16(b)所示。

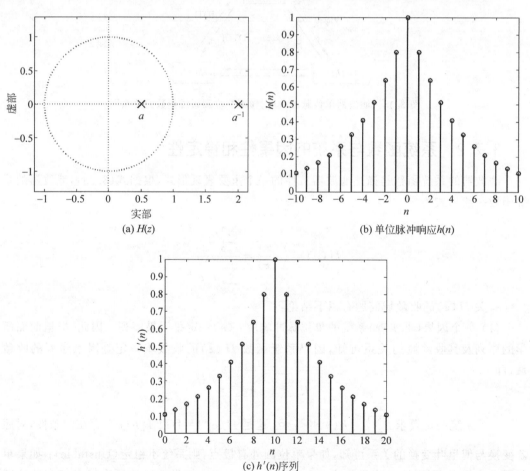

(a) $H(z)$

(b) 单位脉冲响应 $h(n)$

(c) $h'(n)$序列

图 3.16 例 3.21 图

下面分析例 3.21 表示的系统的可实现性。

$H(z)$ 的 3 种收敛域中,前两种系统不稳定,不能选用;最后一种收敛域,系统稳定但非因果,还是不能具体实现。因此严格地讲,这样的系统是无法具体实现的。但是利用数字系统或者说计算机的存储性质,可以近似实现第三种情况。方法是将图 3.16(b)在 $-N \sim N$ 截取一段,再向右移,形成如图 3.16(c)所示的 $h'(n)$ 序列,将 $h'(n)$ 作为具体实现的系统单位脉冲响应。N 愈大,$h'(n)$ 表示的系统愈接近 $h(n)$ 系统。具体实现时,预先将 $h'(n)$ 存储起来,备运算时应用。这种非因果但稳定的系统的近似实现性,是数字信号处理技术比模拟信息处理技术优越的地方。

需说明的是,对一个实际物理实现系统,其 $H(z)$ 的收敛域是唯一的。

【例 3.22】 数字滤波器的系统函数为:

$$H(z) = \frac{1 - z^{-2}}{1 + 0.7z^{-1} + 0.9z^{-2}}$$

试判断该滤波器的稳定性。

解:将系统函数转换成 Z 正幂级数形式:

$$H(z) = \frac{z^2 - 1}{z^2 + 0.7z + 0.9}$$

其零点为:$z = \pm 1$,极点为:$z = \dfrac{-0.7 \pm j\sqrt{3.11}}{2} = -0.35 \pm j0.8818$

这些极点到单位圆圆心的距离为:

$$|z| = \sqrt{(-0.35)^2 + 0.8818^2} = 0.9487 < 1$$

因此该滤波器系统稳定。

【例 3.23】 已知一因果系统 $y(n) = 0.7y(n-1) + x(n)$ 试求 $H(z)$ 并用 MATLAB 软件画出它的零-极点图、$|H(e^{j\omega})|$ 及 $\angle H(e^{j\omega})$。

解:将差分方程写为:

$$y(n) - 0.7y(n-1) = x(n)$$

两边取 Z 变换并按式(3.93)得:

$$H(z) = \frac{1}{1 - 0.7z^{-1}}$$

由于系统为因果系统,因此收敛域为 $|z| > 0.7$。

为画出其零-极点图,编写以下程序:

```
b = [1,0]
a = [1, -0.7]
zplane(b,a)
```

运行结果为图 3.17。以下程序用于画出 $|H(e^{j\omega})|$ 及 $\angle H(e^{j\omega})$:

```
b = [1,0]
a = [1, -0.7]
[H w] = freqz(b,a,100)
magH = abs(H)
```

```
phaH = angle(H)
subplot(2,1,1)
plot(w/pi,magH,)
grid
subplot(2,1,2)
plot(w/pi,phaH)
grid
```

所得图形如图 3.18 所示。

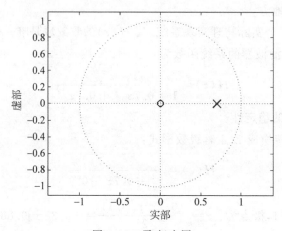

图 3.17 零-极点图

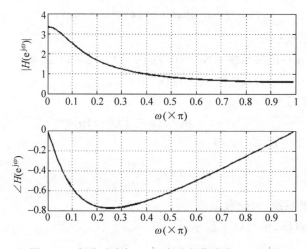

图 3.18 幅度响应 $|H(e^{j\omega})|$ 及相位响应 $\angle H(e^{j\omega})$

【随堂练习】

若一个线性时不变系统的输入为 $x(n)=\left(\dfrac{1}{2}\right)^n u(n)+2^n u(-n-1)$，输出为 $y(n)=$

$6 \cdot \left(\dfrac{1}{2}\right)^n u(n)-6 \cdot \left(\dfrac{3}{4}\right)^n u(n)$，求系统函数 $H(z)$，并判断系统是否稳定和因果。

3.7.3 利用系统零-极点分布分析系统的单位脉冲响应和阶跃响应特性

由于滤波器的系统函数是描述滤波器特性的一个重要表现形式，$H(z)$ 的一般形式为：

$$H(z) = \frac{Y(z)}{X(z)} = \frac{\sum_{l=0}^{M} b_l z^{-l}}{\sum_{i=0}^{N} a_i z^{-i}}$$

因此，$H(z)$ 就可能存在零点和极点。其中极点（Pole）是系统函数分母为零时 z 的取值，零点（Zero）是系统函数分子为零时 z 的取值。极点对数字滤波器特性的影响最大，零点用来调整极点所引起的滤波器特性，调整的大小取决于零点与极点的相对位置。

为了更好地理解极点位置对系统特性的影响，此处不进行复杂的理论推导，通过研究一组二阶滤波器系统来发现规律。在此讨论 6 个系统函数：

(1) $H(z) = \dfrac{z^{-2}}{1+0.2z^{-1}+0.01z^{-2}}$；

(2) $H(z) = \dfrac{z^{-2}}{1+1.7z^{-1}+0.7625z^{-2}}$；

(3) $H(z) = \dfrac{z^{-2}}{1-1.7z^{-1}+0.6z^{-2}}$；

(4) $H(z) = \dfrac{z^{-2}}{1-1.6z^{-1}+0.9425z^{-2}}$；

(5) $H(z) = \dfrac{1-0.3z^{-1}}{1-1.6z^{-1}+0.9425z^{-2}}$；

(6) $H(z) = \dfrac{1-1.6z^{-1}+0.8z^{-2}}{1-1.6z^{-1}+0.9425z^{-2}}$。

每个系统函数的形式相同，为了确定极点，将系统函数化为 z 的正幂级数形式：

$$H(z) = \frac{z^{-2}}{1+\alpha z^{-1}+\beta z^{-2}} = \frac{1}{z^2+\alpha z+\beta} \tag{3.94}$$

单位脉冲响应和单位阶跃响应可由下列差分方程求解：

$$y(n) = -\alpha y(n-1) - \beta y(n-2) + x(n-2)$$

由于输入有两位时延，每个输出响应也有起始两位的时延。

用下面的 MATLAB 程序将以上各系统的单位脉冲响应、单位阶跃响应和零-极点图画出，如图 3.19 所示（以下程序中使用系统（1）中参数）：

```
% 输入是脉冲信号
m1 = [0,0,1];
m2 = zeros(1,57);
m = [m1,m2];
a = 1;                          % 分子的系数
b = [1,0.2,0.01];               % 分母的系数
h = filter(a,b,m);
n = 1:60;
```

```
subplot(2,2,3)
stem(n,h(n))
xlabel('n')
ylabel('h(n)')                          % 输入是阶跃序列时的输出
u1 = [0,0,1];
u2 = ones(1,57);
u = [u1,u2];
s = filter(a,b,u);
n = 1:60;
subplot(2,2,4)
stem(n,s(n))
xlabel('n')
ylabel('s(n)')                          % 画零-极点图
[z,p,k] = tf2zp(a,b)                    % 求解零点、极点和增益值
subplot(2,2,1)
zplane(a,b)
title('(a) 极点: -0.1, -0.1')
```

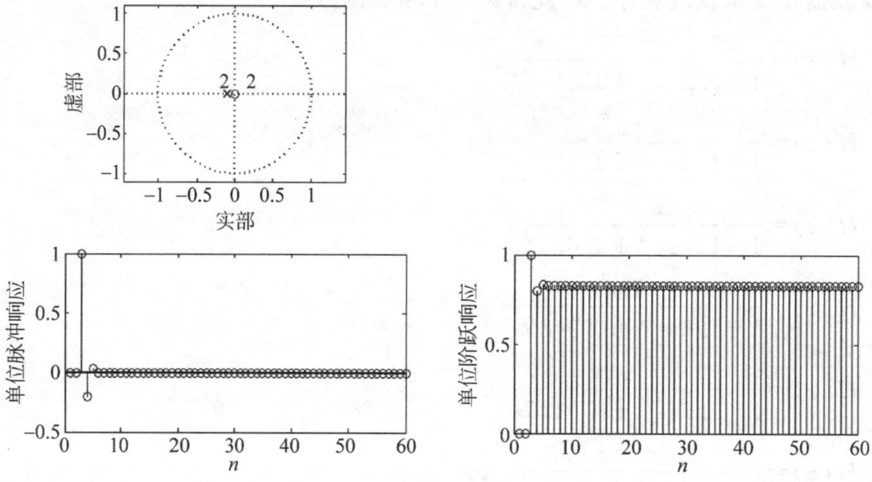

(a) 极点: −0.1 −0.1,零点: 0,0

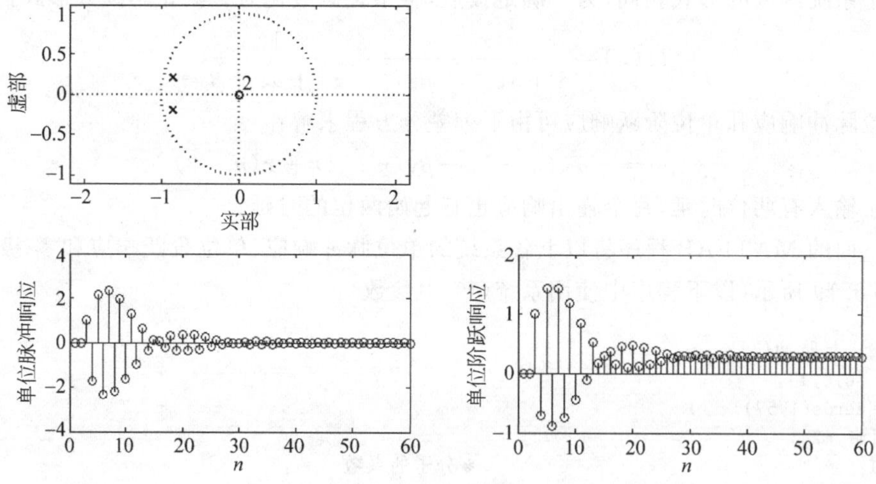

(b) 极点: −0.85±j0.2,零点: 0,0

图 3.19 零-极点位置对系统响应的影响

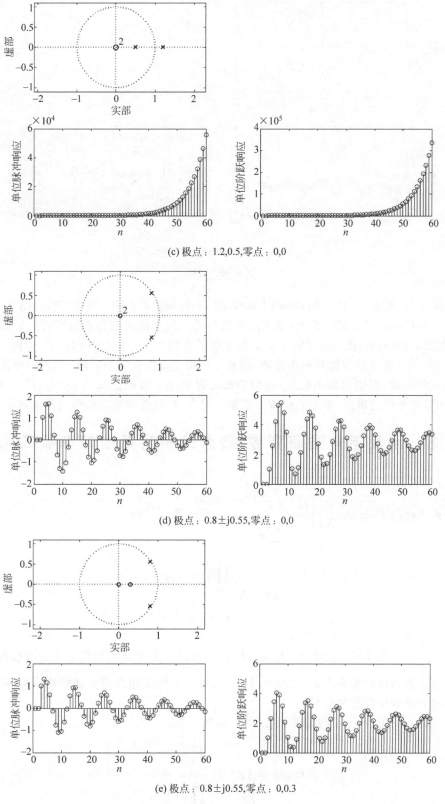

(c) 极点：1.2,0.5,零点：0,0

(d) 极点：0.8±j0.55,零点：0,0

(e) 极点：0.8±j0.55,零点：0,0.3

图 3.19 （续）

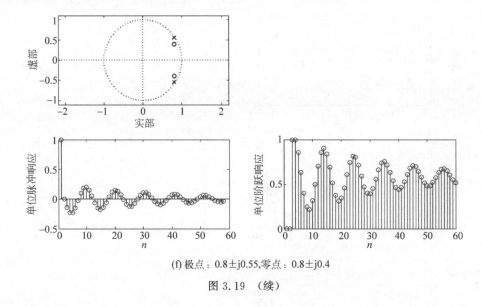

(f) 极点：0.8±j0.55，零点：0.8±j0.4

图 3.19 （续）

从图 3.19 的结果可以看出，零-极点的位置对系统响应的影响。图 3.19(a)、图 3.19(b)和图 3.19(c) 对应的零点都在原点，极点的模值对系统趋于最终的稳态值所需的时间有很大影响，在图 3.19(a)中，极点的模值为 0.1，系统用了不到 3 个采样点就稳定了，而图 3.19(b)和图 3.19(e)中极点的模值靠近单位圆，因此输出稳定需很长时间。图 3.19(c)中极点的模值超出了单位圆，则输出就不稳定，这与前面的讨论是一致的。图 3.19(d)、图 3.19(e)和图 3.19(f)有相同的极点，零点的位置逐渐接近极点，这时脉冲响应的幅度逐渐减小。

3.8   用几何方法研究零-极点分布对系统频率响应的影响

将系统函数 $H(z) = \dfrac{Y(z)}{X(z)} = \dfrac{\sum\limits_{l=0}^{M} b_l z^{-l}}{\sum\limits_{i=0}^{N} a_i z^{-i}}$ 因式分解，得到：

$$H(z) = A \frac{\prod\limits_{r=1}^{M}(1 - c_r z^{-1})}{\prod\limits_{r=1}^{N}(1 - d_r z^{-1})} \tag{3.95}$$

其中，$A = \dfrac{b_0}{a_0}$，c_r 是 $H(z)$ 的零点，d_r 是 $H(z)$ 的极点。A 参数影响频率响应函数的幅度大小。影响系统特性的是零点 c_r 和极点 d_r 的分布。下面采用几何方法研究不同零-极点分布对系统频率响应特性的影响。

将式(3.95)的分子、分母同乘以 z^{N+M}，得到：

$$H(z) = A z^{N-M} \frac{\prod\limits_{r=1}^{M}(z - c_r)}{\prod\limits_{r=1}^{N}(z - d_r)} \tag{3.96}$$

设系统稳定,将 $z=\mathrm{e}^{\mathrm{j}\omega}$ 代入上式,得到频率响应函数

$$H(\mathrm{e}^{\mathrm{j}\omega}) = A\,\mathrm{e}^{\mathrm{j}\omega(N-M)}\frac{\displaystyle\prod_{r=1}^{M}(\mathrm{e}^{\mathrm{j}\omega}-c_r)}{\displaystyle\prod_{r=1}^{N}(\mathrm{e}^{\mathrm{j}\omega}-d_r)} \tag{3.97}$$

在 Z 平面上,$\mathrm{e}^{\mathrm{j}\omega}-c_r$ 用一根由零点 c_r 指向单位圆上 $\mathrm{e}^{\mathrm{j}\omega}$ 点 B 的向量 $\boldsymbol{c_r B}$ 表示,同样, $\mathrm{e}^{\mathrm{j}\omega}-d_r$ 用一根由极点 d_r 指向单位圆上 $\mathrm{e}^{\mathrm{j}\omega}$ 点 B 的向量 $\boldsymbol{d_r B}$ 表示,如图 3.20 所示,即 $\boldsymbol{c_r B}$ 和 $\boldsymbol{d_r B}$ 分别称为零点向量和极点向量,将它们用极坐标表示:

$$\boldsymbol{c_r B} = \rho_r \cdot \mathrm{e}^{\mathrm{j}\alpha_r}$$

$$\boldsymbol{d_r B} = l_r \cdot \mathrm{e}^{\mathrm{j}\beta_r}$$

将 $\boldsymbol{c_r B}$ 和 $\boldsymbol{d_r B}$ 表示式代入式(3.97),得到:

$$H(\mathrm{e}^{\mathrm{j}\omega}) = A\,\mathrm{e}^{\mathrm{j}\omega(N-M)}\frac{\displaystyle\prod_{r=1}^{M}\boldsymbol{c_r B}}{\displaystyle\prod_{r=1}^{N}\boldsymbol{d_r B}} = |\,H(\mathrm{e}^{\mathrm{j}\omega})\,|\,\mathrm{e}^{\mathrm{j}\varphi(\omega)} \tag{3.98}$$

$$|\,H(\mathrm{e}^{\mathrm{j}\omega})\,| = |\,A\,|\,\frac{\displaystyle\prod_{r=1}^{M}\rho_r}{\displaystyle\prod_{r=1}^{N}l_r} \tag{3.99}$$

$$\varphi(\omega) = \omega(N-M) + \sum_{r=1}^{M}\alpha_r - \sum_{r=1}^{N}\beta_r \tag{3.100}$$

系统的频率响应特性由式(3.99)和式(3.100)确定。当频率 ω 从 0 变化到 2π 时,这些向量的终点 B 沿单位圆逆时针旋转一周,按照式(3.99)和式(3.100),分别估算出系统的幅频特性和相频特性。例如图 3.20 表示了具有一个零点和两个极点的频率特性。

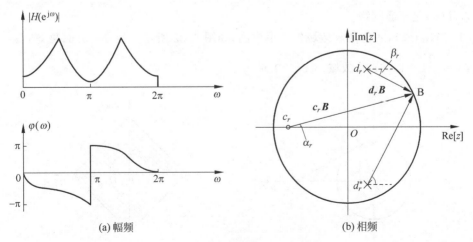

图 3.20 频率响应的几何表示法

按照式(3.99),知道零-极点的分布后,可以很容易地确定零-极点位置对系统特性的影响。当 B 点转到极点附近时,极点向量长度最短,因而幅度特性可能出现峰值,且极点越靠近单位圆,极点向量长度越短,峰值越高越尖锐。如果极点在单位圆上,则幅度特性为∞,系统不稳定。对于零点,情况正好相反,当 B 点转到零点附近时,零点向量长度最短,因而幅度特性可能出现谷值,且零点越靠近单位圆,零点向量长度越短,谷值越接近零。如果零点在单位圆上,则幅度特性为零。综上所述,极点位置主要影响频响的峰值位置及尖锐程度,零点位置主要影响频响的谷点位置及形状。

这种通过零-极点位置分布分析系统频率响应特性的几何方法提供了一个直观的概念,对于分析和设计系统是十分有用的。

【例 3.24】 设线性时不变系统的系统函数为 $H(z) = \dfrac{1 - a^{-1}z^{-1}}{1 - az^{-1}}$,$a$ 为实数。

(1) 在 Z 平面上用几何方法证明该系统是全通网络(即系统频率响应的幅度在所有频率 ω 处皆为常数),$|H(e^{j\omega})| = $ 常数;

(2) 参数 a 如何取值,才能使系统因果稳定? 画出极点、零点分布与收敛域。

解:(1) $H(z) = \dfrac{1 - a^{-1}z^{-1}}{1 - az^{-1}} = \dfrac{z - a^{-1}}{z - a}$,极点 $z = a$,零点 $z = a^{-1}$,$|H(e^{j\omega})| =$
$\left| \dfrac{e^{j\omega} - a^{-1}}{e^{j\omega} - a} \right|$,$z = e^{j\omega}$,单位圆中 $OA = 1$,如图 3.21 所示。

设 $a = 0.6$

$$|H(e^{j\omega})| = \frac{AB}{AC}$$

在 △AOC 和 △BOA 中,∠AOC = ∠BOA

$$\frac{AO}{OC} = \frac{1}{a}; \quad \frac{BO}{OA} = \frac{1}{a}$$

∴ △AOC ∽ △BOA,$|H(e^{j\omega})| = \dfrac{AB}{AC} = \dfrac{1}{a}$ 为常数。

∴ $H(z)$ 是全通网络。

(2) 当 $|a| < 1$,才能使收敛域包含单位圆,如图 3.22 所示。设 $a = 0.6$,极点:$z = 0.6$;零点:$z = \dfrac{1}{0.6} = 1.66$;收敛域:$|z| > 0.6$。

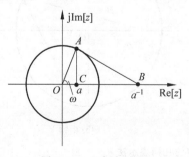

图 3.21　几何方法图

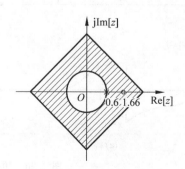

图 3.22　系统的零-极点图

【随堂练习】

(1) 已知 $H(z)=z^{-1}$,分析其频率特性。

(2) 设一阶系统的差分方程为:

$$y(n)=by(n-1)+x(n)$$

用几何法分析其幅度响应特性。

习题

1. 写出下列序列的 DTFT 的表达式:

(1) $x_1(n)=\delta(n)-\delta(n-1)+\delta(n-2)$;

(2) $x_2(n)=\mathrm{e}^{-\mathrm{j}0.1n}[u(n)-u(n-4)]$;

(3) $x_3(n)=\delta(n)+0.5\delta(n-1)+0.25\delta(n-2)$。

2. 设图 3.23 所示的序列 $x(n)$ 的 DTFT 用 $X(\mathrm{e}^{\mathrm{j}\omega})$ 表示,不直接求出,完成下列运算或工作:

(1) $X(\mathrm{e}^{\mathrm{j}0})$;

(2) $\displaystyle\int_{-\pi}^{\pi}X(\mathrm{e}^{\mathrm{j}\omega})\mathrm{d}\omega$;

(3) $X(\mathrm{e}^{\mathrm{j}\pi})$;

(4) $\displaystyle\int_{-\pi}^{\pi}|X(\mathrm{e}^{\mathrm{j}\omega})|^2\mathrm{d}\omega$;

(5) $\displaystyle\int_{-\pi}^{\pi}\left|\frac{\mathrm{d}X(\mathrm{e}^{\mathrm{j}\omega})}{\mathrm{d}\omega}\right|^2\mathrm{d}\omega$。

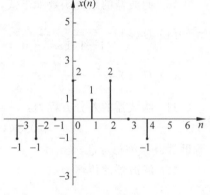

图 3.23 习题 2 图

3. 设 $x(n)=R_3(n)$,试求 $x(n)$ 的共轭对称序列 $x_e(n)$ 和共轭反对称序列 $x_o(n)$,并分别用图表示。

4. 已知 $x(n)=0.5^n u(n)$,分别求出其偶函数 $x_e(n)$ 和奇函数 $x_o(n)$ 的傅里叶变换。

5. 若序列 $x(n)$ 是实因果序列,$x(0)=1$,其傅里叶变换的虚部为

$$X_I(\mathrm{e}^{\mathrm{j}\omega})=\sin\omega$$

求序列 $x(n)$ 及其傅里叶变换 $X(\mathrm{e}^{\mathrm{j}\omega})$。

6. 求下列序列的 Z 变换:

(1) $x_1(n)=3\sin\left(\dfrac{\pi}{5}n\right)u(n)$;

(2) $x_2(n)=0.5nu(n)$;

(3) $x_3(n)=2\mathrm{e}^{-\mathrm{j}0.2n}\cos\left(\dfrac{\pi}{7}n\right)u(n)$。

7. 求下列 $X(z)$ 的逆 Z 变换:

(1) $X(z)=\dfrac{z}{z+0.12}\quad|z|>0.12$

(2) $X(z)=\dfrac{5}{1-z^{-1}}\quad|z|<1$

(3) $X(z) = \dfrac{4}{z^2(z-0.5)}$ $|z| > \dfrac{1}{2}$

(4) $X(z) = \dfrac{2z-1}{z-0.9}$ $|z| < 0.9$

(5) $X(z) = \dfrac{1}{(z-0.2)(z+0.4)}$ $|z| > 0.4$

(6) $X(z) = \dfrac{1}{z(z+0.2)(z-1)}$ $|z| > 1$

8. 由滤波器的单位脉冲响应 $h(n) = 2\delta(n) - 1.5\delta(n-1) + \delta(n-2) + 0.5\delta(n-3)$，求系统函数和差分方程。

9. 两个滤波器级联，它们的单位脉冲响应分别为 $h_1(n) = 0.2^n[u(n) - u(n-3)]$ 和 $h_2(n) = -3n[u(n) - u(n-4)]$，用 Z 变换求级联系统的单位脉冲响应。

10. 滤波器的系统函数如下式，试求其频率响应表达式：

(1) $H(z) = \dfrac{1}{1 - 1.1z^{-1} + 0.4z^{-2}}$；

(2) $H(z) = \dfrac{z - 0.7}{z^2 - 0.5z + 0.3}$。

11. 滤波器的差分方程为：

$$y(n) + 0.8y(n-1) - 0.9y(n-2) = x(n-2)$$

判断滤波器的稳定性。

12. 滤波器的传输函数为

$$H(z) = \dfrac{2}{1 - 0.4z^{-1}}$$

(1) 确定滤波器的差分方程；

(2) 找出零点和极点，判断其稳定性；

(3) 求解并画出单位脉冲响应。

13. 数字滤波器的传输函数为：

$$H(z) = \dfrac{z - 0.2}{z^2(z - 0.7)}$$

(1) 系统是否稳定？

(2) 如果输入 $x(n) = 0.9^n u(n)$，求输出 $y(n)$。

14. 如图 3.24 所示的两个线性时不变系统的单位脉冲响应分别为 $h_1(n)$ 和 $h_2(n)$，已知系统 $h_1(n)$ 的输出满足差分方程 $x(n) = s(n) - e^{-8a}s(n-8)$，其中 $a > 0$。

(1) 求 $H_1(z)$ 的系统函数 $H_1(z)$，画出零-极点图并说明收敛域。

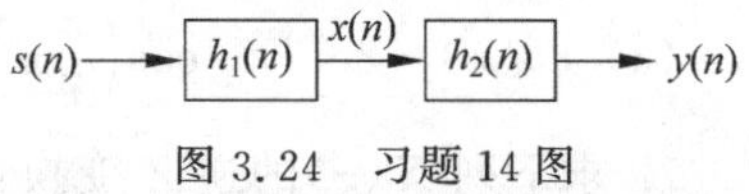

图 3.24   习题 14 图

(2) 设系统 $h_2(n)$ 的输出为 $y(n) = s(n)$，求 $h_2(n)$ 的系统函数 $H_2(z)$ 及其收敛域，并说明系统是否稳定和因果。

(3) 求能够使输出为 $y(n) = s(n)$ 的稳定的 $h_2(n)$ 的一般表达式。

第4章

离散傅里叶变换

前面介绍了离散时间的傅里叶变换和 Z 变换,通过这两种变换均可以得到信号和系统的频谱特性,它们是数字信号处理中常用的重要数学变换。此外,对于有限长序列,还有一种更为重要的数学变换,即本章要讨论的离散傅里叶变换(Discrete Fourier Transform, DFT)。

DFT 之所以更为重要,是因为通过 DFT 和 IDFT(Inverse Discrete Fourier Transform, IDFT)能够把时域和频域的信息减少到有限个采样点上,易于通过计算机处理,大大增加了数字信号处理的灵活性。更重要的是,DFT 有多种快速算法,统称为快速傅里叶变换(Fast Fourier Transform, FFT),这一变化使信号的实时处理和设备简化并得以实现。所以说, DFT 是一种适合实际分析的有效计算算法,它不仅在理论上有重要意义,而且在各种信号的处理中也起着核心作用。

本章内容包括:

➢ DFT 的定义;

➢ DFT 的基本性质;

➢ 频域抽样理论;

➢ DFT 的应用。

4.1 DFT 和 IDFT

4.1.1 DFT 和 IDFT 的定义

第 3 章介绍了离散时间信号和系统的傅里叶变换(DTFT),并利用 DTFT 求出了有限长序列的频谱。DTFT 由式(3.2)定义。由于式(3.2)中 $X(\omega)$ 的自变量 ω 是连续的,因此,要在计算机上实现上述变换,就需要将 ω 离散化,需要无限多个采样点,这在实际计算中是无法实现的。因此,类似于在时域对模拟信号进行采样和量化实现时域的离散化,得到数字信号,从而对数字信号进行计算机处理一样。对 DTFT 中 $X(\omega)$ 进行有限点的频域采样,得到离散的频谱也就可以用计算机处理。DFT 实质就是对 $X(\omega)$ 进行频域采样,从而实现频域的离散化。

1. 定义

设 $x(n)$ 是一个长度为 M 的有限长序列,其 N 点 DFT 定义为:

$$X(k) = \text{DFT}[x(n)]$$

$$= \sum_{n=0}^{N-1} x(n) e^{-j\frac{2\pi}{N}kn}$$

$$= \sum_{n=0}^{N-1} x(n) W_N^{kn} \quad k = 0, 1, \cdots, N-1 \tag{4.1}$$

其中,$W_N = e^{-j\frac{2\pi}{N}}$,$N$ 称为 DFT 变换区间长度,一般取 $N \geqslant M$,式(4.1)称为 $x(n)$ 的 N 点离散傅里叶变换。

像 DTFT 一样,DFT 也给出了序列的频率分量,但与 DTFT 不同的是,$X(e^{j\omega})$ 对应的是无限多个频率上的值,而 $X(k)$ 对应的是有限 N 个频率上的值,正是由于这种从无限到有限的转变,使得我们求序列频率分量的计算得以在计算机上实现。

DFT 变换中的 $X(k)$ 一般为复数,可表示为:

$$X(k) = |X(k)| e^{j\theta(k)}$$

其中,幅度 $|X(k)|$ 对 k 的波形称为序列 $x(n)$ 的 DFT 幅度频谱特性,简称幅频特性,表示构成 $x(n)$ 的相应频率下正弦波的幅度;$\theta(k)$ 对 k 的波形称为序列 $x(n)$ 的 DFT 相位频谱特性,简称相频特性,表示构成 $x(n)$ 的相应频率下正弦波的相位。容易看出 $X(k)$ 也是周期的,周期为 N。

$$X(k+N) = \sum_{n=0}^{N-1} x(n) e^{-j\frac{2\pi}{N}(k+N)n}$$

$$= \sum_{n=0}^{N-1} x(n) e^{-j\frac{2\pi}{N}kn} \cdot e^{-j\frac{2\pi}{N}Nn}$$

$$= \sum_{n=0}^{N-1} x(n) e^{-j\frac{2\pi}{N}kn}$$

$$= X(k)$$

因为 DFT 具有以 N 为周期的周期性,所以只需要计算 $k = 0, 1, 2, \cdots, N-1$ 的 DFT 幅度和相位,之后每 N 点重复一次。与 DTFT 的情况一样,DFT 的幅度频谱总是偶函数,而相位频谱总是奇函数。

若需要把频率采样 $X(k)$ 变换为时域采样序列 $x(n)$ 时,就要用到 DFT 的逆变换,下面给出 $X(k)$ 的离散傅里叶逆变换定义如下:

$$x(n) = \text{IDFT}[X(k)] = \frac{1}{N} \sum_{k=0}^{N-1} X(k) W_N^{-kn} \quad n = 0, 1, \cdots, N-1 \tag{4.2}$$

通常称式(4.1)和式(4.2)为离散傅里叶变换对。通常也习惯用 $\text{DFT}[x(n)]_N$ 和 $\text{IDFT}[X(k)]_N$ 分别表示 N 点离散傅里叶变换和 N 点离散傅里叶逆变换。$\text{IDFT}[X(k)]_N$ 的唯一性证明如下。

把式(4.1)代入式(4.2),有

$$\text{IDFT}[X(k)]_N = \frac{1}{N}\sum_{k=0}^{N-1}\left[\sum_{m=0}^{N-1}x(m)W_N^{km}\right]W_N^{-kn}$$

$$= \sum_{m=0}^{N-1}x(m)\frac{1}{N}\sum_{k=0}^{N-1}W_N^{k(m-n)}$$

由于

$$\frac{1}{N}\sum_{k=0}^{N-1}W_N^{k(m-n)} = \begin{cases} 1 & m=n+iN,i \text{ 为整数} \\ 0 & m\neq n+iN,i \text{ 为整数} \end{cases}$$

所以,在变换区间上满足:

$$\text{IDFT}[X(k)]_N = x(n) \quad 0\leqslant n\leqslant N-1$$

由此可见,式(4.2)定义的离散傅里叶逆变换确实是唯一的。

将式(4.1)和式(4.2)与式(3.42)和式(3.43)相对照,则会发现当 $0\leqslant n\leqslant N-1$ 时,DFS 表达式与 DFT 表达式相同,因此可将 MATLAB 程序中 DFS 和 IDFS 函数直接改名为 DFT 和 IDFT,即可实现离散傅里叶变换。

【例 4.1】 $x(n)=R_4(n)$,求 $x(n)$ 的 4 点和 8 点 DFT。

解:设变换区间 $N=4$,则

$$X(k) = \sum_{n=0}^{4-1}x(n)W_4^{kn} = \sum_{n=0}^{3}e^{-j\frac{2\pi}{4}kn}$$

$$= \frac{1-e^{-j2\pi k}}{1-e^{-j\frac{\pi}{2}k}} = \begin{cases} 4 & k=0 \\ 0 & k=1,2,3 \end{cases}$$

设变换区间 $N=8$,则

$$X(k) = \sum_{n=0}^{8-1}x(n)W_8^{kn} = \sum_{n=0}^{7}e^{-j\frac{2\pi}{8}kn}$$

$$= \frac{1-e^{-j\frac{2\pi}{2}k}}{1-e^{-j\frac{2\pi}{8}k}} = \frac{e^{-j\frac{\pi}{2}k}\left(e^{j\frac{\pi}{2}k}-e^{-j\frac{\pi}{2}k}\right)}{e^{-j\frac{\pi}{8}k}\left(e^{j\frac{\pi}{8}k}-e^{-j\frac{\pi}{8}k}\right)}$$

$$= e^{-j\frac{3\pi}{8}k}\frac{\sin\left(\frac{\pi}{2}k\right)}{\sin\left(\frac{\pi}{8}k\right)} \quad k=0,1,\cdots,7$$

由此例可见,$x(n)$ 的离散傅里叶变换结果与变换区间长度 N 有关。分别取 $N=4$ 和 $N=8$ 有什么实际意义呢? 或者 N 取其他值更合适? 下面用 MATLAB 软件说明 DFT 是如何实现对 DTFT 的频域离散化以及如何用 DFT 还原 DTFT,以此进一步解答 N 的取值的问题。

首先,由例 3.1 可知,$x(n)=R_4(n)$ 的离散傅里叶变换 $X(e^{j\omega})$ 为

$$X(e^{j\omega}) = \sum_{n=-\infty}^{\infty}x(n)e^{-j\omega n} = 1+e^{-j\omega}+e^{-j2\omega}+e^{-j3\omega}$$

$$= \frac{1-e^{-j4\omega}}{1-e^{-j\omega}} = \frac{\sin(2\omega)}{\sin(\omega/2)}e^{-j3\omega/2}$$

所以，

$$|X(e^{j\omega})| = \left| \frac{\sin(2\omega)}{\sin(\omega/2)} \right|$$

$$\angle X(e^{j\omega}) = \begin{cases} -\dfrac{3\omega}{2} & \dfrac{\sin(2\omega)}{\sin(\omega/2)} > 0 \\[3mm] -\dfrac{3\omega}{2} \pm \pi & \dfrac{\sin(2\omega)}{\sin(\omega/2)} < 0 \end{cases}$$

重新在 $0 \leqslant \omega \leqslant 2\pi$ 区域画出它的幅频和相频图，如图 4.1 所示。

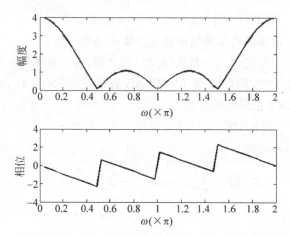

图 4.1　$x(n) = R_4(n)$ 的离散傅里叶变换 $X(e^{j\omega})$ 的幅频特性和相频特性

用以下 MATLAB 程序计算 $x(n) = R_4(n)$ 的 DFT

```
N = 4
x = [1 1 1 1]
XK = dft(x, N)
magXK = abs(XK)
phaXK = angle(XK) * 180/pi
```

其结果为：

```
magXK =
    4.0000    0.0000    0.0000    0.0000
phaXK =
        0  - 134.9824   - 90.0000   - 45.0007
```

根据式(4.1)，$X(k)$ 4 个幅度和相位值对应的角频率 ω 依次为 $\dfrac{2\pi}{N}k(N=4, k=0,1,2,3)=$ $0, \dfrac{\pi}{2}, \pi, \dfrac{3\pi}{2}$。现在将这 4 个幅度和相位值在图 4.1 的幅频特性和相频特性中标注，结果如图 4.2 所示。

显然在频域的一个周期内仅采样 4 个点不足以恢复 $X(e^{j\omega})$ 原始包络。为此，我们增加频域采样点的数量，令 $N=8$，由于 $x(n)$ 是长度为 4 的序列，我们采用补零的办法使之形成

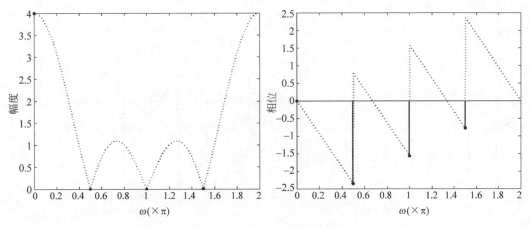

图 4.2　将 DFT 结果放入 DTFT 谱图中($N=4$)

一个 8 点序列,即

$$x(n)=\{1\quad 1\quad 1\quad 1\quad 0\quad 0\quad 0\quad 0\}$$

这一运算称为补零运算。求补零后序列 $x(n)$ 的 8 点 DFT,程序如下:

```
N = 8
x = [1 1 1 1 zeros(1,4)]
XK = dft(x,N)
magXK = abs(XK)
phaXK = angle(XK) * 180/pi
```

运行结果为:

```
magXK =
    4.0000    2.6131    0.0000    1.0824    0.0000    1.0824    0.0000    2.6131
phaXK =
         0  - 67.5000  - 135.0000  - 22.5000  - 90.0000  22.5000  - 45.0000  67.5000
```

同理,$X(k)$ 的 8 个幅度和相位值对应的角频率 ω 依次为 $\frac{2\pi}{N}k$($N=8, k=0,1,2,3,4,5,$

$6,7$)$=0,\frac{\pi}{4},\frac{\pi}{2},\frac{3\pi}{4},\pi,\frac{5\pi}{4},\frac{3\pi}{2},\frac{7\pi}{4}$,现在将这 8 个幅度和相位值在图 4.1 的幅频特性和相频特性中标注,结果如图 4.3 所示。

图 4.4 给出了当 $N=16$ 时,将 $X(k)$ 的 16 个幅度和相位值放入 $X(\mathrm{e}^{\mathrm{j}\omega})$ 幅频特性和相频特性图 4.1 中的效果。图 4.4 表明,$X(\mathrm{e}^{\mathrm{j}\omega})$ 频域的采样间隔变得更小,$X(k)$ 的包络特性更加接近 $X(\mathrm{e}^{\mathrm{j}\omega})$。

由以上分析可知,DFT 即为 DTFT 在一个周期的采样值,采样点的个数,由所进行的 N 点 DFT 的 N 确定。在计算 DFT 时,N 越大,$x(n)$ 要填充的零的数量就越多,其频谱越接近于其傅里叶变换 $X(\mathrm{e}^{\mathrm{j}\omega})$,这是因为在 $[0,2\pi]$ 的频域区间上分布了更多的采样点,即提供了高密度的频谱。但是填充的零的数量越多,在计算中所需的计算量就越大,占用的存储空间就越多。因此,N 值并不是越大越好。

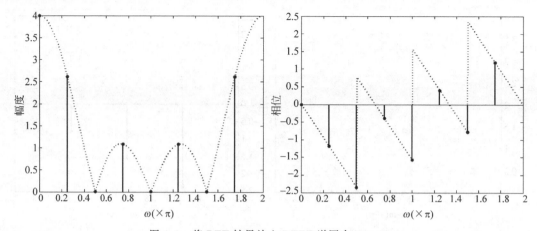

图 4.3 将 DFT 结果放入 DTFT 谱图中（$N=8$）

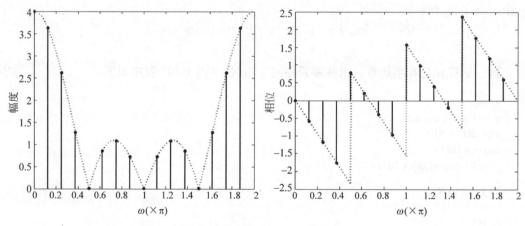

图 4.4 将 DFT 结果放入 DTFT 谱图中（$N=16$）

2. 高密度谱与高分辨率谱

通过以上讨论说明时域取样信号补零，N 取更大的值可以提供高密度谱，但并不是能提供高分辨率的谱，我们将通过一个例子来说明高密度谱与高分辨率谱的不同。

【例 4.2】 考虑序列 $x(n)=\cos(0.45\pi n)+\cos(0.55\pi n)$，现需基于有限个样本数来确定它的频谱。

（1）求出并画出 $x(n)$，$0\leqslant n\leqslant 10$ 的离散时间傅里叶变换；

（2）求出并画出 $x(n)$，$0\leqslant n\leqslant 100$ 的离散时间傅里叶变换。

解：（1）首先确定 $x(n)$ 的 10 点 DFT，得到它的离散时间傅里叶变换的估计。程序如下：

```
n = [0:99]
x = cos(0.45 * pi * n) + cos(0.55 * pi * n)
n1 = [0:9]
y1 = x(1:1:10)
subplot(2,1,1)
stem(n1,y1,'k','lineWidth',1.2)
```

```
title('x(n),0<=n<=9','fontsize',15)
xlabel('n','fontsize',15)
ylabel('x(n)','fontsize',15)
Y1=dft(y1,10)
magY1=abs(Y1)
K1=n1
W1=2*pi/10*K1
subplot(2,1,2)
stem(W1/pi,magY1,'k','lineWidth',1.2)
ylabel('|X(k)|','fontsize',15)
title('DTFT 的 10 点取样值 ','fontsize',15)
```

显然,由于取样值太少,无法做出任何结论(见图 4.5)。按例 4.1,补 90 个零值以得到更密的谱。程序如下:

```
n=[0:99]
x=cos(0.45*pi*n)+cos(0.55*pi*n)
n1=[0:9]
n2=[0:99]
y1=x(1:1:10)
y2=[x(1:10) zeros(1,90)]
subplot(2,1,1)
stem(n2,y2,'k','lineWidth',1.2)
title('x(n),0<=n<=9,其余补零','fontsize',15)
xlabel('n','fontsize',15)
ylabel('x(n)','fontsize',15)
Y2=dft(y2,100)
magY2=abs(Y2)
K2=n2
W2=2*pi/10*K2
subplot(2,1,2)
stem(W2/pi,magY2,'k','lineWidth',1.2)
ylabel('|X(k)|','fontsize',15)
title('x(n)补零后,DTFT 的 100 点取样值 ','fontsize',15)
```

如图 4.6 所示,显然,这个频谱的主要频率为 $\omega=0.5\pi$,并不能体现有始信号 $\omega=0.45\pi$ 和 $\omega=0.55\pi$ 两个频率,所以补零运算只是使频谱平滑,并不能提高信号的分辨率。

(2) 将时域采样信号取 100 个样本点,并求 $N-100$ 的 DFT。程序如下:

```
n=[0:99]
x=cos(0.45*pi*n)+cos(0.55*pi*n)
n1=[0:99]
y1=x(1:1:100)
subplot(2,1,1)
stem(n1,y1,'k','lineWidth',1.2)
title('x(n),0<=n<=99','fontsize',15)
xlabel('n','fontsize',15)
ylabel('x(n)','fontsize',15)
```

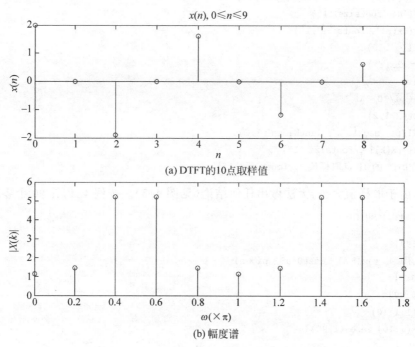

(a) DTFT的10点取样值

(b) 幅度谱

图 4.5 $x(n),0{\leqslant}n{\leqslant}9,N=10$ 时的信号和幅度谱

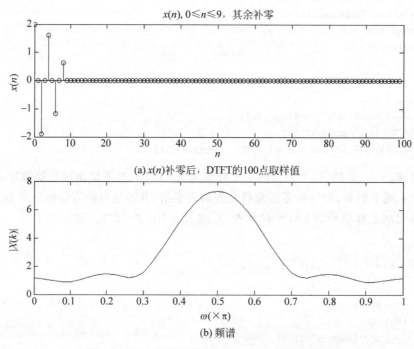

(a) $x(n)$补零后，DTFT的100点取样值

(b) 频谱

图 4.6 $x(n),0{\leqslant}n{\leqslant}9,N=100$ 时的信号和频谱

```
Y1 = dft(y1,100)
magY1 = abs(Y1(1:1:51))
K1 = 0:1:50
W1 = 2 * pi/100 * K1
subplot(2,1,2)
plot(W1/pi, magY1,'k','lineWidth',1.2)
xlabel('频率(单位 π)','fontsize',15)
ylabel('|X(k)|','fontsize',15)
```

图 4.7 为以上程序的运行结果,由图可知,当取 $x(n)$ 的前 100 个点,并求其 DFT 时可以清晰地分辨出两个频率,即提高了频域分辨率。因此,补零运算只是使 DFT 的频谱变平滑,获得高密度谱,并不能提高信号频谱的分辨率。要想获得高分辨率谱,还是需要增加信号采样值的有效长度。注意,由图 4.2、图 4.3 和图 4.4 可知,幅度谱均关于频率 π 对称,因此图 4.6 和图 4.7 只画出了 0~π 的频谱。

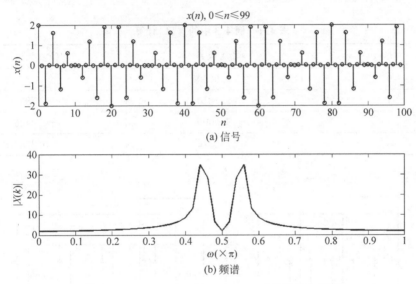

图 4.7 $x(n),0 \leqslant n \leqslant 99, N = 100$ 时的信号和频谱

3. IDFT 具有唯一性

关于 IDFT 的唯一性,先看一道例题,再对其唯一性进行证明。

【例 4.3】 设序列 $x(n)$ 的取值如图 4.8 所示,用长度为 $N = 4$ 的 DFT 窗选取序列中 $n = 0,1,2,3$ 的一段作为 $x(n)$,试求幅度频谱和相位频谱,并验证 IDFT 可还原这些采样值。

解:对选定的 4 个采样值进行分析,即 $N = 4$,用式(4.1)计算 $x(n)$ 的 DFT,得:

$$X(k) = \sum_{n=0}^{N-1} x(n) e^{-j2\pi \frac{k}{N} n} = x(0) + x(1) e^{-j2\pi \frac{k}{4}} + x(2) e^{-j2\pi \frac{k}{4} 2} + x(3) e^{-j2\pi \frac{k}{4} 3}$$

$$= 5 + 2 e^{-j\frac{\pi k}{2}} - 2 e^{-j\pi k} + 4 e^{-j\frac{\pi k}{2} 3}$$

$k = 0,1,2,3$ 时 $X(k)$ 的值如表 4.1 所示。由于 $X(k)$ 是以 N 为周期的,所以 k 也可取其他整数值,但 $X(k)$ 的值只能是表中的这些值。DFT 幅度频谱和相位频谱如图 4.9 所示,并且序列 $x(n)$ DFT 的周期为 $N = 4$。

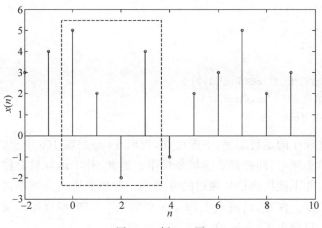

图 4.8　例 4.3 图

表 4.1　例 4.3 中的 $X(k)$ 计算

k	$\mid X(k) \mid$	$\theta(k)$（弧度）
0	9.0000	0
1	7.2810	0.2783
2	3.0000	-3.2426
3	7.2810	-0.2783

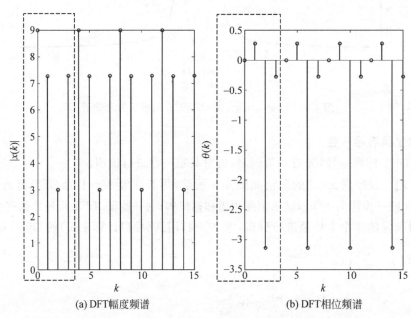

(a) DFT幅度频谱　　　　　　　　　(b) DFT相位频谱

图 4.9　例 4.3 DFT 幅度频谱和相位频谱

下面来验证通过 IDFT 可还原出这 4 个采样值。根据式(4.2),序列的采样值可通过 IDFT 恢复,即:

$$x(n) = \frac{1}{N} \sum_{k=0}^{N-1} X(k) e^{j2\pi \frac{k}{N}n} = \frac{1}{4} \left[X(0) + X(1) e^{j2\pi \frac{1}{4}n} + X(2) e^{j2\pi \frac{2}{4}n} + X(3) e^{j2\pi \frac{3}{4}n} \right]$$

$$= \frac{1}{4} \left[X(0) + X(1) e^{j\frac{\pi n}{2}} + X(2) e^{j\pi n} + X(3) e^{j\frac{3\pi n}{2}} \right]$$

将 $n = 0, 1, 2, 3$ 代入求解 $x(n)$,则可得表 4.2。

表 4.2　例 4.3 中 $x(n)$ 的计算值

n	0	1	2	3
$x(n)$	5	2	-2	4

当 $x(n)$ 中的 n 取其他整数时,根据 $x(n)$ 的表达式发现,$x(n)$ 是以 $N = 4$ 为周期的,所以 $x(n)$ 的取值仍然是表 4.2 中所列值。$x(n)$ 的取值如图 4.10 所示。

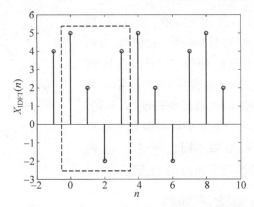

图 4.10　例 4.3 中 IDFT 计算的 $x(n)$ 的值

图 4.10 还画出了更大范围 n 值所对应的 $x(n)$ 的值,在忽略舍入误差时,IDFT 能准确地恢复 DFT 窗内的原采样信号,并且 IDFT 的值是每 $N = 4$ 个采样点重复一次。需要注意的是,IDFT 的采样值与原采样信号窗外的部分无关。上面这个例题说明 IDFT 可以唯一确定原序列 $x(n)$。4.1.1 节中已经从理论上证明了 $\text{IDFT}[X(k)]_N$ 的唯一性。

【随堂练习】

求下列序列的 N 点 DFT:① $x(n) = \delta(n)$; ② $x(n) = \delta(n - n_0)$　$0 < n_0 < N$;③ $x(n) = a^n$　$0 \leqslant n < N$;④ $x(n) = u(n) - u(n - n_0)$　$0 \leqslant n_0 < N$。

4.1.2　DFT 与 DTFT 和 Z 变换的关系

用傅里叶变换(FT)可以得到模拟信号的频谱特性,它不受采样和量化的影响。而在数字域,时域离散傅里叶变换(DTFT)提供了采样后的模拟信号(序列)的频谱信息,正如第 1 章所述,DTFT 所获得的频谱信息会受到频谱混叠和量化等误差的影响,只可近似表示傅里叶变换,不方便计算机处理。同样,因为 DFT 也是在数字域求频谱特性,不免有混叠和量化误差的影响,所以它也只能是接近原始的傅里叶变换。

下面对 DFT、DTFT 和 Z 变换的关系及 DFT 的物理意义进行讨论。

设序列 $x(n)$ 的长度为 M,其 Z 变换、DTFT 和 $N(N \geqslant M)$ 点 DFT 分别为

$$X(z) = \text{ZT}[x(n)] = \sum_{n=0}^{N-1} x(n) z^{-n}$$

$$X(\mathrm{e}^{\mathrm{j}\omega}) = \text{DTFT}[x(n)] = \sum_{n=0}^{N-1} x(n) \mathrm{e}^{-\mathrm{j}\omega n}$$

$$X(k) = \text{DFT}[x(n)]_N = \sum_{n=0}^{N-1} x(n) W_N^{kn} \quad k = 0, 1, \cdots, N-1$$

比较可得关系式

$$X(k) = X(z) \Big|_{z = \mathrm{e}^{\mathrm{j}\frac{2\pi}{N}k}} \quad k = 0, 1, \cdots, N-1 \tag{4.3}$$

或

$$X(k) = X(\mathrm{e}^{\mathrm{j}\omega}) \Big|_{\omega = \frac{2\pi}{N}k} \quad k = 0, 1, \cdots, N-1 \tag{4.4}$$

式(4.3)表明序列 $x(n)$ 的 N 点 DFT 是 $x(n)$ 的 Z 变换在单位圆上的 N 点等间隔采样。式(4.4)表明 $X(k)$ 为序列 $x(n)$ 的傅里叶变换 $X(\mathrm{e}^{\mathrm{j}\omega})$ 在区间 $[0, 2\pi]$ 上的 N 点等间隔采样,这就是 DFT 的第一种物理解释。由此可见,DFT 的变换区间长度 N 不同,表示对 $X(\mathrm{e}^{\mathrm{j}\omega})$ 在区间 $[0, 2\pi]$ 上的采样间隔和采样点数不同,所以 DFT 的变换结果不同。序列 $x(n)$ 的 DFT、DTFT、Z 变换的转换关系如图 4.11 所示。

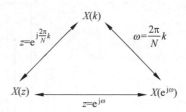

图 4.11 DFT、DTFT、Z 变换的关系

4.1.3 DFT 的隐含周期性

根据式(4.1)和式(4.2),尽管 $x(n)$ 与 $X(k)$ 均为有限长序列,由于 $W_N^{kn} = \mathrm{e}^{-\mathrm{j}\frac{2\pi}{N}kn}$ 具有周期性,从而使得序列的 DFT 变换对具有周期性,即

$$X(k+mN) = \sum_{n=0}^{N-1} x(n) W_N^{(k+mN)n} = \sum_{n=0}^{N-1} x(n) W_N^{kn} = X(k)$$

$$x(n+mN) = \frac{1}{N} \sum_{k=0}^{N-1} X(k) W_N^{-k(n+mN)} = \frac{1}{N} \sum_{k=0}^{N-1} X(k) W_N^{-kn} = x(n)$$

对于任何周期为 N 的周期序列 $\tilde{x}(n)$ 来说,其都可以看成是长度为 N 的有限长序列 $x(n)$ 的周期延拓序列,而 $x(n)$ 则是 $\tilde{x}(n)$ 的一个周期,即

$$\tilde{x}(n) = \sum_{m=-\infty}^{\infty} x(n+mN) \tag{4.5}$$

$$x(n) = \tilde{x}(n) R_N(n) \tag{4.6}$$

上述关系如图 4.12(a)和图 4.12(b)所示。一般称周期序列 $\tilde{x}(n)$ 中 $n = 0 \sim N-1$ 的第一个周期为 $\tilde{x}(n)$ 的主值区间,而主值区间上的序列称为 $\tilde{x}(n)$ 的主值序列。因此 $x(n)$ 与 $\tilde{x}(n)$ 的上述关系可叙述为:$\tilde{x}(n)$ 是 $x(n)$ 的周期延拓序列,$x(n)$ 是 $\tilde{x}(n)$ 的主值序列。

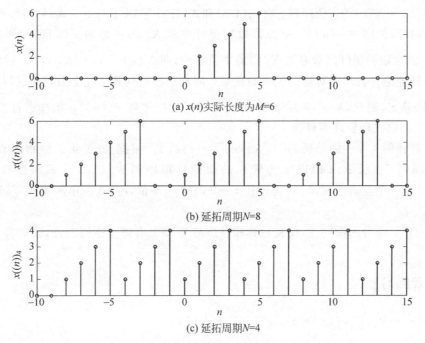

(a) $x(n)$实际长度为$M=6$

(b) 延拓周期$N=8$

(c) 延拓周期$N=4$

图 4.12 序列的周期延拓

为了以后叙述简洁，当 N 大于等于序列 $x(n)$ 的长度时，将式(4.5)用如下形式表示：

$$\tilde{x}(n) = x((n))_N \tag{4.7}$$

其中，$x((n))_N$ 表示 $x(n)$ 以 N 为周期的周期延拓序列，$((n))_N$ 表示模 N 对 n 求余，即如果

$$n = mN + n_1 \quad 0 \leqslant n_1 \leqslant N-1, m \text{ 为整数}$$

则$((n))_N = n_1$。

例如，$N=8$，$\tilde{x}(n) = x((n))_8$，则有

$$\tilde{x}(8) = x((8))_8 = x(0)$$

$$\tilde{x}(9) = x((9))_8 = x(1)$$

所得结果符合图 4.12(a)和(b)所示的周期延拓规律。

应当说明，若 $x(n)$ 实际长度为 M，延拓周期为 N，则当 $N < M$ 时，式(4.5)仍表示以 N 为周期的周期序列，但式(4.6)和式(4.7)仅对 $N \geqslant M$ 时成立。图 4.12(a)中 $x(n)$ 实际长度为 $M=6$，当延拓周期 $N=4$ 时，$\tilde{x}(n)$ 如图 4.12(c)所示。

如果 $x(n)$ 的长度为 M，且 $\tilde{x}(n) = x((n))_N$，$N \geqslant M$，则可写出 $\tilde{x}(n)$ 的离散傅里叶级数(DFS)的表示式

$$\tilde{X}(k) = \sum_{n=0}^{N-1} \tilde{x}(n) W_N^{kn} = \sum_{n=0}^{N-1} x((n))_N W_N^{kn} = \sum_{n=0}^{N-1} x(n) W_N^{kn} \tag{4.8}$$

$$\tilde{x}(n) = \frac{1}{N} \sum_{k=0}^{N-1} \tilde{X}(k) W_N^{-kn} = \frac{1}{N} \sum_{k=0}^{N-1} X(k) W_N^{-kn} \tag{4.9}$$

其中

$$X(k) = \tilde{X}(k) R_N(k) \tag{4.10}$$

即 $X(k)$ 为 $\widetilde{X}(k)$ 的主值序列。将式(4.8)和式(4.9)与 DFT 的定义式(4.1)和式(4.2)相比较可知,有限长序列 $x(n)$ 的 N 点离散傅里叶变换 $X(k)$ 正好是 $x(n)$ 的周期延拓序列 $x((n))_N$ 的离散傅里叶级数系数 $\widetilde{X}(k)$ 的主值序列,即 $X(k)=\widetilde{X}(k)R_N(k)$。后面要讨论的频域采样理论将会加深对这一关系的理解。周期延拓序列频谱完全由其离散傅里叶级数系数 $\widetilde{X}(k)$ 确定,因此,$X(k)$ 实质上是 $x(n)$ 的周期延拓序列 $x((n))_N$ 的频谱特性,这就是 N 点 DFT 的第二种物理解释。

现在解释例 4.1 中的结果 $\mathrm{DFT}[R_4(n)]_4=4\delta(k)$。根据 DFT 第二种物理解释可知,$\mathrm{DFT}[R_4(n)]_4$ 表示 $R_4(n)$ 以 4 为周期的周期延拓序列 $R_4((n))_4$ 的频谱特性,因为 $R_4((n))_4$ 是一个直流序列,$\delta(k)$ 也只在 $k=0$ 时有非零值,$k=0$ 表示频率为零,即只有直流成分。

由于 DFT 隐含的周期性,使其运算和性质与 DTFT 有许多不同之处,我们将在下节予以讨论。

【随堂练习】

设 $x(n)=R_4(n)$,$\tilde{x}(n)=x((n))_6$,试求 $\widetilde{X}(k)$。

4.2 DFT 的基本性质

由于 DFT 是针对有限长序列定义的一种变换,其时域及频域的变量区间是 $0\leqslant n\leqslant N-1$ 及 $0\leqslant k\leqslant N-1$(即主值区间),而变量 n、k 的其他取值($n<0\cup n\geqslant N$ 和 $k<0\cup k\geqslant N$)都不属于 DFT 变换区间。因此,有限长序列 DFT 的移位以及它的对称性就和任意长序列的傅里叶变换不同。实现上,由于有限长序列 DFT 的表达式隐含了周期性,使得其在本质上和周期性序列的 DFS 有关。

4.2.1 线性性质

如果 $x_1(n)$ 和 $x_2(n)$ 是两个有限长序列,长度分别为 N_1 和 N_2,且

$$y(n)=ax_1(n)+bx_2(n)$$

其中,a、b 为常数,取 $N\geqslant\max(N_1,N_2)$,则 $y(n)$ 的 N 点 DFT 为

$$Y(k)=\mathrm{DFT}[y(n)]_N=aX_1(k)+bX_2(k)\quad 0\leqslant k\leqslant N-1 \tag{4.11}$$

其中,$X_1(k)$ 和 $X_2(k)$ 分别为 $x_1(n)$ 和 $x_2(n)$ 的 N 点 DFT。

4.2.2 循环移位性质

1. 序列的循环移位

设 $x(n)$ 为有限长序列,长度为 M,$M\leqslant N$,则 $x(n)$ 的循环移位定义为

$$y(n)=x((n+m))_N R_N(n) \tag{4.12}$$

式(4.12)表明,将 $x(n)$ 以 N 为周期进行周期延拓得到 $\tilde{x}(n)=x((n))_N$,再将 $\tilde{x}(n)$ 左移 m 得到 $\tilde{x}(n+m)$,最后取 $\tilde{x}(n+m)$ 的主值序列,则得到有限长序列 $x(n)$ 的循环移位序列 $y(n)$。图 4.13 指示了当 $N=M=5$,$m=2$ 时,某一序列 $x(n)$ 及其循环移位过程。显然,经

过循环移位后得到的序列 $y(n)$ 是长度为 N 的有限长序列。

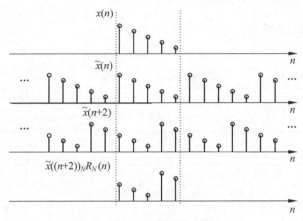

图 4.13　$x(n)$ 及其循环移位过程

观察图 4.13 可见,循环移位的实质是将 $x(n)$ 左移 m 位,而移出主值区间 $[0,N-1]$ 的序列值又依次从右侧进入主值区。"循环移位"由此得名。

由循环移位的定义可知,对同一序列 $x(n)$ 和相同的位移 m,当延拓周期 N 不同时, $y(n)=x((n+m))_N R_N(n)$ 则不同。

在 MATLAB 软件中,可以用 mod 函数来创建相应的函数实现 $x((n+m))_N$ 的循环移位。函数文件如下:

```
function y = cirshift(x,m,N)
if length(x) > N
    error('N must be > = the length of x')
end
x = [x,zeros(1,N - length(x))]
n = [0:N - 1]
n = mod(n + m,N)
y = x(n + 1)
```

【例 4.4】　已知一个 6 点序列 $x(n)=10\times0.7^n$, $0\leqslant n\leqslant5$,试用 MATLAB 画出原始序列 $x(n)$、$x((n+2))_6$ 和 $x((n+2))_8$,程序如下:

```
n = 0:5
x = 10 * (0.7).^n
y1 = cirshift(x,2,6)
y2 = cirshift(x,2,8)
subplot(3,1,1)
stem(n,x);title('原始序列')
xlabel('n');ylabel('x(n)')
subplot(3,1,2)
stem(n,y1);title('循环移位,m = 2,N = 6')
xlabel('n');ylabel('x((n + 2))mod6')
subplot(3,1,3)
n1 = 0:7
stem(n1,y2)
```

```
title('循环移位,m=2,N=8')
xlabel('n');ylabel('x((n+2))mod8')
```

运行结果如图 4.14 所示。

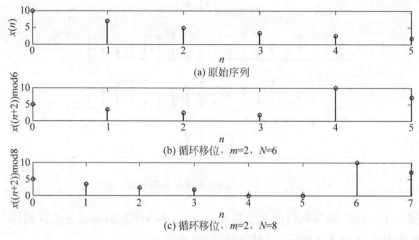

图 4.14　例 4.4 的循环移位

2. 时域循环移位定理

设 $x(n)$ 是长度为 $M(M \leqslant N)$ 的有限长序列，$y(n)$ 为 $x(n)$ 的循环移位，即

$$y(n) = x((n+m))_N R_N(n)$$

则

$$Y(k) = \text{DFT}[y(n)]_N = W_N^{-km} X(k) \tag{4.13}$$

其中

$$X(k) = \text{DFT}[x(n)]_N \quad 0 \leqslant k \leqslant N-1$$

证明：

$$Y(k) = \text{DFT}[y(n)]_N = \sum_{n=0}^{N-1} x((n+m))_N R_N(n) W_N^{kn} = \sum_{n=0}^{N-1} x((n+m))_N W_N^{kn}$$

令 $n+m = n'$，则有

$$Y(k) = \sum_{n'=m}^{N-1+m} x((n'))_N W_N^{k(n'-m)} = W_N^{-km} \sum_{n'=m}^{N-1+m} x((n'))_N W_N^{kn'}$$

由于求和项 $x((n'))_N W_N^{kn'}$ 以 N 为周期，因此对其在任一周期上的求和结果相同。将上式的求和区间改在主值区，则得

$$Y(k) = W_N^{-km} \sum_{n'=0}^{N-1} x((n'))_N W_N^{kn'} = W_N^{-km} \sum_{n'=0}^{N-1} x(n') W_N^{kn'} = W_N^{-km} X(k)$$

3. 频域循环移位定理

如果 $x(n)$ 是长度为 $M(M \leqslant N)$ 的有限长序列，

$$X(k) = \text{DFT}[x(n)]_N \quad 0 \leqslant k \leqslant N-1$$

$$Y(k) = X((k+l))_N R_N(k)$$

则

$$y(n) = \text{IDFT}[Y(k)]_N = W_N^{nl} x(n) \tag{4.14}$$

式(4.14)的证明方法与时域循环移位定理类似,此处不再赘述。

【随堂练习】

已知例 4.4 中所示序列 $x(n)=10\times0.7^n,0\leqslant n\leqslant 5$,画出 $y(n)=x((n+2))_9$ · $R_9(n)$ 的循环移位序列的波形图。

4.2.3　循环卷积定理

在 3.3 节我们介绍过 DTFT 的时域卷积定理,定理中的卷积是指线性卷积和,其自变量在频域是连续的。本章讨论的时域循环卷积,其自变量在频域是离散的。它是 DFT 中最重要的定理,具有很强的实用性,可用于计算系统的输出及用快速傅里叶变换计算线性卷积等。下面首先介绍循环卷积的概念和计算循环卷积的方法,然后再介绍循环卷积定理。

1. 两个有限长序列的循环卷积

设序列 $h(n)$ 和 $x(n)$ 的长度分别为 N 和 M。$h(n)$ 和 $x(n)$ 的 L 点循环卷积定义为

$$y_c(n)=\left[\sum_{m=0}^{L-1}h(m)x((n-m))_L\right]R_L(n) \tag{4.15}$$

其中,L 称为循环卷积区间长度,$L\geqslant\max(N,M)$。式(4.15)显然与式(2.25)介绍的线性卷积不同,为了区别线性卷积,用 ⊛ 表示循环卷积,用 Ⓛ 表示 L 点循环卷积,即 $y_c(n)=h(n)\textcircled{L}x(n)$。观察式(4.15),$x((n-m))_L$ 是以 L 为周期的周期信号,n 和 m 的变化区间均是 $[0,L-1]$,因此直接计算该式比较麻烦。计算机中采用矩阵相乘或快速傅里叶变换 (FFT)的方法计算循环卷积。

下面介绍用矩阵计算循环卷积的公式。$n=0,1,2,\cdots,L-1$ 时,由 $x(n)$ 形成的序列为:$\{x(0),x(1),\cdots,x(L-1)\}$。首先,令 $n=0,m=0,1,\cdots,L-1$,由式(4.15)中 $x((n-m))_L$ 形成 $x(n)$ 的循环翻转序列为

$$\{x((0))_L,x((-1))_L,x((-2))_L,\cdots,x((-L+1))_L\}$$
$$=\{x(0),x(L-1),x(L-2),\cdots,x(1)\}$$

与序列 $x(n)$ 进行对比,相当于将第一个序列值 $x(0)$ 不动,将后面的序列 $\{x(1),x(2),\cdots,x(L-1)\}$ 翻转 $180°$ 再放在 $x(0)$ 的后面。这样形成的序列称为 $x(n)$ 的循环翻转序列。

其次,令 $n=1,m=0,1,\cdots,L-1$,由式(4.15)中 $x((n-m))_L$ 形成 $x(n)$ 的序列为 $\{x((1))_L,x((0))_L,x((-1))_L,\cdots,x((-L+2))_L\}=\{x(1),x(0),x(L-1),\cdots,x(2)\}$ 观察等号右端序列,它相当于 $x(n)$ 的循环翻转序列向右循环移动 1 位,即向右移 1 位,移出区间 $[0,L-1]$ 的序列值再从左边移进。

再次,令 $n=2,m=0,1,\cdots,L-1$,此时得到的序列又是上面的序列向右循环移 1 位。以此类推,当 n 和 m 均从 0 变化到 $L-1$ 时,得到一个关于 $x((n-m))_L$ 的矩阵如下:

$$\begin{bmatrix} x(0) & x(L-1) & x(L-2) & \cdots & x(1) \\ x(1) & x(0) & x(L-1) & \cdots & x(2) \\ x(2) & x(1) & x(0) & \cdots & x(3) \\ \vdots & \vdots & \vdots & & \vdots \\ x(L-1) & x(L-2) & x(L-3) & \cdots & x(0) \end{bmatrix} \tag{4.16}$$

有了上面介绍的循环卷积矩阵，就可以写出式(4.15)的矩阵形式如下：

$$
\begin{bmatrix} y_c(0) \\ y_c(1) \\ y_c(2) \\ \vdots \\ y_c(L-1) \end{bmatrix} = \begin{bmatrix} x(0) & x(L-1) & x(L-2) & \cdots & x(1) \\ x(1) & x(0) & x(L-1) & \cdots & x(2) \\ x(2) & x(1) & x(0) & \cdots & x(3) \\ \vdots & \vdots & \vdots & & \vdots \\ x(L-1) & x(L-2) & x(L-3) & \cdots & x(0) \end{bmatrix} \begin{bmatrix} h(0) \\ h(1) \\ h(2) \\ \vdots \\ h(L-1) \end{bmatrix} \quad (4.17)
$$

式(4.17)中，如果 $h(n)$ 的长度 $M<L$，则需要在 $h(n)$ 末尾补上 $L-M$ 个零。当然，按照卷积运算的交换性，也可生成 $h(n)$ 的循环卷积矩阵。则循环卷积的矩阵形式就为：

$$
\begin{bmatrix} y_c(0) \\ y_c(1) \\ y_c(2) \\ \vdots \\ y_c(L-1) \end{bmatrix} = \begin{bmatrix} h(0) & h(L-1) & h(L-2) & \cdots & h(1) \\ h(1) & h(0) & h(L-1) & \cdots & h(2) \\ h(2) & h(1) & h(0) & \cdots & h(3) \\ \vdots & \vdots & \vdots & & \vdots \\ h(L-1) & h(L-2) & h(L-3) & \cdots & h(0) \end{bmatrix} \begin{bmatrix} x(0) \\ x(1) \\ x(2) \\ \vdots \\ x(L-1) \end{bmatrix} \quad (4.18)
$$

【例 4.5】 计算并画出下面给出的两个长度为 4 的序列 $h(n)$ 和 $x(n)$ 的 4 点循环卷积 $y_1=x(n)④h(n)$ 和 8 点循环卷积 $y_2=x(n)⑧h(n)$。

$$
x(n)=\{x(0),x(1),x(2),x(3)\}=\{1,2,3,4\}
$$
$$
h(n)=\{h(0),h(1),h(2),h(3)\}=\{1,1,1,1\}
$$

解：按照式(4.17)写出 $h(n)$ 和 $x(n)$ 的 4 点循环卷积矩阵形式为

$$
\begin{bmatrix} y_1(0) \\ y_1(1) \\ y_1(2) \\ y_1(3) \end{bmatrix} = \begin{bmatrix} 1 & 4 & 3 & 2 \\ 2 & 1 & 4 & 3 \\ 3 & 2 & 1 & 4 \\ 4 & 3 & 2 & 1 \end{bmatrix} \begin{bmatrix} 1 \\ 1 \\ 1 \\ 1 \end{bmatrix} = \begin{bmatrix} 10 \\ 10 \\ 10 \\ 10 \end{bmatrix}
$$

$h(n)$ 和 $x(n)$ 的 8 点循环卷积矩阵形式为

$$
\begin{bmatrix} y_2(0) \\ y_2(1) \\ y_2(2) \\ y_2(3) \\ y_2(4) \\ y_2(5) \\ y_2(6) \\ y_2(7) \end{bmatrix} = \begin{bmatrix} 1 & 0 & 0 & 0 & 0 & 4 & 3 & 2 \\ 2 & 1 & 0 & 0 & 0 & 0 & 4 & 3 \\ 3 & 2 & 1 & 0 & 0 & 0 & 0 & 4 \\ 4 & 3 & 2 & 1 & 0 & 0 & 0 & 0 \\ 0 & 4 & 3 & 2 & 1 & 0 & 0 & 0 \\ 0 & 0 & 4 & 3 & 2 & 1 & 0 & 0 \\ 0 & 0 & 0 & 4 & 3 & 2 & 1 & 0 \\ 0 & 0 & 0 & 0 & 4 & 3 & 2 & 1 \end{bmatrix} \begin{bmatrix} 1 \\ 1 \\ 1 \\ 1 \\ 0 \\ 0 \\ 0 \\ 0 \end{bmatrix} = \begin{bmatrix} 1 \\ 3 \\ 6 \\ 10 \\ 9 \\ 7 \\ 4 \\ 0 \end{bmatrix}
$$

也可以建立以下 MATLAB 函数以计算循环卷积：

```
function y = circonvo(x1,x2,N)
if length(x1)> N
    error('N must be > = the length of x1')
```

```
end
if length(x2)> N
    error('N must be > = the length of x2')
end
x1 = [x1,zeros(1,N - length(x1))]
x2 = [x2,zeros(1,N - length(x2))]
m = [0:N - 1]
x2 = x2(mod( - m,N) + 1)
H = zeros(N,N)
for n = 1:N
    H(n,:) = cirshift(x2,1 - n,N)
end
y = x1 * conj(H')
```

并用以下程序画出各序列：

```
n = 0:3
xn = [1 2 3 4]
hn = [1 1 1 1]
y1 = circonvo(xn,hn,4)
y2 = circonvo(xn,hn,8)
subplot(2,2,1)
stem(n,xn);title('x(n)')
xlabel('n');
subplot(2,2,2)
stem(n,hn);title('h(n)')
xlabel('n');
subplot(2,2,3)
stem(n,y1)
xlabel('n')
subplot(2,2,4)
n1 = 0:7
stem(n1,y2)
xlabel('n')
```

运行结果如图 4.15 所示。

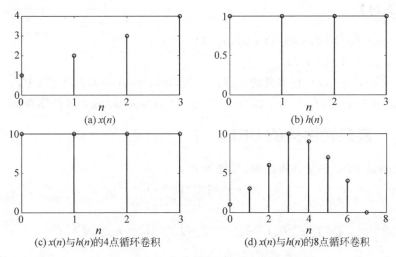

(a) $x(n)$

(b) $h(n)$

(c) $x(n)$与$h(n)$的4点循环卷积

(d) $x(n)$与$h(n)$的8点循环卷积

图 4.15 例 4.5 中原序列及各点循环卷积

2. 时域循环卷积定理

设有限长序列 $x_1(n)$ 和 $x_2(n)$ 的长度分别为 N_1 和 N_2，$N \geqslant \max(N_1, N_2)$，$x_1(n)$ 和 $x_2(n)$ 的 N 点循环卷积为

$$x(n) = x_1(n) \circledN x_2(n) = \left[\sum_{m=0}^{N-1} x_2(m) x_1((n-m))_N \right] R_N(n)$$

则 $x(n)$ 的 N 点 DFT 为

$$X(k) = \mathrm{DFT}[x(n)]_N = X_1(k) X_2(k) \tag{4.19}$$

其中

$$X_1(k) = \mathrm{DFT}[x_1(n)]_N, \quad X_2(k) = \mathrm{DFT}[x_2(n)]_N$$

此定理说明，序列在时域作循环卷积，则在频域对应的是相乘。

3. 频域循环卷积定理

设有限长序列 $x_1(n)$ 和 $x_2(n)$ 的长度分别为 N_1 和 N_2，$N \geqslant \max(N_1, N_2)$，如果 $x(n) = x_1(n) x_2(n)$，则

$$X(k) = \mathrm{DFT}[x(n)]_N = \frac{1}{N} X_1(k) \circledN X_2(k)$$

$$= \frac{1}{N} \sum_{l=0}^{N-1} X_1(l) X_2((k-l))_N R_N(k) \tag{4.20a}$$

或

$$X(k) = \frac{1}{N} X_2(k) \circledN X_1(k)$$

$$= \frac{1}{N} \sum_{l=0}^{N-1} X_2(l) X_1((k-l))_N R_N(k) \tag{4.20b}$$

其中

$$X_1(k) = \mathrm{DFT}[x_1(n)]_N, \quad X_2(k) = \mathrm{DFT}[x_2(n)]_N \quad 0 \leqslant k \leqslant N-1$$

此定理说明，序列在时域作 N 点相乘，则在频域对应的是 N 点循环卷积并除以 N。相对式(4.15)表示的是时域循环卷积，称式(4.20)为频域循环卷积。

【随堂练习】

已知 $x(n) = \delta(n) + 2\delta(n-2) + 3\delta(n-3)$。

(1) 求 $x(n)$ 的 4 点 DFT；

(2) 当 $y(n)$ 是 $x(n)$ 与它本身的 4 点循环卷积时，求 $y(n)$ 及其 4 点 DFT；

(3) $h(n) = \delta(n) + \delta(n-1) + 2\delta(n-3)$，求 $x(n)$ 与 $h(n)$ 的 4 点循环卷积。

4.2.4　复共轭序列的 DFT

设 $x^*(n)$ 是 $x(n)$ 的复共轭序列，长度为 N，

$$X(k) = \mathrm{DFT}[x(n)]$$

则

$$\mathrm{DFT}[x^*(n)] = X^*(N-k), \quad 0 \leqslant k \leqslant N-1 \tag{4.21}$$

且

$$X(N) = X(0)$$

证明：根据 DFT 的唯一性，只要证明式(4.21)右边等于左边即可。

$$X^*(N-k) = \left[\sum_{n=0}^{N-1} x(n)W_N^{(N-k)n}\right]^*$$

$$= \sum_{n=0}^{N-1} x^*(n)W_N^{-(N-k)n}$$

$$= \sum_{n=0}^{N-1} x^*(n)W_N^{kn}$$

$$= \text{DFT}[x^*(n)]$$

又由于 $X(k)$ 的隐含周期性，有

$$X(N) = X(0)$$

用同样的方法可以证明

$$\text{DFT}[x^*(N-n)] = X^*(k) \tag{4.22}$$

4.2.5 圆周翻转序列及其 DFT

在前面的章节中，我们介绍过有限长序列 $x(n)$ 的翻转序列为 $x(-n)$，当 $n=0,1,2,\cdots,N-1$ 时，$x(-n)$ 表示成 $x(0),x(-1),x(-2),\cdots,x(-(N-1))$。但是，这样的翻转序列是没有 DFT 的，因为翻转后，n 的取值不在主值区间内，式(4.1)DFT 定义式中的求和无意义。因此，求翻转序列的 DFT 需要重新定义，这就是我们下面要介绍的圆周翻转序列。

1. 圆周翻转序列

圆周翻转序列是在一个圆周上，以 $n=0$ 或 $n=\dfrac{N}{2}$ 作为圆周对称中心，得到有限长序列 $x(-n)$，将 $x(-n)$ 以 N 为周期延拓，再从周期性序列 $x((-n))_N$ 中取主值序列来定义的，即 $x(n)$ 的圆周翻转序列为 $x((-n))_N R_N(n) = x((N-n))_N R_N(n) = x(N-n)$。其结果仍有 $x(N) = x(0)$。在实际运算中，只要把 $n=N$ 处补上 $x(0)$ 的值，然后将序列以 $n=N/2$ 为对称轴将序列加以翻转即可得到 $x(n)$ 的圆周翻转序列。因此，通常直接以 $n=N/2$ 作为圆周对称中心来求解 $x(n)$ 的圆周翻转序列 $x(N-n)$，如图 4.16 所示。表 4.3 列出了圆周翻转序列的序列值。

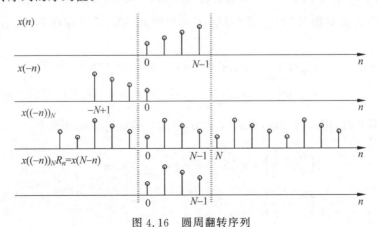

图 4.16 圆周翻转序列

表 4.3　$x(n)$的圆周翻转序列

n	0	1	2	⋯	$N-2$	$N-1$
$x(n)$	$x(0)$	$x(1)$	$x(2)$	⋯	$x(N-2)$	$x(N-1)$
$x((-n))_N R_N(n)$ 或$[x(N-n)]$	$x(0)$	$x(N-1)$	$x(N-2)$	⋯	$x(2)$	$x(1)$

所以,$x(n)$的圆周翻转序列 $x(N-n)$相当于将 $x(n)$第一个序列值 $x(0)$不变,将后面的序列翻转 $180°$后,放到 $x(0)$的后边,这样就形成了圆周翻转序列 $x(N-n)=x((-n))_N R_n(n)$。

2. 圆周翻转序列的 DFT

若

$$\mathrm{DFT}[x(n)] = X(k)$$

则

$$\mathrm{DFT}[x((-n))_N R_N(n)] = X((-k))_N R_N(k)$$

即

$$\mathrm{DFT}[x(N-n)] = X(N-k) \qquad (4.23)$$

【随堂练习】

试证明圆周翻转序列的 DFT 为 $\mathrm{DFT}[x(N-n)] = X(N-k)$。

4.2.6　DFT 的共轭对称性

第 3 章已详细讨论了序列傅里叶变换的对称性,那里的对称性是指关于坐标原点的纵坐标的对称性。按照式(3.10)、式(3.15)定义得到的共轭对称序列和共轭反对称序列都是长度为 $2N-1$ 的序列。而在 DFT 中讨论的序列 $x(n)$及其离散傅里叶变换 $X(k)$均为有限长序列,且定义区间为 0 到 $N-1$。因此,在讨论 DFT 的对称性时,一般是指关于 $N/2$ 的对称,即圆周对称。下面讨论 DFT 的圆周共轭对称性质。

1. 有限长圆周共轭对称序列和圆周共轭反对称序列

为了与傅里叶变换中所定义的共轭对称(或共轭反对称)序列相区别,我们改用 $x_{ep}(n)$ 和 $x_{op}(n)$分别表示有限长圆周共轭对称序列和圆周共轭反对称序列,两者满足如下定义式:

$$x_{ep}(n) = -x_{ep}^*(N-n), \quad 0 \leqslant n \leqslant N-1 \qquad (4.24a)$$

$$x_{op}(n) = -x_{op}^*(N-n), \quad 0 \leqslant n \leqslant N-1 \qquad (4.24b)$$

当 N 为偶数时,将式(4.24a)和式(4.24b)中的 n 换成 $\dfrac{N}{2}-n$,可得到:

$$x_{ep}\left(\frac{N}{2}-n\right) = x_{ep}^*\left(\frac{N}{2}+n\right), \qquad 0 \leqslant n \leqslant \frac{N}{2}-1$$

$$x_{op}\left(\frac{N}{2}-n\right) = -x_{op}^*\left(\frac{N}{2}+n\right), \quad 0 \leqslant n \leqslant \frac{N}{2}-1$$

从上式可以看到,圆周共轭对称序列和圆周共轭反对称序列均是以 $N/2$ 为对称轴的偶对称和奇对称,图 4.17 更清楚地说明了有限长序列圆周共轭对称性和圆周共轭反对称的含义。图中 * 表示对应点为序列取共轭后的值。

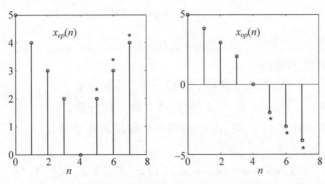

图 4.17 圆周共轭对称与圆周共轭反对称序列示意图

与实数域中任何实函数都可以分解成偶对称分量和奇对称分量类似,在复数域中,任何有限长序列 $x(n)$ 也可以表示成圆周共轭对称分量和圆周共轭反对称分量之和,即

$$x(n) = x_{ep}(n) + x_{op}(n), \quad 0 \leqslant n \leqslant N-1 \tag{4.25}$$

将式(4.25)中的 n 换成 $N-n$,并取复共轭,再将式(4.24a)和式(4.24b)代入,得到:

$$x^*(N-n) = x_{ep}^*(N-n) + x_{op}^*(N-n)$$

$$= x_{ep}(n) - x_{op}(n) \tag{4.26}$$

式(4.25)分别加减式(4.26),可得圆周共轭对称分量和圆周共轭反对称分量表达式:

$$x_{ep}(n) = \frac{1}{2}[x(n) + x^*(N-n)] \tag{4.27a}$$

$$x_{op}(n) = \frac{1}{2}[x(n) - x^*(N-n)] \tag{4.27b}$$

2. DFT 的圆周共轭对称性

(1) 如果

$$x(n) = x_r(n) + jx_i(n) \tag{4.28}$$

其中

$$x_r(n) = \text{Re}[x(n)] = \frac{1}{2}[x(n) + x^*(n)]$$

$$jx_i(n) = j\text{Im}[x(n)] = \frac{1}{2}[x(n) - x^*(n)]$$

那么,由式(4.21)和式(4.27a)可得

$$\text{DFT}[x_r(n)] = \frac{1}{2}\text{DFT}[x(n) + x^*(n)]$$

$$= \frac{1}{2}[X(k) + X^*(N-k)]$$

$$= X_{ep}(k) \tag{4.29}$$

由式(4.21)和式(4.27b)可得

$$DFT[jx_i(n)] = \frac{1}{2}DFT[x(n) - x^*(n)]$$

$$= \frac{1}{2}[X(k) - X^*(N-k)]$$

$$= X_{op}(k) \tag{4.30}$$

由 DFT 的线性性质可得

$$X(k) = DFT[x(n)] = X_{ep}(k) + X_{op}(k) \tag{4.31}$$

其中,$X_{ep}(k) = DFT[x_r(n)]$,是 $X(k)$ 的圆周共轭对称分量;

$X_{op}(k) = DFT[jx_i(n)]$,是 $X(k)$ 的圆周共轭反对称分量。

(2) 如果

$$x(n) = x_{ep}(n) + x_{op}(n), \quad 0 \leqslant n \leqslant N-1 \tag{4.32}$$

其中,$x_{ep}(n) = \frac{1}{2}[x(n) + x^*(N-n)]$,是 $x(n)$ 的圆周共轭对称分量;$x_{op}(n) = \frac{1}{2}[x(n) - x^*(N-n)]$,是 $x(n)$ 的圆周共轭反对称分量。

由式(4.32)可得

$$DFT[x_{ep}(n)] = \frac{1}{2}DFT[x(n) + x^*(N-n)]$$

$$= \frac{1}{2}[X(k) + X^*(k)]$$

$$= Re[X(k)]$$

$$DFT[x_{op}(n)] = \frac{1}{2}DFT[x(n) - x^*(N-n)]$$

$$= \frac{1}{2}[X(k) - X^*(k)]$$

$$= jIm[X(k)]$$

因此

$$X(k) = DFT[x(n)] = X_R(k) + jX_I(k) \tag{4.33}$$

其中

$$X_R(k) = Re[X(k)] = DFT[x_{ep}(n)]$$

$$X_I(k) = Im[X(k)] = -jDFT[x_{op}(n)]$$

根据上面的推导,可总结出 DFT 的圆周共轭对称性质为:

如果序列 $x(n)$ 的 DFT 为 $X(k)$,则 $x(n)$ 的实部和虚部(包括 j)的 DFT 分别为 $X(k)$ 的圆周共轭对称分量和圆周共轭反对称分量;而 $x(n)$ 的圆周共轭对称分量和圆周共轭反对称分量的 DFT 分别为 $X(k)$ 的实部和虚部乘以 j。

若 $x(n)$ 是长度为 N 的实序列,其虚部为零,且 $X(k) = DFT[x(n)]$,则

(1) $X(k)$ 圆周共轭对称,即

$$X(k) = X^*(N-k), \quad 0 \leqslant k \leqslant N-1 \tag{4.34}$$

(2) 如果 $x(n)$ 是实圆周偶对称序列,即 $x(n) = x(N-n)$,则 $X(k)$ 实偶对称,即

$$X(k) = X(N-k) \tag{4.35}$$

（3）如果 $x(n)$ 是实圆周奇对称序列，即 $x(n) = -x(N-n)$，则 $X(k)$ 纯虚奇对称，即

$$X(k) = -X(N-k) \qquad (4.36)$$

实际设计中经常需要对实序列进行 DFT，利用上述对称性质，可减少 DFT 运算量，提高运算效率。例如，计算实序列的 N 点 DFT 时，当 $N=$ 偶数时，只需计算前面 $\frac{N}{2}+1$ 点，而 $N=$ 奇数时，只需计算前面 $\frac{N+1}{2}$ 点，其他点按照式（4.34）即可求得。例如，$X(N-1) = X^*(1)$，$X(N-2) = X^*(2)$，…，这样可减少近一半运算量。

此外，利用 DFT 的圆周共轭对称性，通过计算一个 N 点 DFT，可以得到两个不同实序列的 N 点 DFT，设 $x_1(n)$ 和 $x_2(n)$ 为两个实序列，构造新序列 $x(n)$ 如下：

$$x(n) = x_1(n) + jx_2(n)$$

对 $x(n)$ 进行 DFT，得到：

$$X(k) = \text{DFT}[x(n)] = X_{ep}(k) + X_{op}(k)$$

由式（4.35）和式（4.36）得到：

$$X_{ep}(k) = \text{DFT}[x_1(n)] = \frac{1}{2}[X(k) + X^*(N-k)]$$

$$X_{op}(k) = \text{DFT}[jx_2(n)] = \frac{1}{2}[X(k) - X^*(N-k)]$$

所以

$$X_1(k) = \text{DFT}[x_1(n)] = \frac{1}{2}[X(k) + X^*(N-k)]$$

$$X_2(k) = \text{DFT}[x_2(n)] = j\frac{1}{2}[X(k) - X^*(N-k)]$$

表 4.4 列出了各种特定序列及其 DFT 的实、虚、偶对称、奇对称的关系。熟练掌握表中的对应关系，在简化运算、检验运算结果方面，可起到事半功倍的效果。需要注意的是，这里的偶对称、奇对称都是圆周偶对称、圆周奇对称关系。

表 4.4 序列及其 DFT 的实、虚、奇、偶关系

$x(n)$ 或 $X(k)$	$X(k)$ 或 $x(n)$	$x(n)$ 或 $X(k)$	$X(k)$ 或 $x(n)$
偶对称	偶对称	实数，偶对称	实数，偶对称
奇对称	奇对称	实数，奇对称	虚数，奇对称
实数	实部为偶对称，虚部为奇对称	虚数，偶对称	虚数，偶对称
虚数	实部为奇对称，虚部为偶对称	虚数，奇对称	实数，奇对称

【随堂练习】

（1）已知一个有限长序列 $x(n) = \delta(n) + 2\delta(n-5)$，求它的 10 点 DFT $X(k)$；已知序列 $y(n)$ 的 10 点 DFT 为 $Y(k) = W_{10}^{2k} X(k)$，求序列 $y(n)$；已知序列 $m(n)$ 的 10 点 DFT 为 $M(k) = X(k)Y(k)$，求序列 $m(n)$。

（2）试证明：①如果 $x(n)$ 是实圆周偶对称序列，即 $x(n) = x(N-n)$，则 $X(k)$ 实偶对称，即 $X(k) = X(N-k)$。②如果 $x(n)$ 是实圆周奇对称序列，即 $x(n) = -x(N-n)$，则 $X(k)$

纯虚奇对称,即 $X(k) = -X(N-k)$。

4.2.7 DFT 形式下的帕塞瓦尔定理

若长度为 N 的序列 $x(n)$ 的 N 点 DFT 为 $X(k)$,则有

$$\sum_{n=0}^{N-1} x(n) y^*(n) = \frac{1}{N} \sum_{k=0}^{N-1} X(k) Y^*(k) \tag{4.37}$$

当 $x(n) = y(n)$ 时,有

$$\sum_{n=0}^{N-1} |x(n)|^2 = \frac{1}{N} \sum_{k=0}^{N-1} |X(k)|^2 \tag{4.38}$$

若 $x(n) = y(n)$ 且是实序列,则有

$$\sum_{n=0}^{N-1} x^2(n) = \frac{1}{N} \sum_{k=0}^{N-1} |X(k)|^2 \tag{4.39}$$

式(4.38)表明,一个序列在时域计算的能量与在频域计算的能量是相等的。表 4.5 中列出了 DFT 的主要性质,以供参考。

表 4.5 DFT 的性质(设序列长度皆为 N 点)

序号	序　列	DFT
	$x(n)$	$X(k)$
1	$a x_1(n) + b x_2(n)$	$a X_1(k) + b X_2(k)$
2	$x((n+m))_N R_N(n)$	$W_N^{-mk} X(k)$
3	$X(n)$	$N_x(N-k)$
4	$W_N^{nl} x(n)$	$X((k+l))_N R_N(k)$
5	$x_1(n) \text{Ⓝ} x_2(n) = \sum_{m=0}^{N-1} x_1(m) x_2((n-m))_N R_N(n)$	$X_1(k) X_2(k)$
6	$r_{x_1 \cdot x_2}(m) = \sum_{n=0}^{N-1} x_1(n) x_2((n-m))_N R_N(m)$（实序列）	$X_1(k) X_2^*(k)$
7	$x_1(n) x_2(n)$	$\frac{1}{N} \sum_{l=0}^{N-1} X_1(l) X((k-l))_N R_N(k)$
8	$x^*(n)$	$X^*(N-k)$
9	$x(N-n)$	$X(N-k)$
10	$x^*(N-n)$	$X^*(k)$
11	$\text{Re}[x(n)]$	$X_{ep}(k) = \frac{1}{2}[X(k) + X^*(N-k)]$
12	$j\text{Im}[x(n)]$	$X_{op}(k) = \frac{1}{2}[X(k) - X^*(N-k)]$
13	$x_{ep}(n) = \frac{1}{2}[x(n) + x^*(N-n)]$	$\text{Re}[X(k)]$
14	$x_{op}(n) = \frac{1}{2}[x(n) - x^*(N-n)]$	$j\text{Im}[X(k)]$

续表

序号	序　　列	DFT
15	$x(n)$为任意实序列	$\begin{cases} X(k)=X^*(N-k) \\ \mathrm{Re}[X(k)]=\mathrm{Re}[X(N-k)] \\ \mathrm{Im}[X(k)]=-\mathrm{Im}[X(N-k)] \\ \|X(k)\|=\|X(N-k)\| \\ \arg[X(k)]=-\arg[X(N-k)] \end{cases}$
16	$x_{ep}(n)=\dfrac{1}{2}[x(n)+x(N-n)]$,$(x(n)$实序列$)$	$\mathrm{Re}[X(k)]$
	$x_{op}(n)=\dfrac{1}{2}[x(n)-x(N-n)]$,$(x(n)$实序列$)$	$\mathrm{jIm}[X(k)]$
17	$\displaystyle\sum_{n=0}^{N-1}x(n)y^*(n)=\frac{1}{N}\sum_{k=0}^{N-1}X(k)Y^*(k)$	
18	$\displaystyle\sum_{n=0}^{N-1}\|x(n)\|^2=\frac{1}{N}\sum_{k=0}^{N-1}\|X(k)\|^2$	

4.3　频域抽样理论

在前面的章节中我们讨论过,模拟信号在使用采样频率为f_s的频率进行时域采样后,所得离散序列的连续频谱是原模拟信号频谱以周期为$\Omega_s=2\pi f_s$的周期延拓函数。时域采样定理表明,在满足一定条件下,可以由时域离散采样信号恢复出原来的时域连续信号。那么反过来,频域采样后,时域是否会产生周期延拓?我们能不能由频域离散采样信号恢复出原来的信号(或原来的连续频谱函数)呢?条件是什么?频域的内插公式又是什么形式?本节将就上述问题进行学习与讨论。

1. 频域采样定理

设任意序列$x(n)$的Z变换为

$$X(z)=\sum_{n=-\infty}^{\infty}x(n)z^{-n}$$

由于Z变换存在,序列一定绝对可和,则序列的DTFT也一定存在且DTFT的自变量是连续的。因此,$X(z)$的收敛域包含单位圆(即$x(n)$存在离散时间傅里叶变换)。在单位圆上对$X(z)$等间隔采样N个点得到:

$$\widetilde{X}(k)=X(z)\Big|_{z=\mathrm{e}^{\mathrm{j}\frac{2\pi}{N}k}}=\sum_{n=-\infty}^{\infty}x(n)\mathrm{e}^{-\mathrm{j}\frac{2\pi}{N}kn}=\sum_{n=-\infty}^{\infty}x(n)W_N^{kn} \tag{4.40}$$

显然,式(4.40)表示在区间$[0,2\pi]$上对$x(n)$的离散时间傅里叶变换$X(\mathrm{e}^{\mathrm{j}\omega})$的$N$点等间隔采样$\left(采样间隔为\omega=\dfrac{2\pi}{N}\right)$,得到周期信号$\widetilde{X}(k)$。设此周期信号$\widetilde{X}(k)$对应的时域序列为$\tilde{x}_N(n)$,那么,接下来的问题是序列$\tilde{x}_N(n)$与原序列$x(n)$之间有什么关系?

周期信号$\widetilde{X}(k)$对应的时域序列为$\tilde{x}_N(n)$通过求$\widetilde{X}(k)$的IDFS得到,即

$$\tilde{x}_N(n) = \text{IDFS}[\tilde{X}(k)]$$

$$= \frac{1}{N}\sum_{k=0}^{N-1}\tilde{X}(k)W_N^{-kn} \qquad (4.41)$$

将式(4.40)代入式(4.41)得：

$$\tilde{x}_N(n) = \frac{1}{N}\sum_{k=0}^{N-1}\left[\sum_{m=-\infty}^{\infty}x(m)W_N^{km}\right]W_N^{-kn}$$

$$= \sum_{m=-\infty}^{\infty}x(m)\frac{1}{N}\sum_{k=0}^{N-1}W_N^{k(m-n)}$$

其中

$$\frac{1}{N}\sum_{k=0}^{N-1}W_N^{k(m-n)} = \begin{cases} 1, & m=n+rN, r \text{ 为整数} \\ 0, & \text{其他} \end{cases}$$

所以

$$\tilde{x}_N(n) = \sum_{r=-\infty}^{\infty}x(n+rN) \qquad (4.42)$$

由 DFT 与 DFS 的关系，分别对 $\tilde{X}(k)$、$\tilde{x}_N(n)$ 取主值序列，得到

$$X(k) = \text{DFT}[\tilde{x}_N(n))R_N(k)] = \text{DFT}[x_N(n)] = \tilde{X}(k)R_N(k)$$

$$x_N(n) = \text{IDFT}[\tilde{X}_N(k)R_N(k)] = \text{IDFT}[X_N(k)] = \sum_{r=-\infty}^{\infty}x(n+rN)\cdot R_N(n)$$

式(4.42)说明，$X(z)$ 在单位圆上的 N 点等间隔采样 $\tilde{X}(k)$ 的时域序列 $\tilde{x}_N(n)$ 为原非周期序列 $x(n)$ 以 N 为周期的周期延拓序列。因此，可得频域采样定理：

如果序列 $x(n)$ 的长度为 M，若对 $X(e^{j\omega})$ 在区间 $[0,2\pi]$ 上进行 N 点等间隔采样，得到 $\tilde{X}(k)$，只有当频域采样点数 $N \geqslant M$ 时，才能由 $\tilde{X}(k)$ 恢复出原序列 $x(n)$：

$$x_N(n) = \text{IDFT}[\tilde{X}(k)R_N(n)] = x(n)$$

即可由频域采样 $\tilde{X}(k)$ 恢复原序列 $x(n)$，否则将产生时域混叠现象。

【例 4.6】 已知 $x(n) = a^n R_{10}(n)$，$X(e^{j\omega}) = \text{DTFT}[x(n)]$，将 $X(e^{j\omega})$ 在 ω 的一个周期 $(0 \leqslant \omega \leqslant 2\pi)$ 中作 7 点等间隔抽样，得到 $X(k) = X(e^{j\omega})|_{\omega=2\pi k/7}$，$k=0,1,\cdots,6$，求 $x_7(n) = \text{IDFT}[X(k)]$，$n=0,1,\cdots,6$。

解：若直接求 $X(e^{j\omega})$，再抽样得 $X(k)$，最后求 $x_7(n) = \text{IDFT}[X(k)]$，则很难计算，因为

$$X(e^{j\omega}) = \text{DTFT}[x(n)] = \sum_{n=0}^{9}a^n e^{-j\omega n} = \frac{1-a e^{-j10\omega}}{1-a e^{-j\omega}}$$

则

$$X(k) = X(e^{j\omega})\Big|_{\omega=2\pi k/7} = \frac{1-a e^{-j\left(10\times\frac{2\pi}{7}k\right)}}{1-a e^{-j\frac{2\pi}{7}k}}, \quad k=0,1,\cdots,6$$

故求解 $x_7(n) = \text{IDFT}[X(k)]$ 是很困难的。

实际上,只要利用频域抽样定理的结果,频域在一个周期($0 \leqslant n \leqslant 2\pi$)中抽样 N 个点,则在时域上是以 N 点为周期的各周期延拓分量混叠相加后,在主值区间($0 \leqslant n \leqslant N-1$)中的序列。在 $0 \leqslant n \leqslant N-1=6$ 的主值区间内,只需考虑原序列 $x(n)$ 及 $x(n)$ 左移一个周期(N 点)的序列的叠加结果即可。

$$x_7(n) = \sum_{r=-\infty}^{\infty} x(n+7r)R_7(n) = [x(n+7)+x(n)]R_7(n)$$

$$= [a^{n+7}R_{10}(n+7) + a^n R_{10}(n)]R_7(n)$$

$$= a^{n+7}R_3(n) + a^n R_7(n)$$

$$= \{1+a^7, a+a^8, a^2+a^9, a^3, a^4, a^5, a^6\}$$

这里,左移一个周期(7 位)的序列 $x(n+7)$,在主值区间内只有 3 个序列值,即为 $a^{n+7}R_3(n)$,主值区间内的原序列 $x(n)$ 为 $a^n R_7(n)$,有 7 个序列值。

2. 频域的内插重构

满足频域采样定理时,由频域采样序列 $\widetilde{X}(k)$ 的 N 点 IDFT 可以得到原序列 $x(n)$,那么是否可以由 $X(k)$ 恢复出频域连续函数 $X(z)$ 和 $X(e^{j\omega})$ 呢?下面推导用频域采样序列 $\widetilde{X}(k)$ 表示 $X(z)$ 和 $X(e^{j\omega})$ 的内插公式和内插函数。

设序列 $x(n)$ 的长度为 M,在频域 $0 \sim 2\pi$ 之间等间隔采样 N 点,$N \geqslant M$,则有

$$X(z) = \sum_{n=0}^{N-1} x(n)z^{-n}$$

$$X(k) = X(z)\Big|_{z=e^{j\frac{2\pi}{N}k}} \quad 0 \leqslant k \leqslant N-1$$

由于 $\widetilde{X}(k)$ 具有周期性,考虑一个周期的值,由

$$x(n) = \text{IDFT}[X(k)] = \frac{1}{N}\sum_{k=0}^{N-1} X(k)W_N^{-kn}$$

可得

$$X(z) = \sum_{n=0}^{N-1}\left[\frac{1}{N}\sum_{k=0}^{N-1} X(k)W_N^{-kn}\right]z^{-n}$$

$$= \frac{1}{N}\sum_{k=0}^{N-1} X(k)\sum_{n=0}^{N-1} W_N^{-kn}z^{-n}$$

$$= \frac{1}{N}\sum_{k=0}^{N-1} X(k)\frac{1-W_N^{-kN}z^{-N}}{1-W_N^{-k}z^{-1}} \tag{4.43a}$$

其中,$W_N^{-kN}=1$,因此

$$X(z) = \frac{1}{N}\sum_{k=0}^{N-1} X(k)\frac{1-z^{-N}}{1-W_N^{-k}z^{-1}} \tag{4.43b}$$

令

$$\varphi_k(z) = \frac{1}{N}\frac{1-z^{-N}}{1-W_N^{-k}z^{-1}} \tag{4.44}$$

则

$$X(z) = \sum_{k=0}^{N-1} X(k)\varphi_k(z) \tag{4.45}$$

式(4.45)称为用 $X(k)$ 表示 $X(z)$ 的内插公式，$\varphi_k(z)$ 称为内插函数。当 $z = e^{j\omega}$ 时，式(4.44)和式(4.45)就成为 $x(n)$ 的傅里叶变换 $X(e^{j\omega})$ 的内插函数和内插公式，即

$$\varphi_k(\omega) = \frac{1}{N} \frac{1 - e^{-j\omega N}}{1 - e^{-j\left(\omega - \frac{2\pi}{N}k\right)}}$$

$$X(e^{j\omega}) = \sum_{k=0}^{N-1} X(k)\varphi_k(\omega)$$

进一步化简，可得

$$X(e^{j\omega}) = \sum_{k=0}^{N-1} X(k)\varphi\left(\omega - \frac{2\pi}{N}k\right) \tag{4.46}$$

$$\varphi(\omega) = \frac{1}{N} \frac{\sin\left(\frac{\omega N}{2}\right)}{\sin\left(\frac{\omega}{2}\right)} e^{-j\omega\left(\frac{N-1}{2}\right)} \tag{4.47}$$

式(4.46)称为频域内插公式，是由 $X(k)$ 插值重构 $X(e^{j\omega})$ 的公式。式(4.47)称为频域内插函数，是矩形序列 $R_N(n)$ 的傅里叶变换除以 N。

将 $X(z)$ 及 $X(e^{j\omega})$ 用 $x(n)$ 和 $X(k)$ 表达时，展开式重写如下：

$$X(z) = \sum_{n=0}^{N-1} x(n)z^{-n} = \sum_{k=0}^{N-1} X(k)\varphi_k(z) \tag{4.48}$$

$$X(e^{j\omega}) = \sum_{n=0}^{N-1} x(n)e^{-j\omega n} = \sum_{k=0}^{N-1} X(k)\varphi\left(\omega - \frac{2\pi}{N}k\right) \tag{4.49}$$

我们可以发现：

(1) 由式(4.48)看出，对时域序列 $x(n)$，$X(z)$ 按 z 的负幂级数展开，$x(n)$ 是级数的系数；对频域序列 $X(k)$，$X(z)$ 按函数 $\varphi_k(z)$ 展开，$X(k)$ 是其展开的系数。

(2) 由式(4.49)看出，对时域序列 $x(n)$，$X(e^{j\omega})$ 被展开成傅里叶级数，$x(n)$ 是其傅里叶级数的谐波系数；对频域序列 $X(k)$，$X(e^{j\omega})$ 被展开成插值函数 $\varphi\left(\omega - \frac{2\pi}{N}k\right)$ 的级数，而 $X(k)$ 是其系数。

以上这些说明，一个函数可以用不同的正交完备群展开，从而得到不同的含义。

【随堂练习】

某一模拟信号以 8kHz 被采样，之后计算其 512 个采样点的 DFT，试确定频谱采样之间的频率间隔。

4.4 DFT 的应用

本节主要介绍用 DFT 计算卷积的基本原理以及用 DFT 对连续信号和序列进行谱分析等最基本的应用，并对用 DFT 进行谱分析的误差问题进行讨论。

4.4.1 用 DFT 计算线性卷积

如果 $x_1(n)$ 和 $x_2(n)$ 的长度分别为 N 和 M，其 L 点循环卷积为：

$$y_c(n) = x_1(n)\,Ⓛ\,x_2(n) = \sum_{m=0}^{L-1} x_1(m) x_2((n-m))_L R_L(n) \tag{4.50}$$

且

$$\left.\begin{array}{l} X_1(k) = \mathrm{DFT}[x_1(n)] \\ X_2(k) = \mathrm{DFT}[x_2(n)] \end{array}\right\} \quad 0 \leqslant k \leqslant L-1, L \geqslant \max(N,M)$$

由 DFT 的时域循环卷积定理有

$$Y_c(k) = \mathrm{DFT}[y_c(n)]_L = X_1(k) X_2(k) \quad 0 \leqslant k \leqslant L-1 \tag{4.51}$$

由此可见，循环卷积既可按式(4.50)在时域直接计算，也可以按照图 4.18 所示的计算框图在频域计算。由于 DFT 有快速算法 FFT，当 N 很大时，在频域计算的速度快得多，因而常用 DFT(FFT)计算循环卷积。

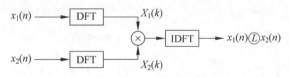

图 4.18 用 DFT 计算循环卷积

在实际数字信号处理中经常需要计算两个序列的线性卷积，例如求解时域离散线性时不变系统的输出或者对序列进行滤波处理等问题。为了提高运算速度，也希望用 DFT (FFT)计算。但是 DFT 只能直接用来计算循环卷积，因此，以下我们推导线性卷积和循环卷积之间的关系以及循环卷积与线性卷积相等的条件。

假设 $h(n)$ 和 $x(n)$ 都是有限长序列，长度分别是 N 和 M。它们的线性卷积和循环卷积分别表示如下：

$$y_l(n) = h(n) * x(n) = \sum_{m=0}^{N-1} h(m) x(n-m) \tag{4.52}$$

$$y_c(n) = h(n)\,Ⓛ\,x(n) = \left[\sum_{m=0}^{L-1} h(m) x((n-m))_L\right] R_L(n) \tag{4.53}$$

其中，$L \geqslant \max(N,M)$，$x((n))_L = \sum_{q=-\infty}^{\infty} x(n+qL)$，所以

$$\begin{aligned} y_c(n) &= \left[\sum_{m=0}^{L-1} h(m) \sum_{q=-\infty}^{\infty} x(n-m+qL)\right] R_L(n) \\ &= \left[\sum_{q=-\infty}^{\infty} \sum_{m=0}^{L-1} h(m) x(n+qL-m)\right] R_L(n) \end{aligned} \tag{4.54}$$

对照式(4.53)可以看出，式(4.54)中

$$\sum_{m=0}^{L-1} h(m) x(n+qL-m) = y_l(n+qL)$$

即

$$y_c(n) = \left[\sum_{q=-\infty}^{\infty} y_l(n+qL) \right] R_L(n) \tag{4.55}$$

式(4.55)说明,$y_c(n)$ 等于 $y_l(n)$ 以 L 为周期的周期延拓序列的主值序列。我们知道,$y_l(n)$ 长度为 $N+M-1$,因此只有当循环卷积长度 $L \geqslant N+M-1$ 时,$y_l(n)$ 以 L 为周期进行周期延拓才无混叠现象,此时取 $y_l(n)$ 的主值序列才满足 $y_c(n)=y_l(n)$。由此证明了循环卷积等于线性卷积的条件是 $L \geqslant N+M-1$。图 4.19 中画出了 $h(n)$、$x(n)$、$h(n) * x(n)$ 和 L 分别取 6、8、10 时 $h(n) \text{Ⓛ} x(n)$ 的波形。由于 $h(n)$ 长度 $N=4$,$x(n)$ 长度 $M=5$,$N+M-1=8$,所以只有 $L \geqslant 8$ 时,$h(n) \text{Ⓛ} x(n)$ 波形才与 $h(n) * x(n)$ 相同。

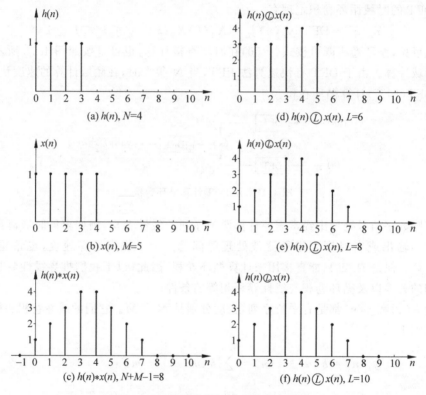

图 4.19　线性卷积与循环卷积波形图

因此,可以用图 4.20 的框图计算线性卷积,需满足的条件是取 $L \geqslant N+M-1$,其中 DFT 和 IDFT 一般用 DFT 的快速算法(FFT)来实现,因此,这种算法为快速卷积。

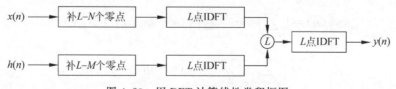

图 4.20　用 DFT 计算线性卷积框图

然而,如果两个序列的长度相差很大,此时选取 $L \geqslant N+M-1$,以 L 为循环卷积的运算区间,并用上述快速卷积计算线性卷积,则要求对短序列补充很多零点,而且长序列必须全部输入后才能进行快速计算,这样即要求计算的存储容量大,运算时间长,并会使处理延时变大,使实时处理变得困难。在某些应用场合,输入序列的长度不能事先确定或者认为是无限长,如语音信号或地震信号等,使用图 4.20 的方法就无法实现计算。为此,解决这个问题的方法是将输入的长序列分段计算,这种分段处理法有重叠相加法和重叠保留法两种,这里只介绍重叠相加法。

设序列 $h(n)$ 长度为 N,$x(n)$ 为无限长序列。将 $x(n)$ 均匀分段,每段长度取 M,则

$$x(n) = \sum_{k=0}^{\infty} x_k(n) \tag{4.56}$$

其中

$$x_k(n) = x(n) \cdot R_M(n - kM) \quad k = 0, 1, 2, \cdots \tag{4.57}$$

于是,$h(n)$ 与 $x(n)$ 的线性卷积可表示为

$$y(n) = h(n) * x(n)$$

$$= h(n) * \sum_{k=0}^{\infty} x_k(n)$$

$$= \sum_{k=0}^{\infty} h(n) * x_k(n)$$

$$= \sum_{k=0}^{\infty} y_k(n) \tag{4.58}$$

其中

$$y_k(n) = h(n) * x_k(n)$$

由式(4.57)可知,计算 $h(n)$ 与 $x(n)$ 的线性卷积时,可先进行分段线性卷积 $y_k(n) = h(n) * x_k(n)$,然后把分段卷积结果叠加起来即可。图 4.21 指示了这一过程。每做一次卷积所得序列 $y_k(n)$ 的长度为 $N + M - 1$,这使 $y_k(n)$ 与 $y_{k+1}(n)$ 有 $N - 1$ 个点重叠,必须把重叠部分的 $y_k(n)$ 与 $y_{k+1}(n)$ 相加,才能得到完整的卷积序列 $y(n)$。计算过程中,第一个分段计算快速卷积的计算区间为 $L = N + M - 1$。当第二个分段卷积 $y_1(n)$ 计算完后,叠加重叠点便可得输出序列 $y(n)$ 的前 $2M$ 个值,同理,分段卷积 $y_i(n)$ 计算完后,就可得到 $y(n)$ 第 i 段的 M 个序列值。因此,这种方法不要求大的存储容量,且运算量和延时也大大减少。如果系统的采样间隔是 T_s,计算一个分段卷积所需的时间是 T_0,那么用重叠相加法计算的输出的最大延时为

$$T_{D\max} = 2MT_s + T_0 \tag{4.59}$$

这样就可以实现边输入边计算输出,如果计算机的运算速度足够快,使延时在允许的范围内,基本上就可以认为是无延时的实时处理了。

重叠相加法计算线性卷积还可以用 MATLAB 信号处理工具箱中提供的函数 fftfilt 进行计算,具体的函数语法和实现可参见相关文献。

4.4.2　用 DFT 对信号进行谱分析

对时域信号进行傅里叶变换即得到信号的频域信息,即所谓信号的谱分析。但是连续信号与系统的时域和频域都是连续的或周期的,显然无法直接用计算机进行计算,故连续信

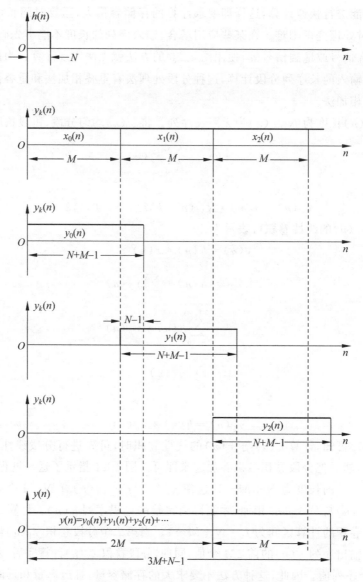

图 4.21　重叠相加法卷积示意图

号的谱分析与应用受到限制。DFT 是一种时域和频域均离散化的变换,适合数值运算,因此是分析离散信号和系统的有力工具。下面分别介绍用 DFT 对连续信号和离散信号(序列)进行谱分析的基本原理和方法。

1. 用 DFT 对连续信号进行谱分析

我们先建立模拟信号的频率和数字信号频率之间的基本关系。由于大多数模拟信号都可看成由不同频率、不同幅度和不同相位的正弦信号之和构成,我们就从正弦信号来研究模拟信号和数字信号之间的关系。

设模拟正弦信号表达式为:

$$x_a(t) = A\sin(\Omega t) \tag{4.60}$$

其中 Ω 为模拟正弦信号的频率,单位是 rad/s,显然 $x_a(t)$ 是周期信号。

数字正弦信号表达式为：

$$x(n) = A\sin(\omega n) \tag{4.61}$$

其中 ω 是数字序列的频率。特别要注意的是，和模拟正弦信号不同，数字正弦信号不一定是周期的，其周期性由 ω 的值决定（我们在前面的章节中已经讨论过），同时 ω 也不等于被采样模拟信号的频率 Ω。

对(4.60)进行采样，每隔 T 秒采样一次。采样时间为 $t = nT$，这样模拟频率和数字频率之间建立起了联系，即：

$$\omega = \Omega T \tag{4.62}$$

在采样时间 $t = nT$ 处，模拟正弦信号值为：

$$x_a(nT) = A\sin(\Omega n T) \tag{4.63}$$

根据三角函数的知识，$\Omega = 2\pi f$，频率 $\Omega(\text{rad/s})$ 可转换为频率 $f(\text{Hz})$。采样间隔 T 可用 $1/F_s$ 代替，F_s 称为采样频率。于是有：

$$x_a(nT) = A\sin\left(2\pi f n \frac{1}{F_s}\right) = A\sin\left(n 2\pi \frac{f}{F_s}\right) \tag{4.64}$$

由式(4.62)，令式(4.61)和式(4.64)相等，有：

$$A\sin(\omega n) = A\sin\left(n 2\pi \frac{f}{F_s}\right)$$

进一步可得：

$$\omega = 2\pi \frac{f}{F_s} \tag{4.65}$$

式(4.65)把模拟频率 f 和数字频率 ω 联系了起来。

下面我们研究 DFT 对连续信号的频谱分析。

工程实际中产生的是连续信号 $x_a(t)$，其频谱函数 $X_a(\mathrm{j}\Omega)$ 也是连续函数。当希望用 DFT 对 $x_a(t)$ 进行频谱分析时，需先对 $x_a(t)$ 进行时域采样，得到 $x(n) = x_a(nT)$，再对 $x(n)$ 进行 DFT，得到的 $X(k)$ 则是 $x(n)$ 的傅里叶变换 $X(\mathrm{e}^{\mathrm{j}\omega})$ 在频率区间 $[0, 2\pi]$ 上的 N 点等间隔采样。这里 $x(n)$ 和 $X(k)$ 均为有限长序列。

但是，由傅里叶变换理论知道，若信号持续时间有限长，则其频谱无限宽；若信号的频谱有限宽，则其持续时间无限长。所以严格地讲，持续时间有限且频带有限的信号是不存在的。因此，按采样定理采样时，上述两种情况下的采样序列 $x(n) = x_a(nT)$ 均应为无限长，这样又不满足 DFT 的变换条件。另一方面，在实际设计中，对于频谱很宽的信号，为防止时域采样后产生频谱混叠失真，可用预滤波器滤去除频谱中幅度较小的高频成分，使连续信号的带宽小于折叠频率。最后，对于持续时间很长的信号，采样点数太多会导致无法存储和计算，只好对时域信号进行截取有限点再进行 DFT。基于以上考量，我们需要对信号进行频域的预滤波、时域截取等操作，在这之后，用 DFT 对连续信号进行谱分析必然是近似的，其近似程度与信号带宽、采样频率和截取长度有关。实际上从工程角度看，滤除幅度很小的高频成分和截去幅度很小的部分时间信号是允许的。因此，假设以下分析中的 $x_a(t)$ 是经过预滤波和截取处理的有限长带限信号。

设连续信号 $x_a(t)$ 持续时间为 T_p，最高频率为 f_c，如图 4.22 所示。$x_a(t)$ 的傅里叶变换为

$$X_a(\mathrm{j}\Omega) = \mathrm{FT}[x_a(t)] = \int_{-\infty}^{\infty} x_a(t)\mathrm{e}^{-\mathrm{j}\Omega t}\,\mathrm{d}t$$

对 $x_a(t)$ 进行时域采样得到 $x(n) = x_a(nT)$，$x(n)$ 的离散时间傅里叶变换为 $X(\mathrm{e}^{\mathrm{j}\omega})$。由假设条件可知 $x(n)$ 的长度为

$$N = \frac{T_p}{T} = T_p \cdot F_s \tag{4.66}$$

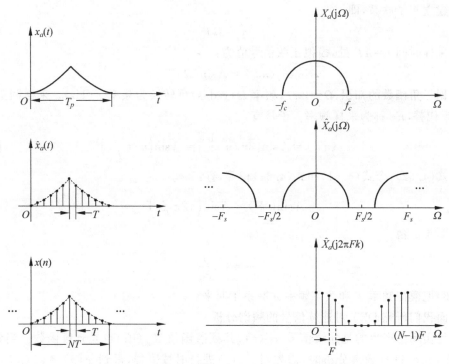

图 4.22 用 DFT 分析连续信号频谱的原理示意图

1) $X(k)$ 与 $X_a(\mathrm{j}\Omega)$ 的关系

按照图 4.23 所示的关系图，以 $X(\mathrm{e}^{\mathrm{j}\omega})$ 为桥梁，寻找 $X(k)$ 与 $X_a(\mathrm{j}\Omega)$ 的关系，最后由此关系归纳出用 $X(k)$ 表示 $X_a(\mathrm{j}\Omega)$ 的方法，即如何用 DFT 对连续信号进行谱分析。

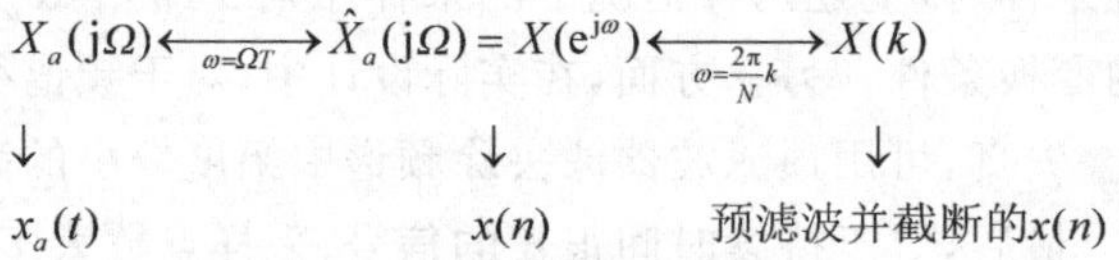

$$X_a(\mathrm{j}\Omega) \xleftarrow[\omega=\Omega T]{} \hat{X}_a(\mathrm{j}\Omega) = X(\mathrm{e}^{\mathrm{j}\omega}) \xleftarrow[\omega=\frac{2\pi}{N}k]{} X(k)$$

$$\downarrow \qquad\qquad \downarrow \qquad\qquad \downarrow$$

$$x_a(t) \qquad\qquad x(n) \qquad \text{预滤波并截断的}x(n)$$

图 4.23 $X_a(\mathrm{j}\Omega)$ 与 $X(k)$ 的关系图

图 4.23 中用 $X(k)$ 表示 $x(n)$ 的 N 点 DFT，$X(\mathrm{e}^{\mathrm{j}\omega})$ 表示 $x(n)$ 的离散时间傅里叶变换。

由时域采样定理知道，$x(n)$ 的离散时间傅里叶变换 $X(\mathrm{e}^{\mathrm{j}\omega})$ 与 $x_a(t)$ 的傅里叶变换 $X_a(\mathrm{j}\Omega)$ 满足如下关系：

$$X(\mathrm{e}^{\mathrm{j}\omega}) = \frac{1}{T}\sum_{m=-\infty}^{\infty} X_a\left[\mathrm{j}\left(\frac{\omega}{T} - \frac{2\pi}{T}m\right)\right]$$

$$\stackrel{\text{def}}{=} \frac{1}{T} \widetilde{X}_a \left(j \frac{\omega}{T} \right) \tag{4.67}$$

其中

$$\widetilde{X}_a \left(j \frac{\omega}{T} \right) = \sum_{m=-\infty}^{\infty} X_a \left[j \left(\frac{\omega}{T} - \frac{2\pi}{T} m \right) \right]$$

将 $\omega = \Omega T$ 代入式(4.67),得到:

$$X(e^{j\omega}) = X(e^{j\Omega T})$$

$$= \frac{1}{T} \sum_{m=-\infty}^{\infty} X_a \left[j \left(\Omega - \frac{2\pi}{T} m \right) \right]$$

$$\stackrel{\text{def}}{=} \frac{1}{T} \widetilde{X}_a (j\Omega) \tag{4.68}$$

其中

$$\widetilde{X}_a (j\Omega) = \sum_{m=-\infty}^{\infty} X_a \left[j \left(\Omega - \frac{2\pi}{T} m \right) \right]$$

表示模拟信号频谱 $X_a(j\Omega)$ 的周期延拓函数。

由 $x(n)$ 的 N 点 DFT 的定义有

$$X(k) = \text{DFT}[x(n)]_N = X(e^{j\omega}) \big|_{\omega = \frac{2\pi}{N}k} \quad 0 \leqslant k \leqslant N-1 \tag{4.69}$$

将式(4.67)代入式(4.69),利用式(4.66),得到:

$$X(k) = X(e^{j\omega}) \big|_{\omega = \frac{2\pi}{N}k} = \frac{1}{T} \widetilde{X}_a \left(j \frac{\omega}{T} \right)$$

$$= \frac{1}{T} \widetilde{X}_a \left(j \frac{2\pi}{N} k \cdot \frac{1}{T} \right)$$

$$= \frac{1}{T} \widetilde{X}_a \left(j \frac{2\pi}{T_p} k \right) \quad 0 \leqslant k \leqslant N-1 \tag{4.70}$$

式(4.70)说明了 $X(k)$ 与 $X_a(j\Omega)$ 的关系。一般情况下频谱以 Hz 为横坐标单位,令 $F = \frac{1}{T_p}$,其表示对模拟信号频谱的采样间隔,称之为频率分辨率,并且

$$F = \frac{1}{T_p} = \frac{1}{NT} = \frac{F_s}{N} \tag{4.71}$$

其中,F_s 是模拟信号的采样频率,T 是采样间隔,T_p 是连续信号 $x_a(t)$ 的持续时间。整理式(4.70),得到

$$X(k) = \frac{1}{T} \widetilde{X}_a (j2\pi Fk) \quad 0 \leqslant k \leqslant N-1$$

由此可得

$$\widetilde{X}_a (j2\pi Fk) = TX(k) = T \cdot \text{DFT}[x(n)]_N \quad 0 \leqslant k \leqslant N-1 \tag{4.72}$$

由式(4.72)可知,对连续信号时域采样截断后进行 DFT 再乘以 T,便可近似得到模拟信号频谱的周期延拓函数在第一个周期 $[0, F_s]$ 上的 N 点等间隔采样 $\widetilde{X}_a (j2\pi Fk)$,如图 4.22 所示。对带限连续信号,在满足时域采样定理时,$\widetilde{X}_a (j2\pi Fk)$ 包含了模拟信号频谱的全部信息。但直接由分析结果 $\widetilde{X}_a (j2\pi Fk)$ 看不到 $X_a(j\Omega)$ 全部频谱特性,而只能看到 N

个离散采样点的谱特性,这就是所谓的栅栏效应。对实信号,其频谱函数具有共轭对称性,所以分析正频率频谱就足够了。不存在频谱混叠失真时,正频率$[0, F_s/2]$频谱采样为

$$\tilde{X}_a(j2\pi kF) = TX(k) = T \cdot \mathrm{DFT}[x(n)]_N \quad k = 0, 1, 2, \cdots, N/2 \tag{4.73}$$

2) 参数选择原则

在对连续信号进行谱分析时,主要关心两个参数,就是谱分析范围和频率分辨率。谱分析范围受采样频率 F_s 的限制。为了不产生频率混叠失真,通常要求信号的最高频率 $f_c < F_s/2$。频率分辨率用频率采样间隔 F 描述,表示谱分析中能够分辨的两个频谱分量的最小间隔。显然,F 越小,谱分析就越接近 $X_a(j2\pi f)$,所以 F 较小时,我们称频率分辨率较高。下面讨论用 DFT 对连续信号谱分析的两个参数,采样频率 F_s 和频谱分辨率 F 的选择原则。

在已知信号的最高频率 f_c(即谱分析范围)时,为了避免在 DFT 运算中发生频率混叠现象,要求采样频率 F_s 满足:

$$F_s > 2f_c \tag{4.74}$$

但是考虑到时域信号截断可能引起的频谱展宽,工程上可以适当增加信号的抽样频率,可选择为 f_c 的 3~5 倍作为采样频率 F_s。

对于频谱分辨率,按照式(4.71),频率分辨率 $F = F_s/N$,如果保持采样点数 N 不变,要提高频率分辨率(F 减小),必须降低采样频率,采样频率的降低会引起谱分析范围减少。如维持 F_s 不变,为提高频率分辨率可以增加采样点数 N,因为 $NT = T_p$,$T = F_s^{-1}$,只有增加对信号的观察时间 T_p,才能增加 N。T_p 和 N 可以按照下面两式进行选择:

$$N > \frac{2f_c}{F} \tag{4.75}$$

$$T_p \geqslant \frac{1}{F} \tag{4.76}$$

【例 4.7】 对实信号进行谱分析,要求频率分辨率 $F \leqslant 10\mathrm{Hz}$,信号最高频率 $f_c = 2.5\mathrm{kHz}$,试确定最小记录时间 $T_{p\min}$,最大的采样间隔 $T_{\max}$,最少的采样点数 $N_{\min}$。如果 f_c 不变,要求谱分辨率增加 1 倍,最少的采样点数和最小的记录时间是多少?

解:
$$T_p \geqslant \frac{1}{F} = \frac{1}{10} = 0.1\mathrm{s}$$

因此 $T_{p\min} = 0.1\mathrm{s}$,因为要求 $F_s \geqslant 2f_c$,所以

$$T_{\max} = \frac{1}{2f_c} = \frac{1}{2 \times 2500} = 0.2 \times 10^{-3}\mathrm{s}$$

$$N_{\min} = \frac{2f_c}{F} = \frac{2 \times 2500}{10} = 500$$

为使频率分辨率提高 1 倍,$F = 5\mathrm{Hz}$,要求:

$$N_{\min} = \frac{2 \times 2500}{5} = 1000$$

$$T_{p\min} = \frac{1}{5} = 0.2\mathrm{s}$$

为使用 DFT 的快速算法 FFT,希望 N 符合 2 的整数幂,为此选用 $N = 1024$ 点。

从上面分析可以看出,为了提高频率分辨率,又使频谱分析范围不减少,必须增加记录

时间,增加采样点数。但是应当注意,这种提高频率分辨率的条件是时域采样必须满足采样定理,按前面的分析,采样频率 F_s 为信号最高频率 f_c 的 3~5 倍更好。

【例 4.8】 设有一已调幅信号,其载波频率 $f_c=5\text{kHz}$,调制信号频率为 $f_m=120\text{Hz}$,采用 FFT 方法对它进行谱分析,试问应如何选取以下 FFT 的参量(抽样点数取为 2 的整数幂)。

(1) 最低抽样频率 $F_{s\min}$;

(2) 最小记录时间长度 $T_{p\min}$;

(3) 最小抽样点数 $N_{\min}$。

解:(1) 已调幅信号(单频 f_m 调制时)共有 3 个频率 $f_c-f_m=4.88\text{kHz}$,$f_c=5\text{kHz}$,$f_c+f_m=5.12\text{kHz}$。

故最高频率分量为 $f_h=5.12\text{kHz}$,所以最小抽样频率 $F_{s\min}$ 为

$$F_{s\min}=2\times f_h=10.24\text{kHz}$$

(2) 最小记录时间长度 $T_{p\min}$ 与频率分辨率 F 有关。这里频率分辨率显然就是调制频率 f_m,因为已调信号的每两个相邻频率分量之差值为 f_m。所以 $T_{p\min}$ 为

$$T_{p\min}=1/F=1/120=8.333\text{ms}$$

(3) 最小抽样点数 $N_{\min}$ 为

$$N_{\min}=\frac{F_{s\min}}{F}=\frac{F_{s\min}}{f_m}=\frac{10.24\times10^3}{120}=85$$

为了使用 FFT 算法,取 $N=2^7=128$。

【例 4.9】 一段音乐以 44.1kHz 进行采样,DFT 窗的长度为 23.22ms。求:

(1) 窗内将有多少个时域采样点?

(2) 这些时域采样点将产生多少个 DFT 采样值?

(3) DFT 的分辨率是多少?

解:

(1) 窗内共有(44 100 采样点/秒)×(23.22×10^{-3} 秒)=1024 个采样点。

(2) 时域采样点为 1024,DFT 产生 1024 个谱估计。

(3) DFT 对 0 到 F_s 的频谱产生 N 点谱估计。对于 44.1kHz 的采样速率,DFT 的分辨率为 $F_s/N=44\ 100/1024=43.07\text{Hz}$。换句话说,每个 DFT 采样点覆盖了稍稍超过 43Hz 的频谱范围,故不能分辨的比这更细。

【随堂练习】

以 22.05kHz 对一段持续时间为 2ms 的信号进行采样,试对采样所得数据进行 DFT 分析。

(1) 收集了多少个信号采样值?

(2) DFT 有多少个点?

(3) DFT 的分辨率是多少?

2. 用 DFT 对序列进行谱分析

我们知道单位圆上的 Z 变换就是非周期序列的傅里叶变换,即

$$X(\text{e}^{\text{j}\omega})=X(z)\big|_{z=\text{e}^{\text{j}\omega}}$$

$X(\text{e}^{\text{j}\omega})$ 是 ω 的连续周期函数。如果对序列 $x(n)$ 进行 N 点 DFT,得到 $X(k)$,$X(k)$ 是在区间 $[0,2\pi]$ 上对 $X(\text{e}^{\text{j}\omega})$ 的 N 点等间隔采样。因此序列的傅里叶变换可利用 DFT(FFT)

来计算。

如果序列是周期序列，需要用 DFS 求解其频谱，对周期为 N 的周期序列 $\tilde{x}(n)$，重写式(3.42)

$$\tilde{x}(n) = \text{IDFS}[\widetilde{X}(k)] = \frac{1}{N}\sum_{k=0}^{N-1}\widetilde{X}(k)\text{e}^{\text{j}\frac{2\pi}{N}kn}$$

即把信号 $\tilde{x}(n)$ 看成是 N 次谐波的累加，第 k 次谐波分量为 $(\widetilde{X}(k)/N)\text{e}^{\text{j}\frac{2\pi}{N}kn}$，这是一个复指数序列。因此周期为 N 的周期序列 $\tilde{x}(n)$ 的频谱函数为

$$X(\text{e}^{\text{j}\omega}) = \text{FT}[\tilde{x}(n)] = \frac{2\pi}{N}\sum_{k=-\infty}^{\infty}\widetilde{X}(k)\delta\left(\omega - \frac{2\pi}{N}k\right)$$

其中

$$\widetilde{X}(k) = \text{DFS}[\tilde{x}(n)] = \sum_{n=0}^{N-1}\tilde{x}(n)\text{e}^{-\text{j}\frac{2\pi}{N}kn}$$

由于 $\widetilde{X}(k)$ 以 N 为周期，所以 $X(\text{e}^{\text{j}\omega})$ 也是以 2π 为周期的离散谱，每个周期有 N 条谱线，第 k 条谱线位于 $\omega = \dfrac{2\pi}{N}k$ 处，代表 $\tilde{x}(n)$ 的 k 次谐波分量。而且，谱线的相对大小与 $\widetilde{X}(k)$ 成正比。由此可见，周期序列的频谱结构可用其离散傅里叶级数系数 $\widetilde{X}(k)$ 表示。由 DFT 的隐含周期性知道，截取 $\tilde{x}(n)$ 的主值序列 $x(n) = \tilde{x}(n)R_N(n)$，并进行 N 点 DFT，得到

$$X(k) = \text{DFT}[x(n)] = \text{DFT}[\tilde{x}(n)R_N(n)] = \widetilde{X}(k)R_N(k) \tag{4.77}$$

所以可用 $X(k)$ 表示 $\tilde{x}(n)$ 的频谱结构。

下面我们讨论截取长度是否为信号周期的整数倍对于频谱分析的影响及对策。

(1) 截取长度 M 等于 $\tilde{x}(n)$ 的整数个周期，即 $M = mN$，m 为正整数，则

$$x_M(n) = \tilde{x}(n)R_M(n) \tag{4.78}$$

$$X_M(k) = \text{DFT}[x_M(n)] = \sum_{n=0}^{M-1}\tilde{x}(n)\text{e}^{-\text{j}\frac{2\pi}{M}kn}$$

$$= \sum_{n=0}^{mN-1}\tilde{x}(n)\text{e}^{-\text{j}\frac{2\pi}{mN}kn} \quad k = 0,1,\cdots,mN-1$$

令 $n = n' + rN$，$r = 0,1,\cdots,m-1$；$n' = 0,1,\cdots,N-1$，则

$$X_M(k) = \sum_{r=0}^{m-1}\sum_{n'=0}^{N-1}\tilde{x}(n'+rN)\text{e}^{-\text{j}\frac{2\pi}{mN}k(n'+rN)}$$

$$= \sum_{r=0}^{m-1}\left[\sum_{n=0}^{N-1}x(n)\text{e}^{-\text{j}\frac{2\pi}{mN}kn}\right]\text{e}^{-\text{j}\frac{2\pi}{m}rk}$$

$$= \sum_{r=0}^{m-1}X\left(\frac{k}{m}\right)\text{e}^{-\text{j}\frac{2\pi}{m}rk}$$

$$= X\left(\frac{k}{m}\right)\sum_{r=0}^{m-1}\text{e}^{-\text{j}\frac{2\pi}{m}rk}$$

因为 $\displaystyle\sum_{r=0}^{m-1}\text{e}^{-\text{j}\frac{2\pi}{m}rk} = \begin{cases} m & \dfrac{k}{m} = \text{整数} \\ 0 & \dfrac{k}{m} \neq \text{整数} \end{cases}$，所以

$$X_M(k)=\begin{cases} mX\left(\dfrac{k}{m}\right) & \dfrac{k}{m}=整数 \\ 0 & \dfrac{k}{m}\neq整数 \end{cases} \tag{4.79}$$

由此可见，$X_M(k)$ 也能表示 $\tilde{x}(n)$ 的频谱结构，只是在 $k=rm$ 时，$X_M(rm)=m\tilde{X}(r)$，表示 $\tilde{x}(n)$ 的 r 次谐波谱线，其幅度扩大 m 倍。而其他 k 值时，$X_M(k)=0$，当然，$\tilde{X}(r)$ 与 $X_M(rm)$ 对应点频率是相等的 $\left(\dfrac{2\pi}{N}r=\dfrac{2\pi}{mN}\cdot mr\right)$。所以，只要截取 $\tilde{x}(n)$ 的整数个周期进行 DFT，就可得到它的频谱结构，达到谱分析的目的。

（2）如果 $\tilde{x}(n)$ 的周期预先不知道，可先截取 M 点进行 DFT，即

$$x_M(n)=\tilde{x}(n)R_M(n)$$
$$X_M(k)=\mathrm{DFT}[x_M(n)] \quad 0\leqslant k\leqslant M-1$$

再将截取长度扩大 1 倍，截取

$$x_{2M}(n)=\tilde{x}(n)R_{2M}(n)$$
$$X_{2M}(k)=\mathrm{DFT}[x_{2M}(n)] \quad 0\leqslant k\leqslant 2M-1$$

比较 $X_M(k)$ 和 $X_{2M}(k)$，如果两者的主谱频率差别满足分析误差要求，则以 $X_M(k)$ 或 $X_{2M}(k)$ 近似表示 $\tilde{x}(n)$ 的频谱，否则，继续将截取长度加倍，直至前后两次分析所得主谱频率差别满足分析误差要求。设最后截取长度为 rM，则 $X_{rM}(k_0)$ 表示 $\omega=\dfrac{2\pi}{rM}k_0$ 点的谱线强度。

【例 4.10】 设模拟信号为 $x=\cos(2\pi ft)$ 的频率为 $2\mathrm{Hz}$，采用 $16\mathrm{Hz}$ 对该信号进行采样，分别采样 8 个点、12 个点和 44 个点，先画出其时域采样信号，然后分析其频域变换。程序如下：

程序 1

```
N = 8
fs = 16
Ts = 1/fs
N = 8
n = 0:N - 1
t = n * Ts
x = cos(2 * pi * 2 * t)
subplot(2,1,1)
plot(t,x)
xlabel('时间(s)')
ylabel('振幅')
f = n * fs/N
X = dft(x,8)
subplot(2,1,2)
stem(f,abs(X) * 2/N)
xlabel('频率(Hz)')
ylabel('幅度')
```

运行结果如图 4.24 所示。

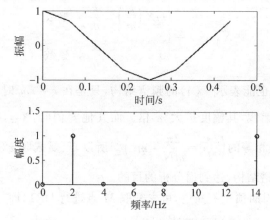

图 4.24 $N=8$ 时的时域和频域形状

程序 2

```
N = 12
fs = 16
Ts = 1/fs
N = 12
n = 0:N-1
t = n * Ts
x = cos(2 * pi * 2 * t)
subplot(2,1,1)
plot(t,x)
xlabel('时间(s)')
ylabel('振幅')
f = n * fs/N
X = dft(x,12)
subplot(2,1,2)
stem(f,abs(X) * 2/N)
xlabel('频率(Hz)')
ylabel('幅度')
```

运行结果如图 4.25 所示。

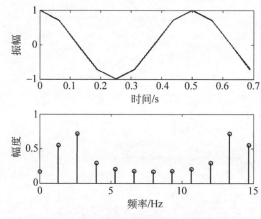

图 4.25 $N=12$ 时的时域和频域形状

程序 3

```
N = 44
fs = 16
Ts = 1/fs
N = 44
n = 0:N - 1
t = n * Ts
x = cos(2 * pi * 2 * t)
subplot(2,1,1)
plot(t,x)
xlabel('时间(s)')
ylabel('振幅')
f = n * fs/N
X = dft(x,12)
subplot(2,1,2)
stem(f,abs(X * 2/N))
xlabel('频率(Hz)')
ylabel('幅度')
```

运行结果如图 4.26 所示。

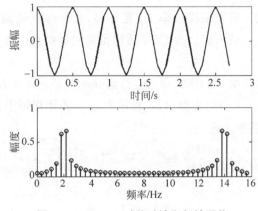

图 4.26　$N = 44$ 时的时域和频域形状

　　由图 4.24～图 4.26 可知,8 个点采样正好是一个周期,因此,其频谱与真实的谱线正好相符,振幅也与实际信号幅度相同。当采样点为 12 时,由于不是取一个整数倍周期,因此频谱分布范围较大,误差也大,这是由截断效应所引起的;当取 44 个点时,误差相对于采样点取 12 时要小,因此增加数据可以减少截断效应的影响。总之对于周期信号,截取信号最好是周期序列周期的整数倍。

　　3. 用 DFT 进行谱分析的误差问题讨论

　　根据前面的分析,用 DFT 可用来对连续信号和序列进行谱分析。在实际分析过程中,要对连续信号采样,有些非时限数据序列也要截断,由此可能引起分析误差。下面分别对可能产生误差的几种现象进行讨论。

　　1) 混叠现象

　　用 DFT 对连续信号进行谱分析时首先要对其采样以形成时域离散信号。采样频率 F_s

必须满足采样定理,否则将会在 $\omega=\pi$(对应模拟频率 $f=F_s/2$)附近发生频谱混叠现象。发生混叠时 DFT 分析的结果必然在 $f=F_s/2$ 附近产生较大误差。因此,理论上必须满足 $F_s \geqslant 2f_c$(f_c 为连续信号的最高频率)。为了避免混叠,当 F_s 确定时,需在采样前进行预滤波,以滤除高于折叠频率 $F_s/2$ 的频率成分。

2) 栅栏效应

由于 DFT 计算时在频域也是离散的,即 N 点 DFT 是在频率区间 $[0,2\pi]$ 上对时域离散信号的频谱进行 N 点等间隔采样。这样采样点之间的频谱就无法得到,这就好像从 N 个栅栏缝隙中观看信号的频谱情况,仅得到 N 个缝隙中看到的频谱函数值。因此称这种现象为栅栏效应。由于栅栏效应,有可能漏掉有重要意义的幅度大的频谱分量。为了把原来被"栅栏"挡住的频谱分量检测出来,可以有三种方法:①对有限长序列,如果数据长度不变,时域有效抽样点数不变,$x(n)$ 的有效数据也没有变化,可以在原序列尾部增加零值点,使整个数据长度为 M 点($M>N$),这就相当于使频域的抽样点数增加到 M 点,即 DFT 的点数为 M;②对无限长序列,可以增加截取长度,在 F_s 不变的情况下,N 必然增加,从而使频域采样间隔变小,增加频域采样点数和采样点位置,使原来漏掉的某些频谱分量被检测出来;③在序列长度不变的情况下,增加 F_s,也就增加了时域抽样点数 N(此时时域的数据 $x(n)$ 发生变化),DFT 的点数也相应增加。

对连续信号的谱分析,只要采样频率 F_s 足够高,且采样点数满足频率分辨率要求,如式(4.75)和式(4.76)所示,就可以认为 DFT 后所得离散谱的包络近似代表原信号的频谱。

3) 截断效应

当序列 $x(n)$ 是无限长的,用 DFT 对其进行谱分析时必须将其截断,截断后形成有限长序列 $y(n)=x(n)w(n)$,$w(n)$ 称为窗函数,长度为 N。若使用矩形窗,即 $w(n)=R_N(n)$,根据傅里叶变换的频域卷积定理,有

$$Y(e^{j\omega})=\mathrm{FT}[y(n)]=\frac{1}{2\pi}X(e^{j\omega})*W(e^{j\omega})=\frac{1}{2\pi}\int_{-\pi}^{\pi}X(e^{j\theta})W(e^{j(\omega-\theta)})\mathrm{d}\theta$$

其中

$$X(e^{j\omega})=\mathrm{FT}[x(n)]$$
$$W(e^{j\omega})=\mathrm{FT}[w(n)]$$

矩形窗函数的频域表达式为

$$W(e^{j\omega})=\mathrm{FT}[w(n)]=e^{-j\omega\frac{N-1}{2}}\frac{\sin\left(\omega\frac{N}{2}\right)}{\sin\left(\frac{\omega}{2}\right)}=W_g(\omega)e^{-j\phi(\omega)} \tag{4.80}$$

其中

$$W_g(\omega)=\frac{\sin\left(\omega\frac{N}{2}\right)}{\sin\left(\omega\frac{1}{2}\right)}, \quad \phi(\omega)=\omega\frac{N-1}{2} \tag{4.81}$$

$W_g(\omega)$ 曲线如图 4.27 所示。图中,$|\omega|<\dfrac{2\pi}{N}$ 的部分称为主瓣,其余部分称为旁瓣。

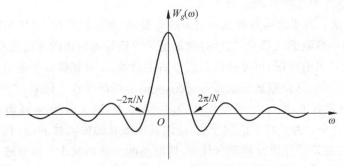

图 4.27 矩形窗的频谱

例如对于周期序列 $x(n) = \cos\left(\dfrac{\pi}{4}n\right)$，其幅度谱如图 4.28(a)所示，频谱可表示为

$$X(\mathrm{e}^{\mathrm{j}\omega}) = \pi \sum_{l=-\infty}^{\infty} \left[\delta\left(\omega - \frac{\pi}{4} - 2\pi l\right) + \delta\left(\omega + \frac{\pi}{4} - 2\pi l\right) \right]$$

将 $x(n)$ 截断后，$y(n) = x(n)R_N(n)$ 的幅频曲线如图 4.28(b)所示。

由上述可见，截断后序列的频谱 $Y(\mathrm{e}^{\mathrm{j}\omega})$ 与原序列 $X(\mathrm{e}^{\mathrm{j}\omega})$ 必然有差别，这种差别对谱分析的影响主要表现在如下两个方面。

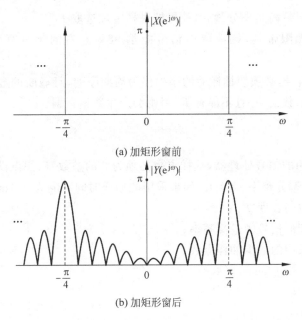

(a) 加矩形窗前

(b) 加矩形窗后

图 4.28　$x(n) = \cos\left(\dfrac{\pi}{4}n\right)$ 加矩形窗前、后的幅频特性

（1）**泄漏**。由图 4.28(b)可知，原来周期序列 $x(n) = \cos\left(\dfrac{\pi}{4}n\right)$ 的频谱是离散谱线，经截断后，使原来的离散谱线变成连续谱线，即向附近展宽，通常称这种展宽为泄漏。显然，泄漏使频谱变模糊，也就是如果有两个信号靠得很近时，将无法分辨，也就是使谱分辨率降低。从图 4.28 可以看出，频谱泄漏程度与窗函数幅度谱的主瓣宽度直接相关，实际工作中可选

的窗函数很多,这个将在第 6 章介绍。

(2) **谱间干扰**。由于窗函数频谱有很多的旁瓣,根据卷积定理,时域加窗后的信号在频域是原频谱与窗函数频谱的卷积,这样时域加窗后的信号的频谱的主谱线两边有很多旁瓣,这将可能增强信号谱的旁瓣,可能湮没弱信号的主谱线,或者把强信号谱的旁瓣误认为是另一频率的信号的谱线,从而造成假信号的情况,使谱分析产生较大偏差。

由图 4.27 可以看出,增加 N 可使 $W_g(\omega)$ 的主瓣变窄,减小泄漏,提高频率分辨率,但旁瓣的相对幅度并不减小。为了减小谱间干扰,应用其他形状的窗函数 $w(n)$ 代替矩形窗。但在 N 一定时,只能以降低谱分析分辨率为代价,换取谱间干扰的减小。通过进一步学习数字信号处理的功率谱估计等现代谱估计内容可知,减小截断效应的最好方法是用近代谱估计的方法。但谱估计只适用于不需要相位信息的谱分析场合,感兴趣的读者可以参考相关的文献。

此外,我们还可能碰到下面一些情况,比如:

(1) 若预先不知道信号的最高频率 f_h,则只能从观测记录下来的一段数据或波形中来确定 f_h,取数据(波形)中变化速度最快的两个相邻峰谷点之间的间隔 t_0 作为半个周期(见图 4.29),则有

$$t_0 = \frac{T_h}{2}, f_h = \frac{1}{T_h} = \frac{1}{2t_0} \qquad (4.82)$$

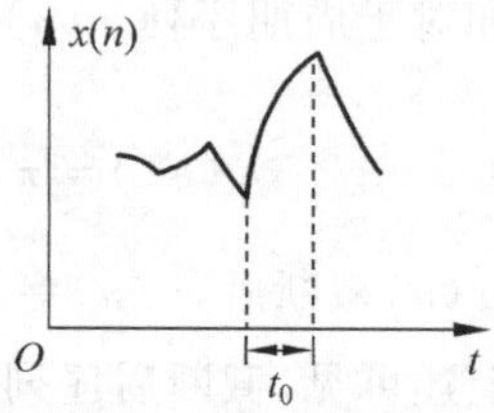

图 4.29 估算信号的最高频率

知道了这一近似最高频率分量后,就可按采样定理选取 F_s。

(2) 若信号为无限带宽,则选取占信号能量 98% 左右的频带宽度作为最高频率分量 f_h。

(3) 对于周期信号,必须使抽样后的序列仍为周期序列,且截断的数据长度 T_p 必须等于周期序列周期的整数倍,并且不能补零,否则会产生频谱泄漏。

【随堂练习】

设有一谱分析用的信号处理器,抽样点数必须为 2 的整数幂,假设没有采用任何特殊数据处理措施,要求频率分辨率≤10Hz,如果采用的抽样时间间隔为 0.1ms,试确定:

(1) 最小记录时间长度 T_p;

(2) 所允许处理的信号的最高频率;

(3) 在一个记录中的最少抽样点数。

习题

1. 试求以下有限长序列的 N 点 DFT。

(1) $x_1(n) = 0.5\cos(\omega_0 n) \cdot R_N(n)$;

(2) $x_2(n) = R_m(n), 0 < m < N$;

(3) $x_3(n) = \sin\left(\frac{2\pi}{N}n\right), 0 \leqslant n \leqslant N$。

2. 若序列 $x(n)$ 的 DFT 为 $X(k)$,试证明 $X(k)$ 的幅度频谱是偶函数,而相位频谱是奇函数。

3. 用 DTFT 和 DFT 求图 4.30 所示信号的幅度频谱。

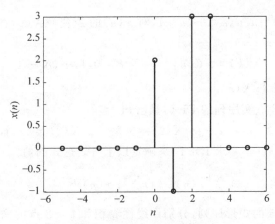

图 4.30　习题 3 输入信号

4. 已知序列 $x(n)=\begin{cases}1 & n=0,1,2 \\ 0 & \text{其他}\end{cases}$，判断 $x(n)$ 的 9 点 DFT 是否为

$$X(k)=\mathrm{e}^{-\mathrm{j}\frac{2\pi}{9}k}\,\frac{\sin\left(\dfrac{\pi}{3}k\right)}{\sin\left(\dfrac{\pi}{9}k\right)}\quad k=0,1,2,\cdots,8$$

用演算来证明你的结论。

5. 设 $\tilde{x}(n)$ 是周期为 N 的周期序列，若 $\tilde{X}(k)=\sum_{n=0}^{N-1}\tilde{x}(n)W_N^{nK}$，$\tilde{X}_1(k)=\sum_{n=0}^{2N-1}\tilde{x}(n)W_{2N}^{nK}$，

试用 $\tilde{X}(k)$ 来表示 $\tilde{X}_1(k)$。

6. 图 4.31 画出了几个周期序列 $\tilde{x}(n)$，这些序列可以表示成傅里叶级数

$$\tilde{x}(n)=\frac{1}{N}\sum_{k=0}^{N-1}\tilde{X}(k)\mathrm{e}^{\mathrm{j}\left(\frac{2\pi}{N}\right)nk}$$

问：

(1) 哪些序列能够通过选择时间原点使所有的 $\tilde{X}(k)$ 成为实数？

(2) 哪些序列能够通过选择时间原点使所有的 $\tilde{X}(k)$ [除 $\tilde{X}(0)$ 外] 成为虚数？

(3) 哪些序列能做到 $\tilde{X}(k)=0,k=\pm2,\pm4,\pm6,\cdots$

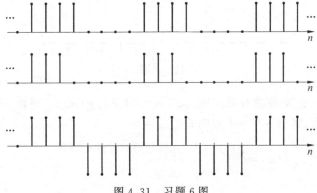

图 4.31　习题 6 图

7. 已知序列 $x(n)=a^n u(n)$，$0<a<1$，对 $x(n)$ 的 Z 变换 $X(z)$ 在单位圆上等间隔采样 N 点，采样序列为

$$X(k)=x(z)\mid_{z=W_N^{-k}} \quad k=0,1,\cdots,N-1$$

求有限长序列 $\text{IDFT}[X(k)]_N$。

8. 已知 $X(k)$ 为 8 点实序列的 DFT，且已知

$$X(0)=6,X(1)=4+j3,X(2)=-3-j2,X(3)=2-j,X(4)=4$$

试利用 DFT 的性质(不必求 IDFT)来确定以下各表达式的值。

(1) $x(0)$；(2) $x(4)$；(3) $\displaystyle\sum_{n=0}^{7}x(n)$；(4) $\displaystyle\sum_{n=0}^{7}\mid x(n)\mid^2$

9. 两个长为 $N=5$ 的矩形序列，分别作线性卷积和 $L=8$ 点的循环卷积。问循环卷积的结果中哪些序列值与线性卷积的结果相同。请说明理由。

10. 设有两个序列

$$x(n)=\begin{cases}x(n) & 0\leqslant n\leqslant 5 \\ 0 & \text{其他}\end{cases}$$

$$y(n)=\begin{cases}y(n) & 0\leqslant n\leqslant 14 \\ 0 & \text{其他}\end{cases}$$

对这两个序列各作 15 点的 DFT，然后将两个 DFT 相乘，再求乘积的 IDFT，设所得结果为 $f(n)$，问 $f(n)$ 的哪些点(用序号 n 表示)对应于 $x(n)*y(n)$ 应该得到的点。

11. 已知复序列 $x(n)=x_r(n)+jx_i(n)$，其中 $x_r(n)$ 和 $x_i(n)$ 是实序列。序列 $x(n)$ 的 Z 变换 $X(z)$ 在单位圆的下半部 $(\pi\leqslant\omega\leqslant 2\pi)$ 的值为零。求 $x(n)$ 的离散傅里叶变换 $X(k)$ 后一半的值，请说明理由。

12. 已知实序列 $x(n)$ 的 7 点 DFT $X(k)$ 在偶数点的值为

$$X(0)=4.8,X(2)=3.1+j2.5,X(4)=2.4+j4.2,X(6)=5.2+j3.7$$

求 $X(k)$ 在奇数点的数值。

13. 如图 4.32 表示一个 5 点序列 $x(n)$，试画出：

(1) $x(n)*x(n)$；(2) $x(n)⑤x(n)$；(3) $x(n)⑩x(n)$。

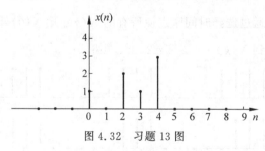

图 4.32 习题 13 图

14. 已知 $x(n)$ 是 N 点的有限长序列，$X(k)=\text{DFT}[x(n)]$。现将 $x(n)$ 的每两个点之间补 $r-1$ 个零值点，得到一个 rN 点的有限长序列

$$y(n)=\begin{cases}x(n/r) & n=ir,i=0,1,\cdots,N-1 \\ 0 & \text{其他}\end{cases}$$

试求 rN 点 $\mathrm{DFT}[y(n)]$ 与 $X(k)$ 的关系。

15. 有一线性移不变系统 $h(n)$，它由两个线性移不变系统 $h_1(n)$ 和 $h_2(n)$ 级联而成。已知 $h_1(n) = \delta(n) - \dfrac{1}{2}\delta(n-2)$，$h(n) = \delta(n)$。

(1) 求 $h_1(n)$ 的 8 点 DFT，即 $H_1(k)$；

(2) 求 $A(k) = \dfrac{1}{H_1(k)}$ 的单位取样序列 $a(n)$；

(3) 验证 $h_1(n)$ 与 $a(n)$ 的级联结果是否为 $\delta(n)$？ 是否 $h_2(n) = a(n)$？

16. 已知序列 $x_1(n)$ 和 $x_2(n)$ 如下：

$$x_1(n) = \begin{cases} 1 & 0 \leqslant n \leqslant 24 \\ 0 & \text{其他} \end{cases}$$

$$x_2(n) = \begin{cases} 1 & 0 \leqslant n \leqslant 24 \\ 0 & \text{其他} \end{cases}$$

(1) 求 $x_1(n)$ 和 $x_2(n)$ 的 25 点循环卷积 $y_1(n)$，并画出 $y_1(n)$ 的略图；

(2) 求 $x_1(n)$ 和 $x_2(n)$ 的 34 点循环卷积 $y_2(n)$，并画出 $y_2(n)$ 的略图。

17. 有两个有限长序列 $x_1(n)$ 和 $x_2(n)$，已知 $x_1(n)$ 在区间 $10 \leqslant n \leqslant 99$ 内为非零值。设 $x_1(n)$ 和 $x_2(n)$ 的 100 点循环卷积与它们的线性卷积相等（不考虑延时），求 $x_2(n)$ 的非零值区间。

18. 对信号以 44.1kHz 进行采样，收集了 3000 个采样点。这个信号长度为多少秒？

19. 信号包含的最高频率为 500Hz，对信号进行采样并进行 DFT 计算，如果要求其 DFT 的频率间隔不大于 0.5Hz，所需最小采样点数为多少？

20. 已知 $x_1(n)$ 是 40 点有限长序列，非零值范围为 $0 \leqslant n \leqslant 39$；$x_2(n)$ 是 10 点的有限长序列，非零值范围为 $5 \leqslant n \leqslant 14$；两序列作 40 点圆周卷积，即

$$y(n) = x_1(n) \,\textcircled{40}\, x_2(n) = \sum_{m=0}^{39} x_1(m)(x_2(n-m))_{40} R_{40}(n)$$

试问 $y(n)$ 中哪个 n 值范围对应 $x_1(n) * x_2(n)$ 的结果。

第 5 章

快速傅里叶变换

　　DFT 和 IDFT 的求和可以简单地看成是在一个域中取出 N 个数并且在另一个域中产生 N 个(复)数的一种计算方法。虽然 DFT 是一种重要的数字信号处理工具,能实现信号时域和频域的转换,但是几乎很少使用。因为直接计算 DFT 的计算量与变换区间长度 N 的平方成正比,当 N 较大时,计算量太大,所以在快速傅里叶变换(Fast Fourier Transform,FFT)出现以前,直接用 DFT 算法进行谱分析和信号的实时处理是不切实际的。

　　由于 FFT 的输出与 DFT 的输出相同,但运算量却少很多,所以被广泛用于计算机计算。本章将介绍 FFT 的经典算法并给出一些应用举例,内容包括:

- ➤ DFT 的运算量及基本对策;
- ➤ 按时域抽选(DIT-FFT)的基-2FFT 算法;
- ➤ FFT 算法与 DFT 运算量的对比;
- ➤ 按频域抽选的基-2FFT 算法;
- ➤ IDFT 的高效算法;
- ➤ 进一步减少运算量;
- ➤ FFT 应用举例。

5.1　DFT 的运算量及基本对策

　　下面分析一下,为什么直接计算 DFT,当 N 较大时,计算量会很大。

　　设 $x(n)$ 为有限长序列,其 N 点 DFT 为

$$X(k) = \sum_{n=0}^{N-1} x(n) W_N^{nk} \quad k = 0, 1, \cdots, N-1 \tag{5.1}$$

因为序列 $x(n)$ 不一定是实数序列,所以考虑 $x(n)$ 为复数序列的一般情况。若直接按式(5.1)计算,对任一个 k 值,比如求 $k=0$ 时 $X(k)$ 的值,

$$X(k=0) = x(0) W_N^{0 \times 0} + x(1) W_N^{1 \times 0} + x(2) W_N^{2 \times 0} + \cdots + x(N-1) W_N^{(N-1) \times 0}$$

则需要 N 次复数乘法和 $(N-1)$ 次复数加法。因此,计算出 $X(k)$ 全部的 N 个值,共需要 N^2 次复数乘法和 $N(N-1)$ 次复数加法运算。当 $N \gg 1$ 时, $N(N-1) \approx N^2$。这样看来,对于一个 N 点 DFT 的复数乘法和复数加法的运算次数大概都为 N^2 次。DFT 运算量如表 5.1 所示。

表 5.1　DFT 的运算量

	复数乘法的次数	复数加法的次数
求一个 $X(k)$	N	$N-1$
求所有的 $X(k)$	$N \cdot N$	$N \cdot (N-1)$

从上面的分析可以知道,当 N 较大时,DFT 的运算量将非常大。例如 $N=1024$ 时,$N^2=1\,048\,576$,这对于实时信号处理滤波器的计算速度来说,将是难以实现的。因此,必须将 DFT 的运算量尽可能地减少,才能使 DFT 在各种科学和工程计算中得到真正的应用。

从表 5.1 可以看出,N 点 DFT 的复数乘法次数与 N^2 有关,如果能把 N 点 DFT 分解为几个较短点数的 DFT,将使计算复数乘法的次数大大减少。

通过分析 DFT 变换公式中 W_N^m 的表达式,可以发现旋转因子 W_N^m 具有以下这些性质:

(1) 周期性

$$W_N^{(n+lN) \cdot k} = W_N^{n \cdot (k+lN)} = W_N^{nk} \quad l\text{ 为整数} \tag{5.2}$$

(2) 共轭对称性

$$(W_N^{nk})^* = W_N^{-nk} \tag{5.3}$$

(3) 可约性

$$W_N^{nk} = W_{mN}^{mnk} = W_{\frac{N}{m}}^{\frac{nk}{m}} \quad m\text{ 为整数},\frac{N}{m}\text{ 为整数} \tag{5.4}$$

由上面这些性质,还可得出一些特殊值

$$W_N^{N/2} = -1, W_N^{(k+\frac{N}{2})} = -W_N^k, W_N^{(N-k)n} = W_N^{(N-n)k} = W_N^{-kn}$$

利用这些性质,可以将 DFT 中的一些项合并。

因此,FFT 算法减少运算量的基本途径就是不断地把长序列的 DFT 分解成几个短序列的 DFT,并利用旋转因子 W_N^m 的周期性和对称性来减少 DFT 的运算次数。基-2FFT 算法是 FFT 算法中最简单最常用的,该算法分为两类:时域抽选法 FFT(Decimation-In-Time Fast Fourier Transform, DIT-FFT);频域抽选法 FFT(Decimation-In-Frequency Fast Fourier Transform, DIF-FFT)。

【随堂练习】

试证明旋转因子 W_N^{nk} 的下列性质:① $W_N^{(n+lN) \cdot k} = W_N^{n \cdot (k+lN)} = W_N^{nk}$　l 为整数;② $(W_N^{nk})^* = W_N^{-nk}$;③ $W_N^{nk} = W_{mN}^{mnk} = W_{\frac{N}{m}}^{\frac{nk}{m}}$　m 为整数,$\frac{N}{m}$ 为整数。

5.2　按时间抽选的基-2FFT 算法

按时间抽选(Decimation-In-Time,DIT)的基-2FFT 算法可以简写为 DIT-FFT 算法,也称为库利-图基算法。设序列 $x(n)$ 长度为 N,且满足 $N=2^M$,M 为自然数。按 n 的奇偶性把 $x(n)$ 分成以下两组长度为 $\frac{N}{2}$ 点的子序列:

$$x_1(r) = x(2r) \quad r = 0,1,\cdots,\frac{N}{2}-1 \tag{5.5}$$

$$x_2(r) = x(2r+1) \quad r = 0,1,\cdots,\frac{N}{2}-1 \tag{5.6}$$

则 $x(n)$ 的 N 点 DFT 为

$$X(k) = \sum_{n=偶数} x(n)W_N^{nk} + \sum_{n=奇数} x(n)W_N^{nk}$$

$$= \sum_{r=0}^{\frac{N}{2}-1} x(2r)W_N^{2kr} + \sum_{r=0}^{\frac{N}{2}-1} x(2r+1)W_N^{k(2r+1)}$$

$$= \sum_{r=0}^{\frac{N}{2}-1} x_1(r)W_N^{2kr} + W_N^k \sum_{r=0}^{\frac{N}{2}-1} x_2(r)W_N^{2kr} \tag{5.7}$$

利用旋转因子 W_N^{nk} 的可约性，即 $W_N^{2kr} = \mathrm{e}^{-\mathrm{j}\frac{2\pi}{N}2kr} = \mathrm{e}^{-\mathrm{j}\frac{2\pi}{N/2}kr} = W_{N/2}^{kr}$，上式可以表示为

$$X(k) = \sum_{r=0}^{\frac{N}{2}-1} x_1(r)W_{N/2}^{kr} + W_N^k \sum_{r=0}^{\frac{N}{2}-1} x_2(r)W_{N/2}^{kr}$$

$$= X_1(k) + W_N^k X_2(k) \quad k = 0,1,\cdots,N-1 \tag{5.8}$$

其中 $X_1(k)$ 和 $X_2(k)$ 分别为 $x_1(r)$ 和 $x_2(r)$ 的 $N/2$ 点 DFT，即

$$X_1(k) = \sum_{r=0}^{\frac{N}{2}-1} x_1(r)W_{N/2}^{kr} = \mathrm{DFT}[x_1(r)]_{N/2} \tag{5.9}$$

$$X_2(k) = \sum_{r=0}^{\frac{N}{2}-1} x_2(r)W_{N/2}^{kr} = \mathrm{DFT}[x_2(r)]_{N/2} \tag{5.10}$$

并且 $X_1(k)$ 和 $X_2(k)$ 均以 $N/2$ 为周期。因为 $X(k)$ 有 N 个点，用式(5.8)计算得到的只是 $X(k)$ 的前面一半项数的值，若要用 $X_1(k)$ 和 $X_2(k)$ 表达出所有 $X(k)$ 的值，还需利用旋转因子 W_N^{nk} 的性质 $W_N^{k+\frac{N}{2}} = -W_N^k$，把 $X(k)$ 表示为前后两部分：

前半部分 $X(k)\left(k=0,1,\cdots,\dfrac{N}{2}-1\right)$ 可表示为

$$X(k) = X_1(k) + W_N^k X_2(k) \quad k = 0,1,\cdots,\frac{N}{2}-1 \tag{5.11}$$

后半部分 $X(k)\left(k=\dfrac{N}{2},\cdots,N-1\right)$ 可表示为

$$X\left(k+\frac{N}{2}\right) = X_1\left(k+\frac{N}{2}\right) + W_N^{\left(k+\frac{N}{2}\right)} X_2\left(k+\frac{N}{2}\right)$$

$$= X_1(k) - W_N^k X_2(k) \quad k = 0,1,\cdots,\frac{N}{2}-1 \tag{5.12}$$

这样，只需求出两个长度为 $N/2$ 序列 $x_1(r)$ 和 $x_2(r)$ 的 $N/2$ 点 DFT $X_1(k)$ 和 $X_2(k)$ 的值，就可以求出 $X(k)$ 在 $0 \leqslant k \leqslant N-1$ 内的所有值，运算量大大减少。

式(5.11)和式(5.12)的运算可用图 5.1 所示的流图符号表示，称为蝶形运算符号。采用这种图示法，经过一次奇偶抽取分解后，一个 8 点 DFT 运算可用图 5.2 表示。图中，$N=2^3=8$，$X(0) \sim X(3)$ 由式(5.11)给出，而 $X(4) \sim X(7)$ 则由式(5.12)给出。

由图 5.1 可见，要完成一个蝶形运算，需要一次复数乘法

图 5.1 蝶形运算符号

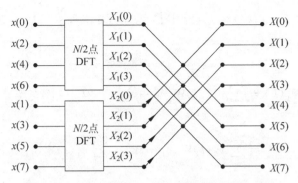

图 5.2 8 点 DFT 一次时域抽取分解运算流图

和两次复数加法运算。由图 5.2 容易看出,经过一次分解后,计算 1 个 N 点 DFT 共需要计算两个 $N/2$ 点 DFT 和 $N/2$ 个蝶形运算。而计算一个 $N/2$ 点 DFT 需要$(N/2)^2$ 次复数乘法和$(N/2)(N/2-1)$次复数加法。所以,按图 5.2 计算 N 点 DFT 时,总的复数乘法次数为

$$2\left(\frac{N}{2}\right)^2 + \frac{N}{2} = \frac{N(N+1)}{2}\bigg|_{N\gg 1} \approx \frac{N^2}{2} \tag{5.13}$$

复数加法次数为

$$N\left(\frac{N}{2}-1\right) + \frac{2N}{2} = \frac{N^2}{2} \tag{5.14}$$

由此可见,仅仅经过一次分解,就使运算量减少近一半。既然这样分解对减少 DFT 的运算量是有效的,且 $N=2^M$,$N/2$ 仍然是偶数,故可以对 $N/2$ 点 DFT 再作进一步分解。表 5.2 列出了经过一次分解与不进行分解 DFT 运算量的比较。

表 5.2 经过一次分解与不进行分解 DFT 运算量的比较

		不分解 $X(k)$ （长度为 N）	一次分解	
			$X_1(k)\left(\text{长度为}\dfrac{N}{2}\right)$	$X_2(k)\left(\text{长度为}\dfrac{N}{2}\right)$
DFT 里的运算	复数乘法	N^2 次	$\left(\dfrac{N}{2}\right)^2$ 次	$\left(\dfrac{N}{2}\right)^2$ 次
	复数加法	$N(N-1)$次	$\dfrac{N}{2}\left(\dfrac{N}{2}-1\right)$次	$\dfrac{N}{2}\left(\dfrac{N}{2}-1\right)$次
蝶形里的运算	复数乘法	—	$\dfrac{N}{2}$次	
	复数加法	—	$\dfrac{N}{2}+\dfrac{N}{2}=N$ 次	
合计	复数乘法	N^2 次	$2\left(\dfrac{N}{2}\right)^2+\dfrac{N}{2}=\dfrac{N(N+1)}{2}\bigg\|_{N\gg 1}\approx\dfrac{N^2}{2}$次	
	复数加法	$N(N-1)$次	$2\times\dfrac{N}{2}\left(\dfrac{N}{2}-1\right)+2\times\dfrac{N}{2}=\dfrac{N^2}{2}$次	

与第一次分解相同,将 $x_1(r)$ 按奇偶分解成两个 $N/4$ 点的子序列 $x_3(l)$ 和 $x_4(l)$,即

$$x_3(l) = x_1(2l) \quad l=0,1,\cdots,\frac{N}{4}-1 \tag{5.15}$$

$$x_4(l) = x_1(2l+1) \quad l=0,1,\cdots,\frac{N}{4}-1 \tag{5.16}$$

$X_1(k)$又可表示为

$$
\begin{aligned}
X_1(k) &= \sum_{l=0}^{\frac{N}{4}-1} x_1(2l)W_{N/2}^{2kl} + \sum_{l=0}^{\frac{N}{4}-1} x_1(2l+1)W_{N/2}^{k(2l+1)} \\
&= \sum_{l=0}^{\frac{N}{4}-1} x_3(l)W_{N/4}^{kl} + W_{N/2}^{k}\sum_{l=0}^{\frac{N}{4}-1} x_4(l)W_{N/4}^{kl} \\
&= X_3(k) + W_{N/2}^{k}X_4(k) \quad k=0,1,\cdots,\frac{N}{2}-1
\end{aligned} \tag{5.17}
$$

其中

$$X_3(k) = \sum_{l=0}^{\frac{N}{4}-1} x_3(l)W_{N/4}^{kl} = \mathrm{DFT}[x_3(l)]_{N/4} \tag{5.18}$$

$$X_4(k) = \sum_{l=0}^{\frac{N}{4}-1} x_4(l)W_{N/4}^{kl} = \mathrm{DFT}[x_4(l)]_{N/4} \tag{5.19}$$

同理,由 $X_3(k)$ 和 $X_4(k)$ 的周期性和 $W_{N/2}^{m}$ 的对称性($W_{N/2}^{m+\frac{N}{4}} = -W_{N/2}^{m}$)最后得到:

$$X_1(k) = X_3(k) + W_{N/2}^{k}X_4(k) \quad k=0,1,\cdots,\frac{N}{4}-1 \tag{5.20}$$

$$X_1\left(k+\frac{N}{4}\right) = X_3(k) - W_{N/2}^{k}X_4(k) \quad k=0,1,\cdots,\frac{N}{4}-1 \tag{5.21}$$

用同样的方法可计算出

$$X_2(k) = X_5(k) + W_{N/2}^{k}X_6(k) \quad k=0,1,\cdots,\frac{N}{4}-1 \tag{5.22}$$

$$X_2\left(k+\frac{N}{4}\right) = X_5(k) - W_{N/2}^{k}X_6(k) \quad k=0,1,\cdots,\frac{N}{4}-1 \tag{5.23}$$

其中

$$X_5(k) = \sum_{l=0}^{\frac{N}{4}-1} x_5(l)W_{N/4}^{kl} = \mathrm{DFT}[x_5(l)]_{N/4} \tag{5.24}$$

$$X_6(k) = \sum_{l=0}^{\frac{N}{4}-1} x_6(l)W_{N/4}^{kl} = \mathrm{DFT}[x_6(l)]_{N/4} \tag{5.25}$$

$$x_5(l) = x_2(2l) \quad l=0,1,\cdots,\frac{N}{4}-1 \tag{5.26}$$

$$x_6(l) = x_2(2l+1) \quad l=0,1,\cdots,\frac{N}{4}-1 \tag{5.27}$$

这样,经过第二次分解,又将一个 $N/2$ 点 DFT 分解为 2 个 $N/4$ 点 DFT 以及式(5.20)和式(5.21)所示的 $N/4$ 个蝶形运算,如图 5.3 所示。以此类推,经过 M 次分解,最后将 N 点 DFT 分解 N 个 1 点 DFT 和 M 级蝶形运算(每级有 $N/2$ 个蝶形运算),而 1 点 DFT 就是时域序列本身。一个完整的 8 点 DIT-FFT 运算流图如图 5.4 所示。图中用到关系式 $W_{N/m}^k = W_N^{mk}$。图中输入序列虽不是顺序排列,但其排列也是有规律的。图中的数组 A 用于存放输入序列和每级运算结果。

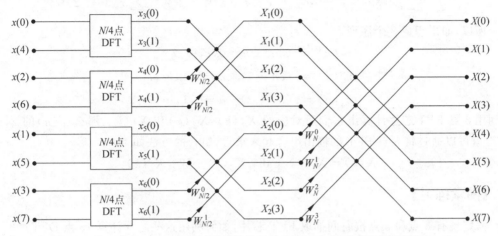

图 5.3 将一个 N 点 DFT 按时域抽取分解为 4 个 $N/4$ 的分解运算流图($N=8$)

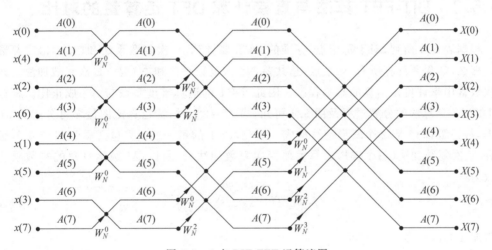

图 5.4 8 点 DIT-FFT 运算流图

在利用时域抽取法的过程中,若序列 $x(n)$ 长度不满足 $N=2^M$,则可以在序列后面补零,使序列长度满足。补零后,时域点数增加,但有效数值不变,不会增加信号的信息,也不会提高 DFT 频谱的准确性,故频谱 $X(e^{j\omega})$ 不变,只是频谱的抽样点数增加,抽样点的位置有所改变,频率间隔减小而已。

【例 5.1】 假定现有 8 点按时间抽取的 FFT 芯片,如何利用这些芯片计算一个 24 点 DFT?

解:一个 24 点 DFT 的定义是

$$X(k) = \sum_{n=0}^{23} x(n) W_{24}^{nk}$$

对 $x(n)$ 以因子 3 进行分解,就可以将这个 DFT 分解为如下的 3 个 8 点 DFT:

$$X(k) = \sum_{n=0}^{7} x(3n)W_{24}^{3nk} + \sum_{n=0}^{7} x(3n+1)W_{24}^{(3n+1)k} + \sum_{n=0}^{7} x(3n+2)W_{24}^{(3n+2)k}$$

$$= \sum_{n=0}^{7} x(3n)W_8^{nk} + W_{24}^{k}\sum_{n=0}^{7} x(3n+1)W_8^{nk} + W_{24}^{2k}\sum_{n=0}^{7} x(3n+2)W_8^{nk}$$

所以,如果组成 3 个序列

$$x_1(n) = x(3n) \quad n = 0,1,\cdots,7$$

$$x_2(n) = x(3n+1) \quad n = 0,1,\cdots,7$$

$$x_3(n) = x(3n+2) \quad n = 0,1,\cdots,7$$

并利用 8 点 FFT 芯片计算出它们所对应的 $X_1(k)$、$X_2(k)$ 和 $X_3(k)$,那么 $x(n)$ 的 24 点 DFT 就可以通过将 8 点 FFT 的输出组合起来求得,组合的方法如下:

$$X(k) = X_1(k) + W_{24}^{k}X_2(k) + W_{24}^{2k}X_3(k)$$

【随堂练习】

假定现有 5 点和 3 点按时间抽取 FFT 芯片,如何利用这些芯片计算 15 点 DFT?

5.3 DIT-FFT 算法与直接计算 DFT 运算量的对比

根据表 5.1 所列,对于每个点,标准的 DFT 要计算 N 次复数乘法和 $(N-1)$ 次复数加法。那么,如果要计算所有 N 个点,总共要 N^2 次复数乘法和 $N(N-1)$ 次复数加法。运算的次数常用来评价该运算的难易程度。因此,DFT 的运算难度系数与 N^2 成正比。根据上节 DIT-FFT 算法的分解过程及图 5.4 可知,当 $N = 2^M$ 时,其运算流图最多可分解为 M 级蝶形,每一级都有 $N/2$ 个蝶形运算构成。因此,FFT 的每一级运算包括需要 $N/2$ 次复数乘法和 N 次复数加法(每个蝶形运算需要两次复数加法)。所以,M 级运算总的复数乘法的次数为

$$C_M = \frac{N}{2} \cdot M = \frac{N}{2}\log_2 N \tag{5.28}$$

复数加法的次数为

$$C_A = N \cdot M = N\log_2 N \tag{5.29}$$

可以看出,DIT-FFT 的运算难度系数与 $N\log_2 N$ 成正比。

当 $N \gg 1$ 时,$N^2 \gg \frac{N}{2}\log_2 N$,所以 DIT-FFT 算法比直接计算 DFT 的复数乘法的运算次数大大减少。例如,$N = 2^{10} = 1024$ 时,

$$\frac{N^2}{\frac{N}{2}\log_2 N} = \frac{1\,048\,576}{5120} = 204.8$$

这样,就使复数乘法的运算效率提高 200 多倍。同理,DIT-FFT 的复数加法的运算效率也可以提高 100 多倍。

由于 DIT-FFT 运算如此高效,它的计算几乎总是在采样点数为 2 的整数次幂的基础上进行。当信号的采样点数不是 2 的整数次幂时,需要在信号的末尾补零。根据式(3.2),多

加的零值不会影响信号的 DTFT。又因为 DFT 或 FFT 只是 DTFT 的在频域的采样形式，补零对信号的 DFT 或 FFT 特性没有影响。

图 5.5 为 DIT-FFT 算法和直接计算 DFT 所需复数乘法次数 C_M 与变换点数 N 的关系曲线。由此图更加直观地看出 FFT 算法的优越性，显然，N 越大时，优越性就越明显。

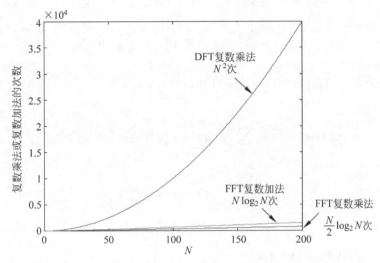

图 5.5　DIT-FFT 算法与直接计算 DFT 运算效率比较曲线

5.4　按频率抽选的基-2FFT 算法

由于 DFT 和 IDFT 的变换前后时域和频域序列的长度相同，求解表达式形式相近，因此，对照时域抽取法，又产生了基-2FFT 算法中的另一种按频域抽选（Decimation-In-Frequency，DIF）的基-2FFT 算法（DIF-FFT），又称为桑德-图基算法。频域抽取法的实现过程如下：

设序列 $x(n)$ 长度为 $N=2^M$，首先将 $x(n)$ 分成前后两半，其 DFT 表示为如下形式：

$$X(k) = \text{DFT}[x(n)] = \sum_{n=0}^{N-1} x(n)W_N^{kn}$$

$$= \sum_{n=0}^{\frac{N}{2}-1} x(n)W_N^{kn} + \sum_{n=\frac{N}{2}}^{N-1} x(n)W_N^{kn}$$

$$= \sum_{n=0}^{\frac{N}{2}-1} x(n)W_N^{kn} + \sum_{n=0}^{\frac{N}{2}-1} x\left(n+\frac{N}{2}\right)W^{k\left(n+\frac{N}{2}\right)}$$

$$= \sum_{n=0}^{\frac{N}{2}-1} \left[x(n) + W_N^{k\frac{N}{2}}x\left(n+\frac{N}{2}\right)\right]W_N^{kn} \tag{5.30}$$

式中

$$W_N^{k\frac{N}{2}} = (-1)^k = \begin{cases} 1 & k \text{ 为偶数} \\ -1 & k \text{ 为奇数} \end{cases}$$

将 $X(k)$ 分成了偶数组和奇数组两组。当 k 取偶数 $\left(k=2m, m=0,1,\cdots,\dfrac{N}{2}-1\right)$ 时，

$$X(2m) = \sum_{n=0}^{\frac{N}{2}-1}\left[x(n)+x\left(n+\frac{N}{2}\right)\right]W_N^{2mn}$$

$$= \sum_{n=0}^{\frac{N}{2}-1}\left[x(n)+x\left(n+\frac{N}{2}\right)\right]W_{N/2}^{mn} \tag{5.31}$$

当 k 取奇数 $\left(k=2m+1, m=0,1,\cdots,\dfrac{N}{2}-1\right)$ 时，

$$X(2m+1) = \sum_{n=0}^{\frac{N}{2}-1}\left[x(n)-x\left(n+\frac{N}{2}\right)\right]W_N^{(2m+1)n}$$

$$= \sum_{n=0}^{\frac{N}{2}-1}\left[x(n)-x\left(n+\frac{N}{2}\right)\right]W_N^n W_{N/2}^{mn} \tag{5.32}$$

令

$$\left.\begin{aligned}x_1(n) &= x(n)+x\left(n+\frac{N}{2}\right)\\ x_2(n) &= \left[x(n)-x\left(n+\frac{N}{2}\right)\right]W_N^n\end{aligned}\right\} \quad n=0,1,\cdots,\frac{N}{2}-1$$

将 $x_1(n)$ 和 $x_2(n)$ 分别代入式(5.31)和式(5.32)中，可得

$$\left.\begin{aligned}X(2m) &= \sum_{n=0}^{\frac{N}{2}-1}x_1(n)W_{N/2}^{mn}\\ X(2m+1) &= \sum_{n=0}^{\frac{N}{2}-1}x_2(n)W_{N/2}^{mn}\end{aligned}\right\} \tag{5.33}$$

式(5.33)表明，$X(k)$ 按奇偶 k 值分为两组，其偶数组是 $x_1(n)$ 的 $N/2$ 点 DFT，奇数组是 $x_2(n)$ 的 $N/2$ 点 DFT。$x_1(n)$、$x_2(n)$ 和 $x(n)$ 之间的关系也可用图 5.6 所示的蝶形运算流图符号表示。图 5.7 表示 $N=8$ 时第一次分解的运算流图。

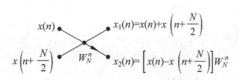

图 5.6　DIF-FFT 蝶形运算流图符号

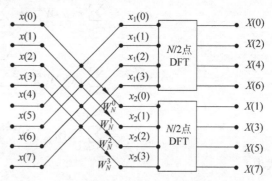

图 5.7　DIF-FFT 第一次分解运算流图($N=8$)

由于 $N = 2^M$，可将 $N/2$ 点 DFT 再分成偶数组和奇数组，每个 $N/2$ 点的 DFT 又可分成两个 $N/4$ 点 DFT，其输入序列分别是 $x_1(n)$ 和 $x_2(n)$ 各自按上下对半分开形成的 4 个子序列。图 5.8 表示了 $N = 8$ 时第二次分解运算流图，经过两次分解，便分解为 4 个两点DFT。图 5.9 表示了序列长度 $N = 8$ 时的完整 DIF-FFT 运算流图。

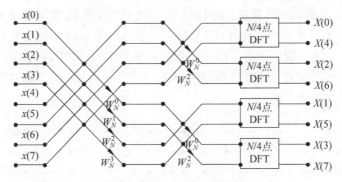

图 5.8 DIF-FFT 第二次分解运算流图（$N = 8$）

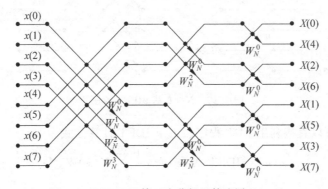

图 5.9 DIF-FFT 第三次分解运算流图（$N = 8$）

若序列 $x(n)$ 长度为 $N = 2^M$，经过 $M - 1$ 次分解，最后分解为 $N/2$ 个两点 DFT。在DIF-FFT 中，两点 DFT 就是一个基本蝶形运算。

这种算法是对 $X(k)$ 进行奇偶抽取分解，因此被称为频域抽取法 FFT。观察图 5.4 和图 5.9 可知，DIF-FFT 算法与 DIT-FFT 算法有下列相同点：可以原位计算；共有 M 级运算；每级共有 $N/2$ 个蝶形运算；两种算法的运算次数也相同。

不同点是：

（1）输入和输出的顺序不同。DIF-FFT 算法输入序列为自然顺序，而输出为倒序排列；DIT-FFT 算法输入序列为倒序排列，而输出为自然排列。

（2）蝶形运算不同。DIT-FFT 蝶形先相乘求 DFT 再相加（减）；而 DIF-FFT 蝶形先加（减）再相乘求 DFT。

5.5 IDFT 的高效算法

DIT-FFT 算法和 DIF-FFT 算法也可以用于计算 IDFT。比较 DFT 和 IDFT 的运算公式：

$$X(k) = \text{DFT}[x(n)] = \sum_{n=0}^{N-1} W_N^{kn}$$

$$x(n) = \text{IDFT}[X(k)] = \frac{1}{N} \sum_{k=0}^{N-1} X(k) W_N^{-kn}$$

可以得到求解 IFFT 的第一种算法：将 DFT 表达式中的变换核 W_N^{kn} 换成 W_N^{-kn}，最后再乘以 $1/N$，就是 IDFT 运算公式。此外，DFT 的流图输入的是 $x(n)$，输出是 $X(k)$；而 IDFT 的流图输入的是 $X(k)$，输出的是 $x(n)$。因此，原来的 DIT-FFT 改为 IFFT 后，称为 DIF-IFFT 更合适；DIF-FFT 改为 IFFT 后，称为 DIT-IFFT 更合适。以 DIF-FFT 流图为例，可得到图 5.10 所示的 IFFT 流图。

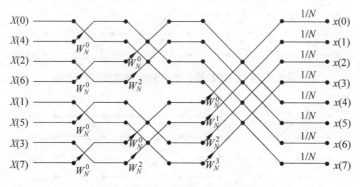

图 5.10 $N=8$ 基-2IFFT 流图

第二种算法可以直接利用 FFT 程序。由于 IDFT 计算公式为

$$x(n) = \text{IDFT}[X(k)] = \frac{1}{N} \sum_{k=0}^{N-1} X(k) W_N^{-kn}$$

两边取共轭，可得

$$x^*(n) = \frac{1}{N} \left[\sum_{k=0}^{N-1} X(k) W_N^{-kn} \right]^*$$

$$= \frac{1}{N} \sum_{k=0}^{N-1} X^*(k) W_N^{kn}$$

$$= \frac{1}{N} \text{DFT}[X^*(k)]$$

$$x(n) = \frac{1}{N} \left[\sum_{k=0}^{N-1} X^*(k) W_N^{kn} \right]^* = \frac{1}{N} \{ \text{DFT}[X^*(k)] \}^* \tag{5.34}$$

所以，求解 IFFT 可以先将 $X(k)$ 取复共轭，然后直接调用 FFT 子程序，进行 DFT 运算，最后将所得结果取复共轭并乘以 $1/N$，便得到序列 $x(n)$。这种方法虽然用了两次取复共轭运算，但可以与 FFT 共用同一程序，因此用起来也比较方便。

第三种算法也是利用现有的 FFT 程序。令

$$p(n) = \sum_{k=0}^{N-1} X(k) W_N^{nk}$$

则有

$$x(n) = \frac{1}{N}p(N-n) = \frac{1}{N}\sum_{k=0}^{N-1}X(k)W_N^{(N-n)k} = \frac{1}{N}\sum_{k=0}^{N-1}X(k)W_N^{-nk} \tag{5.35}$$

所以这种共用 FFT 程序的步骤是：

(1) 利用 FFT 程序由 $X(k)$ 求出 $p(n)$;

(2) 计算 $\frac{1}{N}p(N-n)$ 即为 $x(n)$[注意 $n=0$ 时 $p(N)=p(0)$, $x(0)=p(0)/N$]。

5.6　进一步减少运算量

通过观察以上 DIT-FFT 和 DIF-FFT 算法,工程师们发现还可以进一步减少运算量,下面简单介绍几种方法。

5.6.1　多类蝶形单元运算

由 DIT-FFT 运算流图可知,$N=2^M$ 点 FFT 共需要 $MN/2$ 次复数乘法。由旋转因子

$$W_N^p = W_{N\cdot 2^{L-M}}^J = W_N^{J\cdot 2^{M-L}} \qquad J=0,1,2,\cdots,2^{L-1}-1 \tag{5.36}$$

其中,

$$p = J \cdot 2^{M-L} \tag{5.37}$$

当 $L=1$ 时,只有一种旋转因子 $W_N^0=1$,所以第一级不需要乘法运算。当 $L=2$ 时,共有两个旋转因子 $W_N^0=1$ 和 $W_N^{N/4}=-j$,因此,第二级也不需要乘法运算。在 DFT 中,又称其值为 ± 1 和 $\pm j$ 的旋转因子为无关紧要的旋转因子,如 $W_N^0=1$, $W_N^{N/2}$, $W_N^{N/4}$ 等。

因此,除去第一、二两级后,所需复数乘法次数应是

$$C_M = \frac{N}{2}(M-2) \tag{5.38}$$

再来找一下各级中的无关紧要旋转因子。当 $L=2$ 时,有两个无关紧要的旋转因子 W_N^0 和 $W_N^{N/4}$,因为同一旋转因子对应着 $2^{M-L}=\frac{N}{2^L}$ 蝶形运算,所以第二级共有 $\frac{N}{2^2}=\frac{N}{4}$ 个蝶形不需要复数乘法运算。当 $L \geqslant 3$ 时,第 L 级的两个无关紧要的旋转因子减少复数乘法的次数为 $\frac{2N}{2^L}=\frac{N}{2^{L-1}}$。因此,从 $L=3$ 至 $L=M$ 共减少的复数乘法次数为

$$\sum_{L=3}^{M}\frac{N}{2^{L-1}} = 2N\sum_{L=3}^{M}\left(\frac{1}{2}\right)^L = \frac{N}{2}-2 \tag{5.39}$$

这样,DIT-FFT 的复数乘法次数为

$$C_M = \frac{N}{2}(M-2) - \left(\frac{N}{2}-2\right) = \frac{N}{2}(M-3)+2 \tag{5.40}$$

进一步观察 FFT 中存在一些特殊的复数运算以进一步减少复数乘法次数。一般实现一次复数乘法运算需要四次实数乘,两次实数加。但对 $W_N^{N/8}=(1-j)\frac{\sqrt{2}}{2}$ 这一特殊复数,任一复数 $(x+jy)$ 与其相乘时,有以下等式：

$$(1-j)\frac{\sqrt{2}}{2}(x+jy) = \frac{\sqrt{2}}{2}(x+jy-jx+y)$$

$$= \frac{\sqrt{2}}{2}[(x+y)-j(x-y)] = R+jI$$

其中,$R = \sqrt{2}/2(x+y)$,$I = -\sqrt{2}/2(x-y) = \sqrt{2}/2(y-x)$,它只需要两次实数加和两次实数乘就可实现。这样,$W_N^{N/8}$ 对应的每个蝶形节省两次实数乘。在 DIT-FFT 运算流图中,从 $L=3$ 至 $L=M(M>3)$ 级,每级都包含旋转因子 $W_N^{N/8}$,第 L 级中,$W_N^{N/8}$ 对应 $\dfrac{N}{2^L}$ 个蝶形运算。因此从第三级至最后一级,旋转因子 $W_N^{N/8}$ 节省的实数乘次数与式(5.40)相同。所以从实数乘运算考虑,计算 $N = 2^M$ 点 DIT-FFT 所需实数乘法次数为

$$R_M = 4\left[\frac{N}{2}(M-3)+2\right] - \left(\frac{N}{2}-2\right) = N\left(2M-\frac{13}{2}\right)+10 \tag{5.41}$$

在基-2FFT 程序中,将蝶形单元运算分为 N 类,包含了所有旋转因子的称为一类蝶形单元运算;去掉 $W_N^m = \pm 1$ 的旋转因子的称为二类蝶形单元运算;再去掉 $W_N^m = \pm j$ 的旋转因子的称为三类蝶形单元运算;如果再判断处理 $W_N^m = (1-j)\dfrac{\sqrt{2}}{2}$,则称为四类蝶形单元运算。后三种运算称为多类蝶形单元运算。显然,蝶形单元类型越多,编程的复杂程度越高,但当 N 较大时,可大大减少乘法运算量。例如,$N=4096$ 时,三类蝶形单元运算的乘法次数为一类蝶形单元运算量的 75%。

对于其他旋转因子 $W_N^m = \cos\left(\dfrac{2\pi m}{N}\right) - j\sin\left(\dfrac{2\pi m}{N}\right)$,由于这些是需要正弦和余弦函数值的计算,因此计算量很大。可以在 FFT 程序开始前,预先计算出 W_N^m,$m=0,1,\cdots,\dfrac{N}{2}-1$,存放在数组中,作为旋转因子表,在程序执行过程中直接查表,这样可使运算速度大大提高,但占用的内存较多。

5.6.2　减少实序列的 FFT 的方法

对于许多信号,如数字语音信号,数据 $x(n)$ 是实数序列。如果把 $x(n)$ 看成一个虚部为零的复序列进行计算,这就增加了存储量和运算时间。根据实序列的 FFT 的特点可以有多种 FFT 运算量的方法,其中之一是用 $N/2$ 点 FFT 计算一个 N 点实序列的 DFT。以下介绍这种方法。

设 $x(n)$ 为 N 点实序列,取 $x(n)$ 的偶数点和奇数点分别作为新构造序列 $y(n)$ 的实部和虚部,即

$$x_1(n) = x(2n) \quad n=0,1,\cdots,\frac{N}{2}-1$$

$$x_2(n) = x(2n+1) \quad n=0,1,\cdots,\frac{N}{2}-1$$

$$y(n) = x_1(n) + jx_2(n) \quad n=0,1,\cdots,\frac{N}{2}-1$$

对 $y(n)$ 进行 $N/2$ 点 FFT,输出 $Y(k)$,则

$$X_1(k) = \text{DFT}[x_1(n)] = Y_{ep}(k) \quad k=0,1,\cdots,\frac{N}{2}-1$$

$$X_2(k) = \text{DFT}[x_2(n)] = -jY_{op}(k) \quad k=0,1,\cdots,\frac{N}{2}-1$$

根据 DIT-FFT 及式(4.16)和(4.17),可得到 $X(k)$ 的前 $\frac{N}{2}+1$ 个值:

$$X(k) = X_1(k) + W_N^k X_2(k) \quad k = 0,1,\cdots,\frac{N}{2} \tag{5.42}$$

式中,$X_1\left(\dfrac{N}{2}\right) = X_1(0)$,$X_2\left(\dfrac{N}{2}\right) = X_2(0)$。由于 $x(n)$ 为实序列,因此 $X(k)$ 具有共轭对称性,$X(k)$ 的另外 $N/2$ 点的值为

$$X(N-k) = X^*(k) \quad k = 0,1,\cdots,\frac{N}{2}-1$$

下面来计算按以上方法运算速度的提高程度。计算 $N/2$ 点 FFT 的复乘次数为 $\dfrac{N}{4}(M-1)$,计算式(5.41)的复乘次数为 $\dfrac{N}{2}$,因此用这种算法,计算 $X(k)$ 所需复数乘法次数为 $\dfrac{N}{4}(M-1) + \dfrac{N}{2} = \dfrac{N}{4}(M+1)$。相对一般的 N 点 FFT 算法,上述算法的运算效率为 $\eta = \dfrac{\dfrac{N}{2}M}{\dfrac{N}{4}(M+1)} = \dfrac{2M}{M+1}$,例如当 $N = 2^M = 2^{10}$ 时,$\eta = \dfrac{20}{11}$,运算速度提高了 82%。

自 1965 年基-2FFT 算法出现以来,经过人们不断研究探索,现在已提出了多种快速算法。例如分裂基 FFT 算法、离散哈特莱变换(DHT)、基-4FFT、基-8FFT、基-rFFT、混合基 FFT,以及进一步减少运算量的途径等内容,它们对研究新的快速算法都是很有用的。这里就不再赘述,相关内容请读者阅读相关的文献。

5.7 FFT 应用举例

在 MATLAB 信号处理工具箱中提供了函数 fft 和 ifft 以进行快速傅里叶变换和逆快速傅里叶变换。快速傅里叶变换函数 fft 的一种调用形式为:

$$\boldsymbol{y} = \text{fft}(\boldsymbol{x}) \tag{5.43}$$

式中,$\boldsymbol{x}$ 是序列,$\boldsymbol{y}$ 是序列的快速傅里叶变换,$\boldsymbol{x}$ 可以为一向量或矩阵,若 $\boldsymbol{x}$ 为向量,则 $\boldsymbol{y}$ 为相同长度的向量;若 $\boldsymbol{x}$ 为矩阵,则 $\boldsymbol{y}$ 是对矩阵的每一列向量进行 FFT 运算。

快速傅里叶变换函数 fft 的另一种调用形式为:

$$\boldsymbol{y} = \text{fft}(\boldsymbol{x}, N) \tag{5.44}$$

式中,N 表示函数执行 N 点的 FFT。若 $\boldsymbol{x}$ 为向量且长度小于 N,则函数将 $\boldsymbol{x}$ 补零到长度 N,若向量 $\boldsymbol{x}$ 的长度大于 N,则函数截断 $\boldsymbol{x}$ 使之长度为 N。

函数 fft 是用机器语言写成,不是用 MATLAB 命令写成,因此执行起来非常快。并且它是作为一种混合基算法写成的,如果运算的长度为 2^n,则就能使用一个高速的基-2FFT 算法。如果运算的长度不是 2^n,则 fft 执行一种称为混合基的 FFT 算法,计算速度慢。

应用 ifft 函数进行逆快速傅里叶变换,它与 fft 具用同样的特性,这里不再赘述。以下通过例题来说明用 fft 函数得到的频谱的特点。

【例 5.2】 已知信号 $x(t)=0.5\sin(2\pi f_1 t)+2\sin(2\pi f_2 t)$，其中 $f_1=20\mathrm{Hz}$，$f_2=50\mathrm{Hz}$，采用频率为 $200\mathrm{Hz}$，以 N 表示数据个数，FFT 采样点数用 L 表示，试分别绘制出在 $N=128$ 点和 $N=1024$ 点的幅频图。程序如下：

```
fs = 200
N = 128
n = 0:N - 1
t = n/fs
x = 0.5 * sin(2 * pi * 20 * t) + 2 * sin(2 * pi * 50 * t)
y = fft(x,N)
m1 = abs(y)
f = (0:N - 1) * fs/N
subplot(2,1,1)
plot(f,m1)
title('N = 128')
grid on
fs = 200
N = 1024
n = 0:N - 1
t = n/fs
x = 0.5 * sin(2 * pi * 20 * t) + 2 * sin(2 * pi * 50 * t)
y = fft(x,N)
m1 = abs(y)
f = (0:N - 1) * fs/N
subplot(2,1,2)
plot(f,m1)
title('N = 1024')
grid on
```

运行结果如图 5.11 所示，显然，整个频谱图以采样频率（$200\mathrm{Hz}$）的一半（$100\mathrm{Hz}$）为对称轴。因此，在利用 fft 函数对信号作谱分析时，取零频率到采样频率的一半即可。另一方面，$N=128$ 和 $N=1024$ 均能很好地分辨两种频率成分：$20\mathrm{Hz}$ 和 $50\mathrm{Hz}$。根据式（4.70），

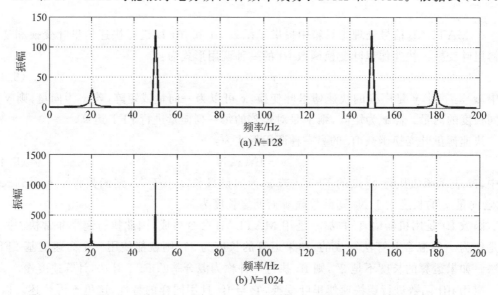

(a) N=128

(b) N=1024

图 5.11　对信号分别做 128 点和 1024 点的快速傅里叶变换幅频图

$N = 128$ 比 $N = 1024$ 的频谱分辨率低,因此 $N = 1024$ 的幅频图中更尖端。最后,幅频图的振幅大小与采样点数直接相关,如果要得到真实振幅,则需将变换后的结果乘以 $2/N$。为此,可将上述作图命令修改为:$\text{plot}(f(1:N/2), m1(1:N/2) * 2/N)$,重新得到的幅频图如图 5.12 所示。

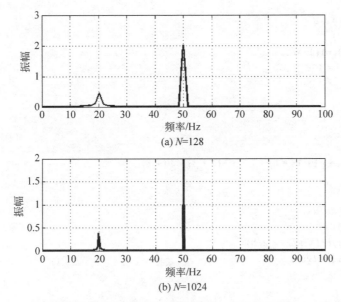

(a) $N = 128$

(b) $N = 1024$

图 5.12　对幅度进行了修订且只取采样频率的一半的快速傅里叶变换幅频图

【例 5.3】　已知信号 $x(t) = 0.5\sin(2\pi f_1 t) + 2\sin(2\pi f_2 t)$,其中 $f_1 = 15\text{Hz}, f_2 = 40\text{Hz}$,采用频率为 100Hz,以 N 表示数据个数,FFT 采样点数用 L 表示,在下列情况下绘制其幅频图。

(1) $N = 32, L = 32$;

(2) $N = 32, L = 128$;

(3) $N = 136, L = 128$;

(4) $N = 136, L = 512$。

试分析所用数据长度不同时对傅里叶变换结果的影响。程序如下:

```
fs = 100
l1 = 32
N = 32
n = 0:l1 - 1
t = n/fs
x = 0.5 * sin(2 * pi * 15 * t) + 2 * sin(2 * pi * 40 * t)
y = fft(x, N)
m1 = abs(y)
f = (0:N - 1) * fs/N
subplot(2,2,1)
plot(f(1:N/2),m1(1:N/2) * 2/N)
title('N = 32 L = 32')
grid on
l2 = 128
```

```
N = 32
n = 0:l2 - 1
t = n/fs
x = 0.5 * sin(2 * pi * 15 * t) + 2 * sin(2 * pi * 40 * t)
y = fft(x,N)
m1 = abs(y)
f = (0:N - 1) * fs/N
subplot(2,2,2)
plot(f(1:N/2),m1(1:N/2) * 2/N)
title('N = 32 L = 128')
grid on
l3 = 128
N = 136
n = 0:l3 - 1
t = n/fs
x = 0.5 * sin(2 * pi * 15 * t) + 2 * sin(2 * pi * 40 * t)
y = fft(x,N)
m1 = abs(y)
f = (0:N - 1) * fs/N
subplot(2,2,3)
plot(f(1:N/2),m1(1:N/2) * 2/N)
title('N = 136 L = 128')
grid on
l4 = 512
N = 136
n = 0:l4 - 1
t = n/fs
x = 0.5 * sin(2 * pi * 15 * t) + 2 * sin(2 * pi * 40 * t)
y = fft(x,N)
m1 = abs(y)
f = (0:N - 1) * fs/N
subplot(2,2,4)
plot(f(1:N/2),m1(1:N/2) * 2/N)
title('N = 136 L = 512')
grid on
```

运行结果如图 5.13 所示。

现对以上结果进行分析：

（1）$N=32, L=32$ 时，频率分辨率较低；但由于数据个数与 FFT 采用的数据个数相等，因此，不需要添加零而导致其他的频率成分。将振幅乘以 $2/N$ 后，得到了绝对大小的振幅；

（2）$N=32, L=128$ 时，FFT 运算需加零，致使振幅中出现了很多其他的成分，其振幅的幅度也由于加零而明显减少；

（3）$N=136, L=128$ 时，FFT 运算需要截断 128 个数据，这时频率分辨率较高，将振幅乘以 $2/N$ 后，得到了绝对大小的振幅；

（4）$N=136, L=512$ 时，FFT 运算需加零，致使振幅中出现了很多其他的成分，其振幅的幅度也由于加零而明显减少；但是由于含有信号的数据个数足够多，因此，其振幅谱分辨率仍较高。

【例 5.4】 运用 fft 函数对信号 $x = 0.5\sin(2\pi \cdot 3 \cdot n \cdot dt) + \cos(2\pi \cdot 10 \cdot n \cdot dt)$ 进

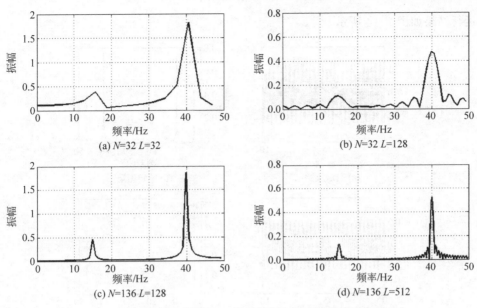

(a) $N=32$ $L=32$

(b) $N=32$ $L=128$

(c) $N=136$ $L=128$

(d) $N=136$ $L=512$

图 5.13 不同采样个数和 fft 计算数据个数对所得频谱的影响

行 512 点的 FFT 运算，并滤去此信号中频率为 $8{\sim}15\,\mathrm{Hz}$ 的波。采样间隔 $\mathrm{d}t=0.02$。绘出滤波前后的振幅谱以及滤波后的时域信号。程序如下：

```
dt = 0.02
N = 512
n = 0:N - 1
t = n * dt
f = n/(N * dt)
f1 = 3
f2 = 10
x = 0.5 * sin(2 * pi * f1 * dt) + cos(2 * pi * f2 * dt)
subplot(2,2,1)
plot(t,x)
y = fft(x,N)
subplot(2,2,2)
plot(f,abs(y) * 2/N)
f3 = 8
f4 = 15
yy = zeros(1,length(y))
for m = 0:N - 1
    if(m/(N * dt) > f3&m/(N * dt) < f4|m/(N * dt) > (1/dt - f4)&m/(N * dt) < (1/dt - f3))
        yy(m + 1) = 0
    else
        yy(m + 1) = y(m + 1)
    end
end
subplot(2,2,4)
plot(f,abs(yy) * 2/N)
x1 = ifft(yy)
subplot(2,2,3)
plot(t,real(x1))
```

运行结果如图 5.14 所示。

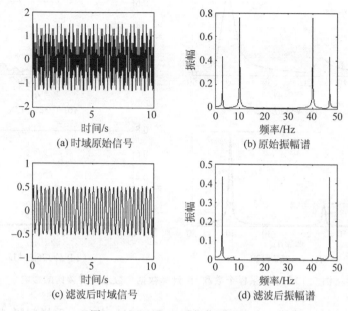

(a) 时域原始信号 (b) 原始振幅谱

(c) 滤波后时域信号 (d) 滤波后振幅谱

图 5.14 运用 fft 进行信号的滤波

习题

1. 设一个信号 $x(n) = \{0,1,2,3,4,5,6,7\}$。

(1) 用时域抽取法计算其 FFT；

(2) 用(1)中的结果,计算并画出信号的幅度频谱和相位频谱。

2. 对一个长度为 1024 点的信号:

(1) 分别进行 DFT 和 FFT 计算,需要多少次复数乘和复数加?

(2) DFT 的运算量是 FFT 的多少倍?

3. 试证明下面关于 FFT 的旋转因子的等式:

(1) $W_2^0 = W_4^0 = W_8^0$；

(2) $W_4^1 = W_8^2$。

4. 信号以 8kHz 进行采样,进行 512 点的 FFT。

(1) 求 FFT 的频率间隔；

(2) 将信号补零为 4096 个采样点,再次计算 FFT,频率间隔又是多少?

5. 如果一台通用计算机的速度为平均每次复乘用时 40ns,每次复加用时 5ns,用它来计算 512 点的 DFT[$x(n)$],问直接计算需要多少时间? 用 FFT 运算需要多少时间? 若做 128 点快速卷积运算,问所需最少时间是多少?

6. 设 $x(n) = [1,2,1,2,1]$,$h(n) = [1,2,2,1]$。

(1) 在时域求 $y(n) = x(n) * h(n)$；

(2) 用 FFT 流图法来求 $y(n)$,即求出 $H(k)$,$Y(k) = H(k)X(k)$,$y(n) = \text{IFFT}[Y(k)]$。

第6章

CHAPTER 6

有限脉冲响应数字

滤波器设计

前面章节主要介绍了数字信号处理中的一些基础知识。本章将注意力转移到系统或滤波器上,开始关注滤波器的设计问题。一个滤波器严格来说就是一个系统,两个词常常交互使用。系统被设计用来移除信号的一些频率成分或者改变信号的某些特征值。本章将介绍数字滤波器中的一种主要类型:有限脉冲响应(Finite Impulse Response,FIR)滤波器。本章内容包括:

➢ 数字滤波器的框图及流图表示;

➢ FIR 滤波器的网络结构;

➢ 滑动平均滤波器的设计;

➢ FIR 滤波器的相位问题;

➢ 滤波器的性能指标;

➢ 窗函数法设计低通 FIR 滤波器;

➢ 带通和高通 FIR 滤波器的设计;

➢ 带阻 FIR 滤波器的设计。

6.1 数字滤波器的框图及流图表示

前面已经介绍了一个时域离散系统或数字滤波器可以用差分方程、单位脉冲响应 $h(n)$ 或系统函数 $H(z)$ 来描述系统的特征。在本书讨论的系统中,时域的输入、输出一般都可用以下 N 阶差分方程表示:

$$y(n) = \sum_{i=0}^{M} b_i x(n-i) + \sum_{i=1}^{N} a_i y(n-i) \tag{6.1}$$

其在 Z 域相应的系统函数 $H(z)$ 为:

$$H(z) = \frac{Y(z)}{X(z)} = \frac{\sum_{i=0}^{M} b_i z^{-i}}{1 - \sum_{i=1}^{N} a_i z^{-i}} \tag{6.2}$$

由于数字滤波器的功能就是通过一定的运算,把原始输入信号变换成新的信号,这种运算就是"滤波"。数字滤波器的这些运算功能通常有两种实现的途径:一种是用软件编程实现,另一种是用专用硬件或通用的数字信号处理器实现。

为了能实现这些运算,需要把式(6.1)或式(6.2)变成一种能理解并实现的运算,按照这种运算对输入信号进行计算。比如式(6.1)给出的是数字滤波器的差分方程,此方程实现的是对输入信号的一种递推的算法,在已知输入信号 $x(n)$ 以及 a_i、b_i 和 n 时刻以前的 $y(n-i)$,就可以递推出 $y(n)$ 的值。同样,如果给出的是系统函数,改变系统函数的表示形式,就会有很多不同的算法,例如对于同一个系统函数,有下列 3 种不同的表示形式:

$$H_1(z) = \frac{1}{1 - 0.5z^{-1} + 0.06z^{-2}}$$

$$H_2(z) = \frac{3}{1 - 0.3z^{-1}} + \frac{-2}{1 - 0.2z^{-1}}$$

$$H_3(z) = \frac{1}{1 - 0.3z^{-1}} \cdot \frac{1}{1 - 0.2z^{-1}}$$

以上 3 种不同的表示形式导致它们具有不同的算法。这些不同的算法又会在以下 4 个方面对系统的特性有所影响。

(1) 计算的复杂程度。一般包括乘法次数、加法次数、取值/存储的次数、两数比较的次数,这些将直接影响计算的速度和运算时间。

(2) 存储量。主要包括系统参数、输入信号、中间计算结果及输出信号的存储。

(3) 运算误差。由于输入输出信号、系统参数及各种运算都受到量化过程中二进制编码长度的限制,这种因量化产生的误差,称为有限字长效应。系统的算法不同,对有限字长效应的灵敏度也会有所不同。因此,需要研究要达到一定的精度所需对应的字长是多少。

(4) 频率响应调节的方便性。这主要体现在对零点、极点位置的调节方面。

因此,研究实现数字滤波器或系统的算法是一个很重要的问题。设计过程中可以用系统结构的框图或流图来表示这些算法,而这些系统结构则对应着实际的物理实现。

1. 系统结构的基本单元

从式(6.1)可以看出,要计算出 $y(n)$ 的值需要有 3 种基本运算,即乘法、加法和单位延迟。这些基本运算对应着实际的器件或程序中的子程序,根据系统结构的框图或流图,就可以得到硬件组装的电路图或程序的流图。3 种基本运算框图及其流图如图 6.1 所示。

在图 6.1 中,单位延迟运算和乘法运算单元中 z^{-1} 与系数 a 作为支路增益写在支路箭头旁边,箭头的指向表示信号流动方向。如果箭头旁边没有标明增益,则认为支路增益是1。加法运算中两个变量相加,用一个圆点表示(称为网络节点)。

2. 系统结构的信号流图表示

一个完整的运算结构可用图 6.1 所示的一些基本运算支路组成,如图 6.2 所示。该图中圆点称为节点,输入 $x(n)$ 的节点称源节点或输入节点,输出 $y(n)$ 的节点称为阱节点或输出节点。每个节点处的信号称为节点值,这样信号流图实际上是由连接节点的一些有方向的支路构成的。和每个节点连接的有输入支路和输出支路,节点值等于所有输入支路的输出值之和。根据信号流图就可以列出各节点值方程,形成联立方程组,并进行求解。求出输出与输入之间的 z 域关系之后,就可以求出网络的系统函数。

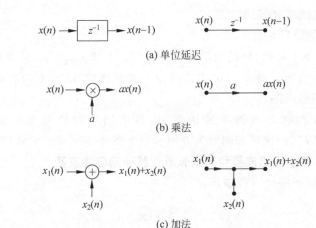

(a) 单位延迟

(b) 乘法

(c) 加法

图 6.1　3 种基本运算的框图和流图表示

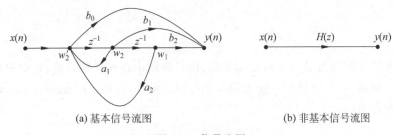

(a) 基本信号流图 (b) 非基本信号流图

图 6.2　信号流图

例如按照图 6.2 中的结构,有下列节点值方程:

$$\begin{cases} w_1(n) = w_2(n-1) \\ w_2(n) = w'_2(n-1) \\ w'_2(n) = x(n) + a_1 w_2(n) + a_2 w_1(n) \\ y(n) = b_2 w_1(n) + b_1 w_2(n) + b_0 w'_2(n) \end{cases} \tag{6.3}$$

对式(6.3)进行 Z 变换,得

$$\begin{cases} W_1(z) = W_2(z) z^{-1} \\ W_2(z) = W'_2(z) z^{-1} \\ W'_2(z) = X(z) + a_1 W_2(z) + a_2 W_1(z) \\ Y(z) = b_2 W_1(z) + b_1 W_2(z) + b_0 W'_2(z) \end{cases} \tag{6.4}$$

将以上两组关系式的中间节点值消去,则可得图 6.2 所示数字滤波器的系统函数为:

$$H(z) = \frac{Y(z)}{X(z)} = \frac{b_0 + b_1 z^{-1} + b_2 z^{-2}}{1 - a_1 z^{-1} - a_2 z^{-2}}$$

因此,信号流图可以简明地表示系统的运算情况(系统结构)。以下均用信号流图表示系统结构。

如上所述,同一个系统函数可有不同的表述形式,因此,一个系统函数可以有多种信号流图与之对应。从基本运算考虑,满足以下条件的称为基本信号流图:

(1) 信号流图中所有支路都是基本支路,即支路增益是常数或者是 z^{-1};

（2）流图环路中必须存在延迟支路；

（3）节点和支路的数目是有限的。

在图 6.2(a)中有两个环路，环路增益分别为 $-a_1z^{-1}$ 和 $-a_2z^{-2}$，且环路中都有延时支路，因此它是基本信号流图。图 6.2(b)不能决定一种具体的算法，不满足基本信号流图的条件，因此不是基本信号流图。

在利用节点值方程联立求解系统函数时，在流图结构较复杂的情况下，用梅逊(Masson)公式直接写 $H(z)$ 表达式则更为方便。关于梅逊(Masson)公式请见附录 B。

3. 有限长单位脉冲响应滤波器和无限长单位脉冲响应滤波器

若某一系统可用以下差分方程描述：

$$y(n) = \sum_{i=0}^{M} b_i x(n-i) \tag{6.5}$$

则其单位脉冲响应 $h(n)$ 是有限长的，所以这一系统可称为 FIR 滤波器。按照式(6.5)，$h(n)$ 表示为：

$$h(n) = \begin{cases} b_n & 0 \leqslant n \leqslant M \\ 0 & \text{其他} \end{cases}$$

另一种系统存在输出对输入的反馈支路，信号流图中存在反馈环路，它的单位脉冲响应是无限长的。例如，一个简单的一阶无限长单位脉冲响应(Infinite Impulse Response, IIR)网络的差分方程为：

$$y(n) = ay(n-1) + x(n)$$

其单位脉冲响应 $h(n)$ 是无限长的，将这种系统称为 IIR 滤波器。

与滤波器可分为 IIR 和 FIR 两类对应，网络结构可也分成两类，一类称为有限长单位脉冲响应网络，简称 FIR 网络；另一类称为无限长单位脉冲响应网络，简称 IIR 网络。IIR 的网络结构将在 IIR 滤波器的设计中详细介绍。这里先介绍 FIR 网络结构。

【随堂练习】

写出如图 6.3 所示的系统函数和差分方程。

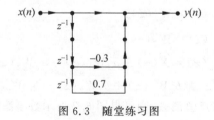

图 6.3　随堂练习图

6.2　FIR 滤波器的网络结构

FIR 滤波器的输出仅取决于过去的输入，与过去的输出无关。FIR 系统没有反馈环路，其单位脉冲响应是有限长的。设 FIR 滤波器单位脉冲响应 $h(n)$ 长度为 N，其差分方程和系统函数 $H(z)$ 分别为

$$y(n) = \sum_{m=0}^{N-1} h(m)x(n-m) \tag{6.6}$$

$$H(z) = \sum_{n=0}^{N-1} h(n)z^{-n} \tag{6.7}$$

根据 FIR 滤波器的系统函数,可以得出下列不同类型的网络结构图。

1. 直接型

式(6.6)是线性移不变系统的卷积和公式,也是 $x(n)$ 的延时链的横向结构。为此按照 $H(z)$ 可直接画出如图 6.4(a)所示的结构图。这种结构称为直接型网络结构或卷积型网络结构。

2. 级联型

将 $H(z)$ 进行因式分解,并将共轭成对的零点放在一起,形成一个系数为实数的二阶形式,如图 6.4(b)所示,这样级联型网络结构就是由一阶或二阶因子构成的级联结构,其中每一个因式都用直接型实现。以下通过例题来说明。

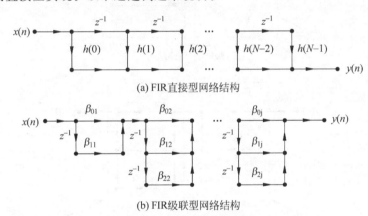

(a) FIR直接型网络结构

(b) FIR级联型网络结构

图 6.4　FIR 的网络结构

【例 6.1】　设 FIR 滤波器的系统函数 $H(z)$ 如下所示:

$$H(z) = 0.96 + 2.0z^{-1} + 2.8z^{-2} + 1.5z^{-3}$$

画出 $H(z)$ 的直接型网络结构和级联型网络结构。

解:将 $H(z)$ 进行因式分解,得到:

$$H(z) = (0.6 + 0.5z^{-1})(1.6 + 2z^{-1} + 3z^{-2})$$

其直接型网络结构和级联型网络结构如图 6.5(a)和图 6.5(b)所示。

在 MATLAB 中,可以调用 tf2sos 将上述传递函数转换成二次分式。具体程序如下:

```
B = [0.96,2,2.8,1.5];
A = 1;
[S,G] = tf2sos(B,A)
```

运行结果:

```
S  =  1.0000  0.8333    0     1.0000  0  0
      1.0000  1.2500  1.8750  1.0000  0  0
G  =  0.9600
```

级联结构的系统函数为：
$$H(z) = 0.96(1 + 0.8333z^{-1})(1 + 1.25z^{-1} + 1.875z^{-2})$$
其对应的结构流图如图 6.5(c)所示。

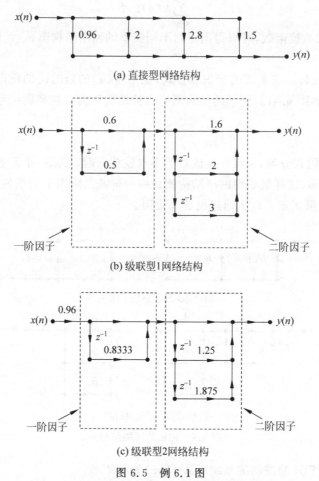

(a) 直接型网络结构

(b) 级联型1网络结构

(c) 级联型2网络结构

图 6.5　例 6.1 图

级联型网络结构每一个一阶因子控制一个零点，每一个二阶因子控制一对共轭零点，因此调整零点位置比直接型网络结构方便，但 $H(z)$ 中的系数比直接型网络结构多，因而需要的乘法器多。如在例 6.1 中直接型网络结构需要 4 个乘法器，而级联型网络结构则需要 5 个乘法器。分解的因子愈多，需要的乘法器也愈多。另外，当 $H(z)$ 的阶次高时，也不易分解。因此，普遍应用的还是直接型网络结构。

FIR 滤波器还可采用线性相位结构、频率采样结构和格型网格结构等。有兴趣的读者可以参阅相关书籍。下节将首先介绍一种简单常见的 FIR 滤波器——滑动平均滤波器。

【随堂练习】

画出差分方程 $y(n) = x(n) - 0.8x(n-1) + 0.5x(n-3)$ 的流图。

6.3　滑动平均滤波器

1. 滑动平均滤波器

滑动平均滤波器是一种比较常见的 FIR 滤波器,它通过计算序列的两个或更多个顺序数值的平均值,形成一个新的平均值的序列。滑动平均滤波器能够平滑输入信号,作用类似于低通滤波器,可滤除信号的高频分量。比如要分析一些波动的数据,那么在分析之前就需要先用平均的方法处理这些波动的数据,如股市中股票的价格每天甚至每小时都会有明显的波动(高频率变化),因此,证券分析师们为了分析某只股票的走势,可能要对过去几天的股票价格取平均(低频率变化)。

这里考虑一个五项滑动平均滤波器的例子。它是一个 FIR 滤波器,差分方程是:

$$y(n) = \frac{1}{5}\left[x(n) + x(n-1) + x(n-2) + x(n-3) + x(n-4)\right] \tag{6.8}$$

从差分方程可知,该滤波器的输出是几个输入值的数学平均值。将差分方程中的 $y(n)$ 变成 $h(n)$,$x(n)$ 变成 $\delta(n)$,很容易得到上述五项滑动平均滤波器的单位脉冲响应 $h(n)$:

$$h(n) = \frac{1}{5}\left[\delta(n) + \delta(n-1) + \delta(n-2) + \delta(n-3) + \delta(n-4)\right] \tag{6.9}$$

单位脉冲响应如图 6.6 所示。它具有滑动平均滤波器的矩形特性。

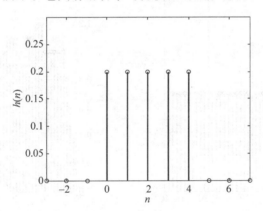

图 6.6　五项滑动平均滤波器的单位脉冲响应

用五项滑动平均滤波器处理波动变化快的输入信号,将得到一个波动变化缓慢的输出信号。用于平均的输入值越多,输出值就越平滑。

在时域中,计算滑动平均滤波器的输出有两种方法:一种是直接用差分方程求解,另一种是用系统的单位脉冲响应与输入信号进行卷积。为了说明五项滑动平均滤波器的作用,来看以下例子。

【例 6.2】　设输入信号如图 6.7 所示,它的许多采样值为 1,但个别采样值高低变化较大。请使用 MATLAB 卷积运算,求这一信号通过五项滑动平均滤波器后的响应,并说明其对信号的平滑作用。

解：用 MATLAB 程序进行卷积运算，程序如下：

```
clc
x1 = ones(1, 11);
x2 = [2, 1, 1, 0.5];
x3 = [1, 1, 1, 1.5];
x4 = ones(1, 10);
x5 = [2, 1, 1, 1, 0.5, 1, 1, 1, 1, 1, 1];
x = [x1, x2, x3, x4, x5];
n = 0:39;
h = ones(1, 5)./5;
y = conv(x, h);
n = 0:39;
stem(n, x), xlabel('n'), ylabel('x(n)')
figure
n = 0:43;
stem(n, y), xlabel('n'), ylabel('y(n)')
```

输出的信号如图 6.8 所示。从输出的信号看，因为在开始和结束的卷积求和运算中，单位脉冲响应和输入信号没有完全重叠，所以输出的前后边缘幅度变化比较大，这叫作边界效应。输出信号的中间部分，输出值基本都接近 1。由于滑动平均滤波器的滤波，滤除了输入信号中偏离 1 的较大的突变。

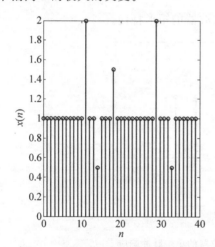

图 6.7 滑动平均滤波器的输入信号

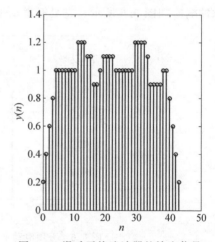

图 6.8 滑动平均滤波器的输出信号

2. 滑动平均 FIR 滤波器的设计

上面从时域分析了 FIR 滤波器的一个特殊应用——滑动平均滤波器，下面将讨论它的系统函数和频率响应，同时给出设计方案。还是以五项滑动平均滤波器为例，其系统函数为：

$$H(z) = \frac{1}{5}(1 + z^{-1} + z^{-2} + z^{-3} + z^{-4}) \tag{6.10}$$

单位脉冲响应为：

$$h(n) = \frac{1}{5}[\delta(n) + \delta(n-1) + \delta(n-2) + \delta(n-3) + \delta(n-4)]$$

其零点-极点图和单位脉冲响应分别如图 6.9 和图 6.6 所示，从例 6.2 可以发现，五项

滑动平均滤波器平滑了信号的突变,实质就是滤波了输入信号中的高频分量。分析此 FIR
滤波器的频率响应,将证实滑动平均滤波器实际上是一个 FIR 低通滤波器。将 $e^{j\omega}$ 代替
z,代入到式(6.10)中,可得此滤波器的频率响应:

$$H(e^{j\omega}) = \frac{1}{5}(1 + e^{-j\omega} + e^{-2j\omega} + e^{-3j\omega} + e^{-4j\omega}) \tag{6.11}$$

五项滑动平均滤波器的幅度频率响应如图 6.10 所示,ω 取值为$[0,\pi]$。图 6.10 证实了滑动
平均滤波器的低通特性。幅度频率响应中增益为 0 的第一个零点出现在 $2\pi/5 =$
1.257rad 处。

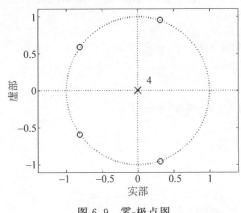

图 6.9　零-极点图

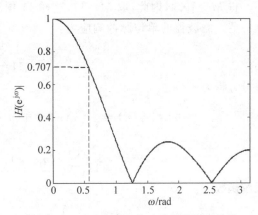

图 6.10　五项滑动平均滤波器的低通特性

对于 M 项滑动平均滤波器差分方程的一般形式为:

$$y(n) = \frac{1}{M}[x(n) + x(n-1) + \cdots + x(n-(M-1))]$$

$$= \frac{1}{M}\sum_{k=0}^{M-1} x(n-k) \tag{6.12}$$

其单位脉冲响应的一般形式为:

$$h(n) = \frac{1}{M}[\delta(n) + \delta(n-1) + \cdots + \delta(n-(M-1))]$$

$$= \frac{1}{M}\sum_{k=0}^{M-1} \delta(n-k) \tag{6.13}$$

其系统函数的一般形式为:

$$H(z) = \frac{1}{M}[1 + z^{-1} + z^{-2} + \cdots + z^{-(M-1)}] \tag{6.14}$$

其频率响应的一般形式为:

$$H(e^{j\omega}) = \frac{1}{M}[1 + e^{-j\omega} + e^{-2j\omega} + \cdots + e^{-j(M-1)\omega}] \tag{6.15}$$

M 项滑动平均滤波器的幅度频率响应中增益为 0 的第一个零点出现在 $2\pi/M$ 弧度
处;此外,3dB 截止频率(增益降到直流增益 0.707 处所对应的频率)约为第一零增益点
频率的一半,即 π/M 弧度。因此,滤波器项数越大,低通滤波器的效果越好,滤除的高频
分量越多。

【例 6.3】　试设计一滑动平均滤波器,要求它的3dB 频率为480Hz,采样频率为 10kHz。

解：根据 4.4 节的式(4.65)知道,数字滤波器的数字频率 ω 为：

$$\omega = 2\pi \frac{f}{f_s} = 2\pi \frac{480}{10\,000} = 0.096\pi = 0.302\text{rad}$$

对于 M 项滑动平均滤波器,$2\pi/M$ 处出现第一个零点,3dB 截止频率大概出现在 π/M rad 处,所以可以确定 M：

$$\frac{\pi}{M} = 0.302$$

得 $M = 10.4$,因此,取 $M = 11$,这样 11 项滑动平均滤波器的 3dB 截止频率比要求的稍低一些。滤波器的单位脉冲响应为：

$$h(n) = \frac{1}{11} \sum_{k=0}^{10} \delta(n-k)$$

差分方程为：

$$y(n) = \frac{1}{11}[x(n) + x(n-1) + \cdots + x(n-10)]$$

$$= \frac{1}{11} \sum_{k=0}^{10} x(n-k)$$

系统函数为：

$$H(z) = \frac{1}{11}(1 + z^{-1} + z^{-2} + \cdots + z^{-10})$$

由此可以得到该滤波器的零点-极点图和幅度频率响应如图 6.11 所示。正如所求,3dB 截止频率大概在 $\dfrac{\pi}{11}$rad = 0.286。

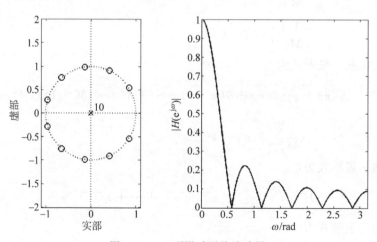

图 6.11　11 项滑动平均滤波器

【随堂练习】

写出三项滑动平均滤波器的差分方程和单位脉冲响应。

6.4　FIR 滤波器的相位问题

6.4.1　相位失真

当正弦信号通过线性系统时,输出信号的幅度和相位都会发生改变,这在前面的章节讨论过,滤波器的增益$|H(e^{j\omega})|$和相位差$\theta(\omega)$都随频率的变化而变化。增益无量纲,相位的单位是弧度或度。

如果输入信号是一个余弦信号 $x(n)=A\cos(\omega_0 n)$,系统对应的输出信号频率和输入信号频率不变,但幅度和相位都会发生变化,即输出为 $y(n)=|H(e^{j\omega_0})|A\cos[\omega_0 n+\theta(\omega_0)]$。如果一个复杂信号由多个不同频率的余弦信号组成,那么不同频率分量通过滤波器产生的相位延迟不同,从而会产生相位失真。要使输出的信号不产生相位失真的方法是使不同频率的信号通过滤波器时具有相同的延迟,而保证所有相位延迟相等。其中一个办法是使所有频率分量具有零相位差,但这是不现实的。另一种办法是设计时使相位随着频率变化,但对于所有频率的相位延迟保持恒定。这种方法可通过使相位差为频率的线性函数来实现。

具体说来,就是当$\theta(\omega)=-k\omega$时,群时延$\theta(\omega)/\omega$等于常数,这样它就与频率无关了,因此,输入系统的所有频率分量同时出现在系统的输出端。因此与频率呈线性关系的相位变化,能很好地减小相位失真,称这种滤波器为线性相位 FIR 数字滤波器。

如何设计具有线性相位特性,又不发生相位失真的滤波器呢? 先看一种关于零点对称的单位脉冲响应,设

$$h(n)=\delta(n+6)-2\delta(n+5)+\delta(n+4)-3\delta(n+3)+4\delta(n+2)+$$
$$2\delta(n+1)+5\delta(n)+2\delta(n-1)+4\delta(n-2)-3\delta(n-3)+$$
$$\delta(n-4)-2\delta(n-5)+\delta(n-6)$$

其棒图如图 6.12 所示。对 $h(n)$ 求 Z 变换,得系统函数:

$$H(z)=z^6-2z^5+z^4-3z^3+4z^2+2z+5+2z^{-1}+4z^{-2}-3z^{-3}+z^{-4}-2z^{-5}+z^{-6}$$

根据系统函数,可以得到系统的频率响应:

$$H(e^{j\omega})=e^{j6\omega}-2e^{j5\omega}+e^{j4\omega}-3e^{j3\omega}+4e^{j2\omega}+2e^{j\omega}+5+$$
$$2e^{-j\omega}+4e^{-j2\omega}-3e^{-j3\omega}+e^{-j4\omega}-2e^{-j5\omega}+e^{-j6\omega}$$
$$=5+2(e^{j\omega}+e^{-j\omega})+4(e^{j2\omega}+e^{-j2\omega})-3(e^{j3\omega}+e^{-j3\omega})+$$
$$(e^{j4\omega}+e^{-j4\omega})-2(e^{j5\omega}+e^{-j5\omega})+(e^{j6\omega}+e^{-j6\omega})$$

利用欧拉公式,可得到:

$$H(e^{j\omega})=5+4\cos\omega+8\cos2\omega-6\cos3\omega+2\cos4\omega-4\cos5\omega+2\cos6\omega \quad (6.16)$$

从式(6.16)可以明显看出,当单位脉冲响应关于零点对称时,系统的频率响应是纯实数。纯实数的相位只有两种可能:0(正实数)和 π(负实数)。因此,只要 $H(e^{j\omega})$ 在通带内为正实数,相位 $\theta(\omega)$ 在此范围内必然为零,不会发生相位失真。但是由于图 6.12 所示的单位脉冲响应在 $n<0$ 时有非零值,因此它的单位脉冲响应对应的滤波器是非因果的。因为实际的滤波器都是因果的,所以这个单位脉冲响应必须进行时移,如图 6.13 所示。

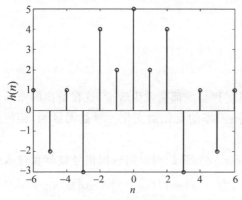
图 6.12　非因果单位脉冲响应

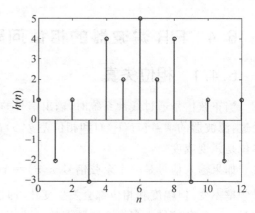
图 6.13　因果单位脉冲响应

通过观察发现,新的因果单位脉冲响应关于 $n=6$ 对称。此时单位脉冲响应 $h_1(n)$ 是原单位脉冲响应 $h(n)$ 的时移:

$$h_1(n) = h(n-6)$$

时移对滤波器的系数没有影响,但是影响滤波器的频率响应和实现。根据 DTFT 的时移性:

$$H_1(\mathrm{e}^{\mathrm{j}\omega}) = \mathrm{DTFT}[h(n-6)]$$
$$= \mathrm{e}^{-\mathrm{j}6\omega} H(\mathrm{e}^{\mathrm{j}\omega})$$

将 $H(\mathrm{e}^{\mathrm{j}\omega})$ 和 $H_1(\mathrm{e}^{\mathrm{j}\omega})$ 均用极坐标形式表示,得:

$$H_1(\mathrm{e}^{\mathrm{j}\omega}) = |H_1(\mathrm{e}^{\mathrm{j}\omega})| \, \mathrm{e}^{\mathrm{j}\theta_1(\omega)}$$
$$= \mathrm{e}^{-\mathrm{j}6\omega} |H(\mathrm{e}^{\mathrm{j}\omega})| \, \mathrm{e}^{\mathrm{j}\theta(\omega)}$$
$$= |H(\mathrm{e}^{\mathrm{j}\omega})| \, \mathrm{e}^{\mathrm{j}[\theta(\omega)-6\omega]}$$

因为 $|H_1(\mathrm{e}^{\mathrm{j}\omega})| = |H(\mathrm{e}^{\mathrm{j}\omega})|$,所以时移对系统的幅度响应无影响。由于 $\theta_1(\omega) = \theta(\omega) - 6\omega$,所以在时域移动了 6 个时刻,对应相位响应引入了 -6ω。如果在 $H(\mathrm{e}^{\mathrm{j}\omega})$ 的通带内 $\theta(\omega) = 0$,那么在 $H_1(\mathrm{e}^{\mathrm{j}\omega})$ 的通带内的相位就是 -6ω。换句话说,时移后的系统,其频率响应 $H_1(\mathrm{e}^{\mathrm{j}\omega})$ 在通带内的相位随频率 ω 是线性变化,这就可以保证滤波器不发生相位失真。从这个例子可以发现,单位脉冲响应关于中点对称的滤波器是没有相位失真的,这为滤波器的设计提供了有效的实现方法。

【例 6.4】　9 项滑动平均滤波器,其单位脉冲响应为:

$$h(n) = \frac{1}{9} \sum_{k=0}^{8} \delta(n-k)$$

试用 MATLAB 程序画出其幅度频率响应和相位频率响应。

解:程序如下:

```
n = 0:8
hn = [1/9 1/9 1/9 1/9 1/9 1/9 1/9 1/9 1/9]
subplot(2,2,1)
stem(n, hn)
ylabel('h(n)')
xlabel('n')
```

```
b = [1/9,1/9,1/9,1/9,1/9,1/9,1/9,1/9,1/9]; a = [1]; [H,w] = freqz(b,a);
subplot(2,2,3)
plot(w,abs(H))
xlabel('\omega rad');ylabel('|H(e^j^\omega)|')
subplot(2,2,4)
plot(w,angle(H));
xlabel('\omega rad ');;ylabel('\theta(\omega)')
axis([0 pi −3 2])
```

运行结果如图 6.14 所示。由于单位脉冲响应是关于中点对称的,见图 6.14(a),所以在其幅频特性的通带内 $\omega < \pi/9$,如图 6.14(b)所示,9 项滑动平均滤波器的相位频率响应特性(图 6.14(c))随频率线性变化。

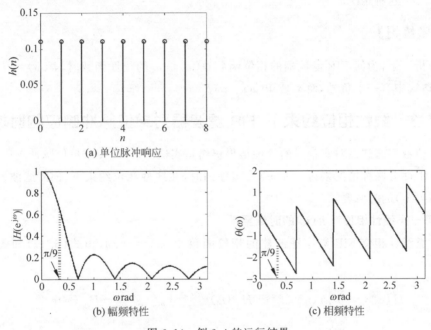

(a) 单位脉冲响应

(b) 幅频特性

(c) 相频特性

图 6.14　例 6.4 的运行结果

下面从理论上对 FIR 滤波器的相位和幅度特性进行推导。

6.4.2　FIR 滤波器的相位

对于长度为 N 的 $h(n)$,频率响应函数为:

$$H(e^{j\omega}) = \sum_{n=0}^{N-1} h(n) e^{-j\omega n} = |H(e^{j\omega})| e^{j\arg[H(e^{j\omega})]} = |H(e^{j\omega})| e^{j\theta(\omega)} \qquad (6.17)$$

其中,$|H(e^{j\omega})|$ 为系统的幅度频率响应,$\theta(\omega)$ 为系统的相位频率响应。可是,在讨论线性相位 FIR 滤波器的设计时,一般会将式(6.17)用下面的形式表示:

$$H(e^{j\omega}) = H_g(\omega) e^{j\Phi(\omega)} \qquad (6.18)$$

其中,$H_g(\omega)$ 称为幅度函数;$\Phi(\omega)$ 称为相位函数。注意,这里 $H_g(\omega)$ 不同于 $|H(e^{j\omega})|$,$H_g(\omega)$ 是 ω 的实函数,可正可负,而 $|H(e^{j\omega})|$ 总是正值。$\theta(\omega) \neq \Phi(\omega)$,因为相位频率响应 $\theta(\omega)$ 中还应该包含 $H_g(\omega)$ 的正负所引入的相位 0 或 π 的变化。据前面的分析,要使滤波器

没有相位失真,必须使 FIR 滤波器的相位函数 $\Phi(\omega)$ 是 ω 的线性函数,即

$$\Phi(\omega) = -\tau\omega \quad \tau \text{ 为常数} \tag{6.19}$$

如果 $\Phi(\omega)$ 满足下式:

$$\Phi(\omega) = \theta_0 - \tau\omega \quad \theta_0 \text{ 是起始相位} \tag{6.20}$$

严格地说,此时 $\Phi(\omega)$ 不具有线性相位特性,但以上两种情况都满足群时延是一个常数,即

$$-\frac{\mathrm{d}\Phi(\omega)}{\mathrm{d}\omega} = \tau$$

因此,称这种情况也为线性相位。一般称满足式(6.19)的是第一类线性相位;满足式(6.20)的是第二类线性相位。$\theta_0 = -\pi/2$ 是第二类线性相位特性常见的情况,本节只介绍 $\theta_0 = -\pi/2$ 这种情况。

【随堂练习】

试分析一下,为何 FIR 滤波器的相位函数 $\Phi(\omega)$ 是 ω 的线性函数时,$\Phi(\omega) = -\tau\omega$,$\tau$ 为常数,表达式中有一个负号,而不是 $\Phi(\omega) = \tau\omega$?

6.4.3 线性相位约束下,FIR 滤波器对单位脉冲响应的时域要求

为了使数字滤波器对实信号的处理结果仍然是实信号,一般要求单位脉冲响应 $h(n)$ 为实序列。下面分两种情况来讨论 $h(n)$ 为实序列时,在线性相位约束下,FIR 滤波器对单位脉冲响应 $h(n)$ 的时域要求。

1. 第一类线性相位对 $h(n)$ 的时域要求

第一类线性相位 FIR 数字滤波器的相位函数 $\Phi(\omega) = -\tau\omega$,由式(6.17)和式(6.18)得到:

$$
\begin{aligned}
H(\mathrm{e}^{\mathrm{j}\omega}) &= \sum_{n=0}^{N-1} h(n) \mathrm{e}^{-\mathrm{j}\omega n} = H_g(\omega) \mathrm{e}^{\mathrm{j}\Phi(\omega)} \Big|_{\Phi(\omega)=-\tau\omega} = H_g(\omega) \mathrm{e}^{-\mathrm{j}\tau\omega} \\
&= \sum_{n=0}^{N-1} h(n) [\cos(\omega n) - \mathrm{j}\sin(\omega n)] \\
&= H_g(\omega) [\cos(\tau\omega) - \mathrm{j}\sin(\tau\omega)]
\end{aligned}
\tag{6.21}
$$

由式(6.21)得到:

$$
\left.
\begin{aligned}
H_g(\omega)\cos(\tau\omega) &= \sum_{n=0}^{N-1} h(n)\cos(\omega n) \\
H_g(\omega)\sin(\tau\omega) &= \sum_{n=0}^{N-1} h(n)\sin(\omega n)
\end{aligned}
\right\}
\tag{6.22}
$$

将式(6.22)中两式相除,得到:

$$\frac{\cos(\tau\omega)}{\sin(\tau\omega)} = \frac{\displaystyle\sum_{n=0}^{N-1} h(n)\cos(\omega n)}{\displaystyle\sum_{n=0}^{N-1} h(n)\sin(\omega n)}$$

即

$$\sum_{n=0}^{N-1} h(n)\cos(\omega n) \cdot \sin(\tau\omega) = \sum_{n=0}^{N-1} h(n)\sin(\omega n) \cdot \cos(\tau\omega)$$

移项并用三角公式化简,得到:

$$\sum_{n=0}^{N-1} h(n)\sin[\omega(n-\tau)] = 0 \qquad (6.23)$$

可以发现,只有当函数 $h(n)\sin[\omega(n-\tau)]$ 在上述求和区间 $[0, N-1]$,关于区间中心 $n=(N-1)/2$ 奇对称时,式(6.23)才能等于零。又因为 $\sin(\omega n)$ 关于 $n=0$ 奇对称,可知 $\sin[\omega(n-\tau)]$ 本身关于 $n=\tau$ 奇对称,所以 τ 要求与区间中心相等,即相位函数 $\Phi(\omega) = -\tau\omega$ 中的 τ 取 $(N-1)/2$,进一步就要求 $h(n)$ 必须关于区间中心 $(N-1)/2$ 偶对称,即:

$$h\left(\frac{N-1}{2}+n\right) = h\left(\frac{N-1}{2}-n\right)$$

令 $(N-1)/2 + n = n'$,代入并整理,可得:

$$h(n') = h(N-1-n')$$

所以要求 τ 和 $h(n)$ 满足如下条件,数字滤波器就能满足第一类线性相位:

$$\Phi(\omega) = -\tau\omega \quad \tau = \frac{N-1}{2} \qquad (6.24a)$$

$$h(n) = h(N-1-n) \quad 0 \leqslant n \leqslant N-1 \qquad (6.24b)$$

式(6.24b)是保证 FIR 滤波器具有第一类严格相位因果系统的充分条件,但不是必要条件。当 N 确定时,FIR 数字滤波器的相位函数是一个确知的线性函数,即 $\Phi(\omega) = -\omega\dfrac{N-1}{2}$。$N$ 为奇数和偶数时,$h(n)$ 的对称情况分别如表 6.1 中的情况 1 和情况 2 所示。

2. 第二类线性相位对 $h(n)$ 的时域要求

第二类线性相位 FIR 数字滤波器的相位函数 $\Phi(\omega) = -\dfrac{\pi}{2} - \tau\omega$,由式(6.17)和式(6.18),经过同样的推导过程可得到:

$$H(e^{j\omega}) = \sum_{n=0}^{N-1} h(n)e^{-j\omega n} = H_g(\omega)e^{j\Phi(\omega)} \Big|_{\Phi(\omega) = -\frac{\pi}{2} - \tau\omega} = H_g(\omega)e^{-j\left(\tau\omega + \frac{\pi}{2}\right)}$$

$$\sum_{n=0}^{N-1} h(n)[\cos(\omega n) - j\sin(\omega n)] = H_g(\omega)\left[\cos\left(\tau\omega + \frac{\pi}{2}\right) - j\sin\left(\tau\omega + \frac{\pi}{2}\right)\right] \quad (6.25)$$

由式(6.21)得到:

$$\left. \begin{aligned} H_g(\omega)\cos\left(\tau\omega + \frac{\pi}{2}\right) &= \sum_{n=0}^{N-1} h(n)\cos(\omega n) \\ H_g(\omega)\sin\left(\tau\omega + \frac{\pi}{2}\right) &= \sum_{n=0}^{N-1} h(n)\sin(\omega n) \end{aligned} \right\} \qquad (6.26)$$

将式(6.26)中两式相除,得到:

$$\frac{\cos\left(\tau\omega + \dfrac{\pi}{2}\right)}{\sin\left(\tau\omega + \dfrac{\pi}{2}\right)} = \frac{\displaystyle\sum_{n=0}^{N-1} h(n)\cos(\omega n)}{\displaystyle\sum_{n=0}^{N-1} h(n)\sin(\omega n)}$$

即

$$\sum_{n=0}^{N-1} h(n)\cos(\omega n) \cdot \sin\left(\tau\omega + \frac{\pi}{2}\right) = \sum_{n=0}^{N-1} h(n)\sin(\omega n) \cdot \cos\left(\tau\omega + \frac{\pi}{2}\right) \tag{6.27}$$

移项并用三角公式化简,得到:

$$\sum_{n=0}^{N-1} h(n)\sin\left[(\tau - n)\omega + \frac{\pi}{2}\right] = 0 \tag{6.28}$$

进一步利用象限角关系:

$$\sin\left(\alpha + \frac{\pi}{2}\right) = \cos\alpha$$

得到:

$$\sum_{n=0}^{N-1} h(n)\cos[(\tau - n)\omega] = 0 \tag{6.29}$$

只有函数 $h(n)\cos[\omega(n-\tau)]$ 在求和区间 $[0, N-1]$ 上关于区间中心 $n = (N-1)/2$ 奇对称时,式(6.29)才能等于零。因为 $\cos(\omega n)$ 关于 $n = 0$ 是偶对称,可知 $\cos[\omega(n-\tau)]$ 关于 $n = \tau$ 是偶对称,所以 τ 要求与区间中心相等,即相位函数 $\Phi(\omega) = -\dfrac{\pi}{2} - \tau\omega$ 中的 τ 取 $\dfrac{N-1}{2}$,进一步就要求 $h(n)$ 必须关于区间中心 $\dfrac{N-1}{2}$ 奇对称,即

$$h\left(\frac{N-1}{2} + n\right) = -h\left(\frac{N-1}{2} - n\right) \tag{6.30}$$

令 $\dfrac{N-1}{2} + n = n'$,代入式(6.30),并整理,可得

$$h(n') = -h(N-1-n')$$

因此,满足下列条件时:

$$\Phi(\omega) = -\frac{\pi}{2} - \tau\omega \quad \tau = \frac{N-1}{2} \tag{6.31a}$$

$$h(n) = -h(N-1-n) \quad 0 \leqslant n \leqslant N-1 \tag{6.31b}$$

长度为 N 的 FIR 数字滤波器具有第二类线性相位特性。

当 N 为奇数时,由于 $h(n)$ 是以 $n = \dfrac{N-1}{2}$ 为轴的奇对称,故根据式(6.31b),当取 $n = \dfrac{N-1}{2}$ 时,有

$$h\left(\frac{N-1}{2}\right) = -h\left(N-1-\frac{N-1}{2}\right) = -h\left(\frac{N-1}{2}\right)$$

所以此时有

$$h\left(\frac{N-1}{2}\right) = 0$$

表 6.1 中的情况 3 和情况 4 分别为 N 取奇数和偶数时，$h(n)$ 的对称情况。

表 6.1 线性相位 FIR 数字滤波器的时域和频域特性一览表

第一类线性相位特性 $h(n)=h(N-1-n)$

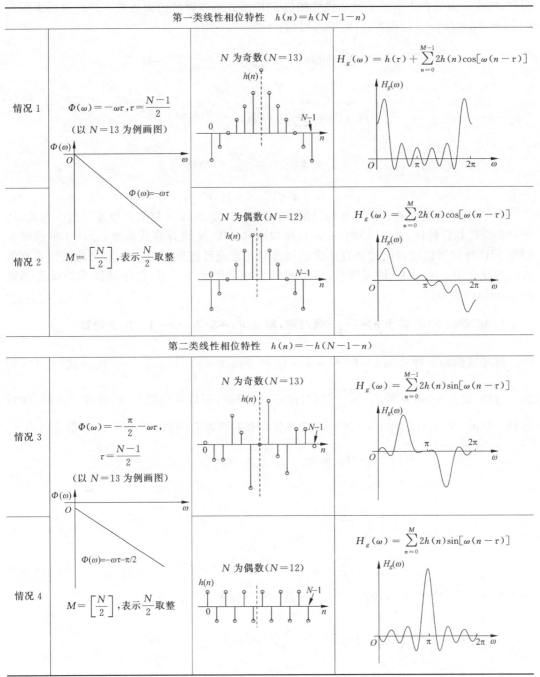

第二类线性相位特性 $h(n)=-h(N-1-n)$

6.4.4 两类线性相位约束下，FIR 滤波器的幅度函数的特点

由于幅度函数 $H_g(\omega)$ 是从系统的频率响应函数 $H(\mathrm{e}^{\mathrm{j}\omega})$ 中定义的一个函数，即：

$$H(\mathrm{e}^{\mathrm{j}\omega}) = \sum_{n=0}^{N-1} h(n)\mathrm{e}^{-\mathrm{j}\omega n} = H_g(\omega)\mathrm{e}^{\mathrm{j}\Phi(\omega)}$$

因此,幅度函数的特点本质上就是线性相位 FIR 滤波器的频域约束条件。将时域约束条件 $h(n) = \pm h(N-n-1)$ 代入式(6.17),可得:

$$H(\mathrm{e}^{\mathrm{j}\omega}) = \sum_{n=0}^{N-1} h(n)\mathrm{e}^{-\mathrm{j}\omega n} = \sum_{n=0}^{N-1} \pm h(N-1-n)\mathrm{e}^{-\mathrm{j}\omega n}$$

令 $m = N-1-n$,有:

$$H(\mathrm{e}^{\mathrm{j}\omega}) = \sum_{m=0}^{N-1} \pm h(m)\mathrm{e}^{-\mathrm{j}\omega(N-1-m)}$$

$$= \pm \mathrm{e}^{-\mathrm{j}\omega(N-1)} \sum_{m=0}^{N-1} h(m)\mathrm{e}^{\mathrm{j}\omega m}$$

$$= \pm \mathrm{e}^{-\mathrm{j}\omega(N-1)} \cdot H(\mathrm{e}^{-\mathrm{j}\omega})$$

由于 $h(n)$ 有奇对称和偶对称两种情况,序列的长度 N 又可以取奇数或偶数。因此,对于两类线性相位特性,按 $h(n)$ 的奇、偶对称和序列长度 N 取奇数或偶数,分成 4 种情况来讨论 FIR 滤波器幅度函数的特点。这些特点对正确设计线性相位 FIR 数字滤波器具有重要的指导作用。设 $h(n)$ 是实序列,推导出线性相位约束下,FIR 数字滤波器的幅度函数 $H_g(\omega)$ 的约束条件。

1. 情况 1:$h(n)$ 关于 $n = \dfrac{N-1}{2}$ 偶对称,即 $h(n) = h(N-n-1)$,N 为奇数

将时域约束条件 $h(n) = h(N-n-1)$ 和 $\Phi(\omega) = -\tau\omega$,$\tau = \dfrac{N-1}{2}$ 代入式(6.17)和式(6.18),由于 $h(n)$ 关于 $n = \dfrac{N-1}{2}$ 偶对称,N 为奇数,所以可以把 $h(n)$ 分成三部分,即对称轴左侧的 $(N-1)/2$ 项,$n = (N-1)/2$ 单独项和对称轴右侧的 $(N-1)/2$ 项,因此可得:

$$H(\mathrm{e}^{\mathrm{j}\omega}) = H_g(\omega)\mathrm{e}^{-\mathrm{j}\tau\omega} = \sum_{n=0}^{N-1} h(n)\mathrm{e}^{-\mathrm{j}\omega n}$$

$$= \sum_{n=0}^{\frac{N-1}{2}-1} \left[h(n)\mathrm{e}^{-\mathrm{j}\omega n} \right] + h\left(\frac{N-1}{2}\right)\mathrm{e}^{-\mathrm{j}\omega\frac{N-1}{2}} +$$

$$\sum_{n=0}^{\frac{N-1}{2}-1} \left[h(N-1-n)\mathrm{e}^{-\mathrm{j}\omega(N-1-n)} \right] \tag{6.32}$$

因为 $h(n) = h(N-1-n)$,所以式(6.32)进一步整理为:

$$H(\mathrm{e}^{\mathrm{j}\omega}) = h\left(\frac{N-1}{2}\right)\mathrm{e}^{-\mathrm{j}\omega\frac{N-1}{2}} + \sum_{n=0}^{\frac{N-1}{2}-1} \left[h(n)\mathrm{e}^{-\mathrm{j}\omega n} + h(n)\mathrm{e}^{-\mathrm{j}\omega(N-n-1)} \right]$$

$$= \mathrm{e}^{-\mathrm{j}\omega\frac{N-1}{2}} \left\{ h\left(\frac{N-1}{2}\right) + \sum_{n=0}^{\frac{N-1}{2}-1} h(n)\left[\mathrm{e}^{-\mathrm{j}\omega\left(n-\frac{N-1}{2}\right)} + \mathrm{e}^{\mathrm{j}\omega\left(n-\frac{N-1}{2}\right)} \right] \right\}$$

$$= \mathrm{e}^{-\mathrm{j}\omega\frac{N-1}{2}} \left\{ h\left(\frac{N-1}{2}\right) + \sum_{n=0}^{\frac{N-1}{2}-1} 2h(n)\cos\left[\omega\left(n-\frac{N-1}{2}\right) \right] \right\}$$

所以幅度函数为：

$$H_g(\omega) = h\left(\frac{N-1}{2}\right) + \sum_{n=0}^{\frac{N-1}{2}-1} 2h(n)\cos\left[\omega\left(n - \frac{N-1}{2}\right)\right] \tag{6.33}$$

令 $m = \dfrac{N-1}{2} - n$，则有：

$$H_g(\omega) = h\left(\frac{N-1}{2}\right) + \sum_{m=1}^{\frac{N-1}{2}} 2h\left(\frac{N-1}{2} - m\right) \cdot \cos(\omega m) \tag{6.34}$$

由于式(6.34)中 $H_g(\omega)$ 由 $\cos(\omega n)$ 确定，对 m 求和后，它是 ω 的函数。这样以 $\omega = 0$ 为轴时，根据三角函数公式 $\cos(-\alpha) = \cos\alpha$ 有：

$$\cos[m(0-\omega)] = \cos[m(-\omega)] = \cos(m\omega) = \cos[m(0+\omega)]$$

因此，$H_g(\omega)$ 是偶对称。

同理，以 $\omega = \pi$ 为轴时，

$$\begin{aligned}
\cos[m(\pi - \omega)] &= \cos(-2\pi m + m\pi - m\omega) \\
&= \cos(-\pi m - m\omega) \\
&= \cos[-m(\pi + \omega)] \\
&= \cos[m(\pi + \omega)]
\end{aligned}$$

因此，$\cos(\omega m)$ 也是以 $\omega = \pi$ 为轴的偶对称。同理可推导 $\cos(\omega m)$ 关于 $\omega = 2\pi$ 也是偶对称。因此，$\cos(\omega m)$ 关于 $\omega = 0, \pi, 2\pi$ 三点偶对称，根据式(6.34)可进一步推出 $H_g(\omega)$ 关于 $\omega = 0, \pi, 2\pi$ 三点偶对称。表 6.1 中给出了情况 1 的一个例图。可以推断情况 1 可实现各种(低通、高通、带通、带阻)滤波器。

2. 情况 2：$h(n)$ 关于 $n = \dfrac{N-1}{2}$ 偶对称，即 $h(n) = h(N-n-1)$，N 为偶数

仿照情况 1 的讨论过程，唯一不同的是 N 为偶数，故没有单独的项，得到：

$$H(e^{j\omega}) = H_g(\omega)e^{-j\tau\omega} = \sum_{n=0}^{N-1} h(n)e^{-j\omega n}$$

$$= \sum_{n=0}^{\frac{N}{2}-1}\left[h(n)e^{-j\omega n}\right] + \sum_{n=0}^{\frac{N}{2}-1}\left[h(N-1-n)e^{-j\omega(N-1-n)}\right]$$

$$= \sum_{n=0}^{\frac{N}{2}-1}\left[h(n)e^{-j\omega n}\right] + \sum_{n=0}^{\frac{N}{2}-1}\left[h(n)e^{-j\omega(N-1-n)}\right]$$

$$= \sum_{n=0}^{\frac{N}{2}-1} h(n)\left[e^{-j\omega n} + e^{-j\omega(N-1-n)}\right]$$

$$= e^{-j\omega\frac{N-1}{2}}\sum_{n=0}^{\frac{N}{2}-1} h(n)\left[e^{j\omega\left(\frac{N-1}{2}-n\right)} + e^{-j\omega\left(\frac{N-1}{2}-n\right)}\right]$$

$$= e^{-j\omega\frac{N-1}{2}}\sum_{n=0}^{\frac{N}{2}-1} 2h(n)\cos\left[\omega\left(n - \frac{N-1}{2}\right)\right]$$

因此有：

$$H_g(\omega) = \sum_{n=0}^{\frac{N}{2}-1} 2h(n)\cos\left[\omega\left(n - \frac{N-1}{2}\right)\right] \tag{6.35}$$

因为 N 是偶数,所以以 $\omega=0$ 为轴时:

$$\cos\left[(0+\omega)\left(n - \frac{N-1}{2}\right)\right] = \cos\left[\omega\left(n - \frac{N-1}{2}\right)\right]$$

$$= \cos\left[(-\omega)\left(n - \frac{N-1}{2}\right)\right]$$

$$= \cos\left[(0-\omega)\left(n - \frac{N-1}{2}\right)\right] \tag{6.36}$$

因此,$\cos\left[\omega\left(n - \frac{N-1}{2}\right)\right]$ 关于 $\omega=0$ 偶对称。

同理,当以 $\omega=\pi$ 为轴时,使用三角函数公式:

$$\cos\left(\frac{\pi}{2} + \alpha\right) = -\sin\alpha$$

$$\sin(\pi + \alpha) = -\sin\alpha$$

$$\sin(\pi - \alpha) = \sin\alpha$$

$$\sin(2\pi - \alpha) = -\sin\alpha$$

则有:

$$\cos\left[(\pi-\omega)\left(n - \frac{N-1}{2}\right)\right]$$

$$= \cos\left[(\pi-\omega)\left(n - \frac{N}{2} + \frac{1}{2}\right)\right]$$

$$= \cos\left[\pi\left(n - \frac{N}{2}\right) - \omega\left(n - \frac{N}{2}\right) - \frac{\omega}{2} + \frac{\pi}{2}\right]$$

$$= -\sin\left[\pi\left(n - \frac{N}{2}\right) - \omega\left(n - \frac{N}{2}\right) - \frac{\omega}{2}\right]$$

$$= \begin{cases} \cos\left[(\pi-\omega)\left(n - \frac{N-1}{2}\right)\right] = -\sin\left[\omega\left(n - \frac{N}{2}\right) + \frac{\omega}{2}\right] & n - \frac{N}{2} \text{ 为奇数时} \\ \cos\left[(\pi-\omega)\left(n - \frac{N-1}{2}\right)\right] = \sin\left[\omega\left(n - \frac{N}{2}\right) + \frac{\omega}{2}\right] & n - \frac{N}{2} \text{ 为偶数时} \end{cases} \tag{6.37}$$

$$\cos\left[(\pi+\omega)\left(n - \frac{N-1}{2}\right)\right]$$

$$= \cos\left[(\pi+\omega)\left(n - \frac{N}{2} + \frac{1}{2}\right)\right]$$

$$= \cos\left[\pi\left(n - \frac{N}{2}\right) + \omega\left(n - \frac{N}{2}\right) + \frac{\omega}{2} + \frac{\pi}{2}\right]$$

$$= -\sin\left[\pi\left(n - \frac{N}{2}\right) + \omega\left(n - \frac{N}{2}\right) + \frac{\omega}{2}\right]$$

$$= \begin{cases} \cos\left[(\pi+\omega)\left(n - \frac{N-1}{2}\right)\right] = \sin\left[\omega\left(n - \frac{N}{2}\right) + \frac{\omega}{2}\right] & n - \frac{N}{2} \text{ 为奇数时} \\ \cos\left[(\pi+\omega)\left(n - \frac{N-1}{2}\right)\right] = -\sin\left[\omega\left(n - \frac{N}{2}\right) + \frac{\omega}{2}\right] & n - \frac{N}{2} \text{ 为偶数时} \end{cases} \tag{6.38}$$

根据式(6.37)和式(6.38),有:

$$\cos\left[(\pi-\omega)\left(n-\frac{N-1}{2}\right)\right]=-\cos\left[(\pi+\omega)\left(n-\frac{N-1}{2}\right)\right]$$

因此,$\cos\left[\omega\left(n-\frac{N-1}{2}\right)\right]$ 关于 $\omega=\pi$ 奇对称。

同理,可以推导出在 $\omega=2\pi$ 时,$\cos\left[\omega\left(n-\frac{N-1}{2}\right)\right]$ 是偶对称。根据式(6.35),可进一步得到,在 $\omega=\pi$ 时,$H_g(\pi)=0$,且 $H_g(\omega)$ 关于 $\omega=\pi$ 是过零奇对称,它关于 $\omega=0,2\pi$ 是过零偶对称。因此,情况2不能实现高通和带阻滤波器。对 $N=12$ 的低通情况,$H_g(\omega)$ 如表6.1中情况2所示。

3. 情况3:$h(n)$ 关于 $n=\dfrac{N-1}{2}$ 奇对称,即 $h(n)=-h(N-n-1)$,N 为奇数

将时域约束条件 $h(n)=-h(N-n-1)$ 和 $\theta(\omega)=-\dfrac{\pi}{2}-\tau\omega$ 代入式(6.17)和式(6.18),并考虑 $h\left(\dfrac{N-1}{2}\right)=0$,得到:

$$\begin{aligned}
H(e^{j\omega})=H_g(\omega)e^{-j\theta(\omega)}&=\sum_{n=0}^{N-1}h(n)e^{-j\omega n}\\
&=\sum_{n=0}^{M-1}\left[h(n)e^{-j\omega n}+h(N-n-1)e^{-j\omega(N-n-1)}\right]\\
&=\sum_{n=0}^{M-1}\left[h(n)e^{-j\omega n}-h(n)e^{-j\omega(N-n-1)}\right]\\
&=e^{-j\omega\frac{N-1}{2}}\sum_{n=0}^{M-1}h(n)\left[e^{-j\omega\left(n-\frac{N-1}{2}\right)}-e^{j\omega\left(n-\frac{N-1}{2}\right)}\right]\\
&=-je^{-j\omega\tau}\sum_{n=0}^{M-1}2h(n)\sin[\omega(n-\tau)]\\
&=e^{-j\left(\frac{\pi}{2}+\omega\tau\right)}\sum_{n=0}^{M-1}2h(n)\sin[\omega(n-\tau)]
\end{aligned}$$

因此可得:

$$H_g(\omega)=\sum_{n=0}^{M-1}2h(n)\sin[\omega(n-\tau)]$$

其中 $M=\left[\dfrac{N}{2}\right]$,表示 $\dfrac{N}{2}$ 取整。由于 N 是奇数,$\tau=\dfrac{N-1}{2}$ 是整数。所以,当 $\omega=0,\pi,2\pi$ 时,$\sin[\omega(n-\tau)]=0$,而且 $\sin[\omega(n-\tau)]$ 关于零点奇对称。因此 $H_g(\omega)$ 关于 $\omega=0,\pi,2\pi$ 三点奇对称。由此可见,情况3只能设计带通滤波器。对 $N=13$ 的带通滤波器举例,$H_g(\omega)$ 如表6.1中情况3所示。

4. 情况4:$h(n)$ 关于 $n=\dfrac{N-1}{2}$ 奇对称,即 $h(n)=-h(N-n-1)$,N 为偶数

用情况3的推导过程可以得到:

$$H_g(\omega) = \sum_{n=0}^{M} 2h(n)\sin[\omega(n-\tau)] \tag{6.39}$$

其中，N 是偶数，$\tau = \dfrac{N-1}{2}$。所以，当 $\omega = 0, 2\pi$ 时，$\sin[\omega(n-\tau)] = 0$；当 $\omega = \pi$ 时，$\sin[\omega(n-\tau)] = (-1)^{n-N/2}$，为峰值点。而且 $\sin[\omega(n-\tau)]$ 关于 $\omega = 0, 2\pi$ 两点过零点奇对称，关于峰值点 $\omega = \pi$ 偶对称。因此 $H_g(\omega)$ 关于 $\omega = 0, 2\pi$ 两点奇对称，关于峰值点 $\omega = \pi$ 偶对称。由此可见，情况 4 只能用来设计高通和带通滤波器，不能设计低通和带阻滤波器。对 $N=12$ 的高通滤波器举例，$H_g(\omega)$ 如表 6.1 中情况 4 所示。

特别强调的是，对表 6.1 中每一种情况仅画出满足幅度特性要求的一种例图。例如，情况 1 仅以低通的幅度特性曲线为例。当然也可以画出满足情况 1 的幅度约束条件的高通、带通和带阻滤波器的幅度特性曲线。

根据式(6.19)和式(6.20)，可得出上述线性相位 FIR 滤波器的群延时都为：

$$-\frac{\mathrm{d}\Phi(\omega)}{\mathrm{d}\omega} = \frac{N-1}{2} \tag{6.40}$$

可以发现，当 N 为奇数时，滤波器的群延时为整数个采样间隔；当 N 为偶数时，滤波器的群延时为(整数+1/2)个采样间隔。

6.4.5　线性相位 FIR 数字滤波器的零点分布特点

重写 FIR 数字滤波器的单位脉冲响应的 Z 变换：

$$H(z) = \sum_{n=0}^{N-1} h(n) z^{-n}$$

代入线性相位条件 $h(n) = \pm h(N-n-1)$，得到：

$$H(z) = \sum_{n=0}^{N-1} h(n) z^{-n} = \pm \sum_{n=0}^{N-1} h(N-n-1) z^{-n}$$

$$= \pm \sum_{m=0}^{N-1} h(m) z^{-(N-1-m)} = \pm z^{-(N-1)} H(z^{-1}) \tag{6.41}$$

由式(6.41)可以看出，如 $z = z_i$ 是 $H(z)$ 的零点，其倒数 z_i^{-1} 也必然是其零点；又因为 $h(n)$ 是实序列，$H(z)$ 的零点必定共轭成对，因此 z_i^* 和 $(z_i^{-1})^*$ 也是其零点。这样，线性相位 FIR 滤波器零点必定是互为倒数的共轭对，确定其中一个，另外 3 个零点也就确定了。令 $H(z)$ 有一个零点在

$$z = r\mathrm{e}^{\mathrm{j}\theta}$$

则一般的零点星座图是如下 4 个成一组：

$$r\mathrm{e}^{\mathrm{j}\theta}, \quad \frac{1}{r}\mathrm{e}^{\mathrm{j}\theta}, \quad r\mathrm{e}^{-\mathrm{j}\theta}, \quad \frac{1}{r}\mathrm{e}^{-\mathrm{j}\theta}$$

如图 6.13 中 z_3、z_3^{-1}、z_3^* 和 $(z_3^{-1})^*$。当然，也有一些特殊情况，如图 6.15 中 z_2 的 $r=1$，则它的零点都在单位圆上并成对出现为：

$$\mathrm{e}^{\mathrm{j}\theta} \text{ 和 } \mathrm{e}^{-\mathrm{j}\theta}$$

若 $\theta=0$ 或 π，则零点位于实轴线上，并成对出现为：

$$r \text{ 或 } \frac{1}{r}$$

如图 6.15 中的 z_4。若 $r=1$ 且 $\theta=0$ 或 $\theta=\pi$，则零点出现在 $z=1$ 或 $z=-1$，如图 6.15 中的 z_1。

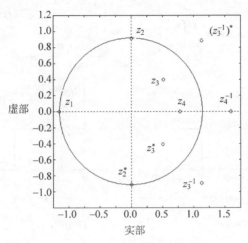

图 6.15　线性相位 FIR 数字滤波器的零点分布

【随堂练习】

(1) 设 FIR 滤波器的系统函数为

$$H(z)=\frac{1}{10}(1+0.9z^{-1}+2.1z^{-2}+0.9z^{-3}+z^{-4})$$

求出该滤波器的单位脉冲响应 $h(n)$，判断是否具有线性相位，求出其幅度函数 $H_g(\omega)$ 和相位函数。

(2) 已知 FIR 滤波器单位脉冲响应为：①$h(n)$长度为 $N=6$，$h(0)=h(5)=2$，$h(1)=h(4)=3$，$h(2)=h(3)=4$；②$h(n)$长度为 $N=7$，$h(0)=-h(6)=3$，$h(1)=-h(5)=2$，$h(2)=-h(4)=1$，$h(3)=0$。分别求出其幅度特性函数和相位特性函数，并分别说明各自的特点。

6.5　滤波器的性能指标

在滤波器的设计中，由于滤波器有幅频响应和相频响应两个响应函数，所以设计的侧重点有所不同：在要求滤波器具有线性相位的情况下，着重考虑相频响应；在要求滤波器具有选频（滤波）特性时，着重考虑幅频响应。本节将介绍具有选频特性的数字滤波器的性能指标。

按选频特性来分类，数字滤波器可以分成低通、高通、带通和带阻等滤波器。它们的理想幅频特性如图 6.16 所示，以低通滤波器为例，来计算它的响应。低通滤波器描述如下：

$$
| H(e^{j\omega}) | = \begin{cases} 1 & | \omega | \leqslant \omega_c \\ 0 & \omega_c < | \omega | \leqslant \pi \end{cases} \tag{6.42}
$$

它所对应的冲激响应是：

$$
h(n) = \frac{1}{2\pi} \int_{-\omega_c}^{\omega_c} e^{j\omega n} d\omega = \begin{cases} \dfrac{\omega_c}{\pi} & n = 0 \\ \dfrac{\sin(\omega_c n)}{\pi n} & n \neq 0 \end{cases} \tag{6.43}
$$

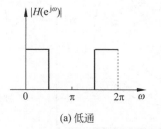

(a) 低通

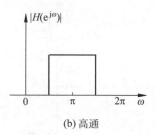

(b) 高通

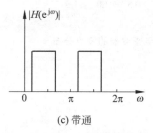

(c) 带通

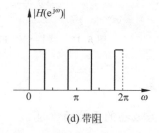

(d) 带阻

图 6.16　理想低通、高通、带通和带阻滤波器幅频特性

　　类似地，可以找到理想高通、带通和带阻滤波器的冲激响应，显然它们都是无限时间非因果的，因此这些理想滤波器是不可能实现的。只能按照某些规则来设计滤波器，使其在允许误差范围内逼近理想滤波器，理想滤波器可作为逼近的标准。此外，需要注意的是，数字滤波器的频率响应函数 $H(e^{j\omega})$ 都以 2π 为周期，低通滤波器的通频带中心位于 2π 的整数倍处，而高通滤波器的通频带中心位于 π 的奇数倍处。一般在数字频率的主值区间 $[-\pi, \pi]$ 描述数字滤波器的频率响应特性。当滤波器不是理想滤波器时，要用一些方法来描述其关键特性，这些特性被称为数字滤波器的性能指标。

　　一般的性能指标均通过频率响应函数呈现。假设数字滤波器的频率响应函数 $H(e^{j\omega})$ 为：

$$
H(e^{j\omega}) = | H(e^{j\omega}) | e^{j\theta(\omega)}
$$

其中，$| H(e^{j\omega}) |$ 称为幅频特性函数；$\theta(\omega)$ 称为相频特性函数。幅频特性表示信号通过该滤波器后各频率成分幅度的衰减情况，而相频特性反映各频率成分通过该滤波器后相位的变化，即在时间上的延时情况。因此，即使两个滤波器幅频特性相同，而相频特性不同，对相同的输入，滤波器输出的信号波形也是不一样的。一般选频滤波器的技术指标都由幅频特性给出，对几种典型滤波器（如巴特沃斯型滤波器），其相频特性是确定的，所以设计过程中，对相频特性一般不作要求。但如果对输出波形有要求，则需要考虑相频特性的技术指标，例如

波形传输、图像信号处理等。

就以图 6.17 给出的低通滤波器的幅频特性指标为例,介绍数字滤波器的各项性能指标。

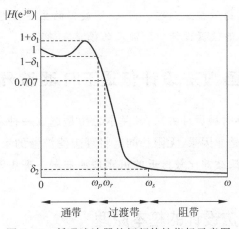

图 6.17　低通滤波器的幅频特性指标示意图

滤波器的通带定义了滤波器允许通过的频率范围。在阻带内,滤波器对信号严重衰减。在现实中,从复杂性与成本角度考虑,设计的滤波器的通带和阻带都允许一定的误差存在,即通带不是完全水平的,阻带也不会绝对衰减到零。此外,在通带与阻带之间还应设置一定宽度的过渡带。

在图 6.17 中,ω_p 和 ω_s 分别称为通带边界频率和阻带边界频率。通带频率范围为 $0 \leqslant |\omega| \leqslant \omega_p$,在通带中要求 $1 - \delta_1 \leqslant |H(e^{j\omega})| \leqslant 1 + \delta_1$,其中 δ_1 称为通带波纹(Pass Band Ripple),是滤波器通带内偏离单位增益的最大值。阻带频率范围为 $\omega_s \leqslant |\omega| \leqslant \pi$,在阻带中要求 $|H(e^{j\omega})| \leqslant \delta_2$,其中 δ_2 称为阻带波纹(Stop Band Ripple),是滤波器通带内偏离零增益的最大值。过渡带宽度是从通带边界频率 ω_p 到阻带边界频率 ω_s 之间的距离,即:

$$过渡带宽度 = 阻带边界频率 - 通带边界频率$$

过渡带上的频率响应一般是单调下降的。

对图 6.17 所示的单调下降幅频特性,也可用下面的两个参数表示滤波器的幅频特性:α_p 和 α_s。α_p 表示通带内允许的最大衰减,α_s 表示阻带内允许的最小衰减。α_p 和 α_s 的计算公式为:

$$\alpha_p = 20\lg \frac{|H(e^{j0})|}{|H(e^{j\omega_p})|} dB \tag{6.44}$$

$$\alpha_s = 20\lg \frac{|H(e^{j0})|}{|H(e^{j\omega_s})|} dB \tag{6.45}$$

如果将 $|H(e^{j0})|$ 归一化为 1,式(6.44)和式(6.45)则表示为:

$$\alpha_p = -20\lg |H(e^{j\omega_p})| dB \tag{6.46}$$

$$\alpha_s = -20\lg |H(e^{j\omega_s})| dB \tag{6.47}$$

从物理意义上看,通带最大衰减 α_p 和阻带最小衰减 α_s 与通带波纹幅度 δ_1 和阻带波纹

幅度 δ_2 是完全等价的两个常数。

注意：当滤波器幅度下降到 $\dfrac{\sqrt{2}}{2}$ 时所对应的频率标记为 $\omega = \omega_c$，此时 $\alpha = -20\lg|H(\mathrm{e}^{\mathrm{j}\omega_c})| = 3\mathrm{dB}$，因此 ω_c 被称为 3dB 通带截止频率。因此，滤波器的主要性能指标包括：α_p、α_s（或 δ_1、δ_2）、ω_p、ω_c 和 ω_s，它们是滤波器设计中所涉及的很重要的参数。

6.6 使用窗函数法设计低通 FIR 滤波器

窗函数设计法是一种时域设计方法，其基本思想是选取一种合适的理想频率响应滤波器（其单位脉冲响应一定是非因果，无限长的），将理想滤波器的单位脉冲响应进行截断（即加窗）以得到一个与理想滤波器比较接近的可实现滤波器。理想零相位低通滤波器的逼近过程，参见附录 A。

6.6.1 窗函数法设计的基本原理

下面以理想线性相位低通滤波器为例，详细介绍窗函数法设计的基本原理。理想线性相位低通滤波器是指其幅度响应是矩形，其相频响应是线性的滤波器。由于滤波器频域是有限带宽，故其时域中的单位脉冲响应 $h_d(n)$ 是无限长。若将 $h_d(n)$ 截断成有限长序列，且截断后的 $h(n)$ 能满足线性相位 FIR 低通滤波器的要求，就可以用来设计 FIR 线性相位低通滤波器。

设希望逼近的理想线性相位低通滤波器频率响应函数为 $H_d(\mathrm{e}^{\mathrm{j}\omega})$，其单位脉冲响应是 $h_d(n)$，那么理想线性相位低通滤波器的频率响应函数 $H_d(\mathrm{e}^{\mathrm{j}\omega})$ 为：

$$H_d(\mathrm{e}^{\mathrm{j}\omega}) = \begin{cases} \mathrm{e}^{-\mathrm{j}\omega\tau} & |\omega| \leqslant \omega_c \\ 0 & \omega_c < |\omega| \leqslant \pi \end{cases} \tag{6.48}$$

其中，τ 为群延时，ω_c 为截止频率。其单位脉冲响应 $h_d(n)$ 为：

$$\begin{aligned} h_d(n) &= \frac{1}{2\pi} \int_{-\pi}^{\pi} \mathrm{e}^{-\mathrm{j}\omega\tau} \cdot \mathrm{e}^{\mathrm{j}\omega n} \, \mathrm{d}\omega \\ &= \frac{1}{2\pi} \int_{-\omega_c}^{\omega_c} \mathrm{e}^{-\mathrm{j}\omega\tau} \cdot \mathrm{e}^{\mathrm{j}\omega n} \, \mathrm{d}\omega \\ &= \frac{1}{2\pi} \int_{-\omega_c}^{\omega_c} \mathrm{e}^{\mathrm{j}\omega(n-\tau)} \, \mathrm{d}\omega \\ &= \frac{\omega_c}{\pi} \cdot \frac{\sin[\omega_c(n-\tau)]}{\omega_c \cdot (n-\tau)} \end{aligned} \tag{6.49}$$

由式（6.49）可以看出，理想线性相位低通滤波器的单位脉冲响应 $h_d(n)$ 在时域是无限长偶对称序列（关于 $n = \tau$ 成偶对称），$h_d(n)$ 的波形如图 6.18(a) 所示。根据前面的讨论可知，若要设计一个长度为 N 的第一类线性相位 FIR 滤波器，必须使 $\tau = (N-1)/2$，并且用长度为 N 的偶对称窗函数 $w(n)$（$0 \leqslant n \leqslant N-1$ 有值）对 $h_d(n)$ 进行截断，则有：

$$h(n) = h_d(n) \cdot w(n), \quad 0 \leqslant n \leqslant N-1 \tag{6.50}$$

可以看出,截断后的实际 $h(n)$ 与窗函数 $w(n)$ 直接相关。由于滤波器设计大多是在频域讨论实际设计的 $H(\mathrm{e}^{\mathrm{j}\omega})=\mathrm{DTFT}[h(n)]$ 与理想的 $H_d(\mathrm{e}^{\mathrm{j}\omega})$ 的逼近情况,因此,逼近的误差与窗函数 $w(n)$ 的形状以及窗长点数 N 有密切的关系。

现在用最简单的矩形窗 $R_N(n)$ 对 $h_d(n)$ 进行截取,即

$$h(n)=h_d(n) \cdot R_N(n) \tag{6.51}$$

$R_N(n)$ 的波形如图 6.18(b)所示,截取后的单位脉冲响应为 $h(n)$,如图 6.18(c)所示。由该图可知,当 $\tau=(N-1)/2$ 时,截取的一段 $h(n)$ 关于 $n=(N-1)/2$ 偶对称,保证所设计的滤波器具有线性相位。因此,根据式(6.49)和式(6.51),可以得到采用矩形窗 $R_N(n)$ 对 $h_d(n)$ 进行截断时,时域的逼近效果为

$$
\begin{aligned}
h(n) &= h_d(n) \cdot w(n) = h_d(n) \cdot R_N(n) \\
&= \begin{cases} \dfrac{\omega_c}{\pi} \cdot \dfrac{\sin[\omega_c(n-(N-1)/2)]}{\omega_c \cdot [n-(N-1)/2]} & 0 \leqslant n \leqslant N-1 \\ 0 & \text{其他} \end{cases}
\end{aligned} \tag{6.52}
$$

这里一定满足线性相位条件,即

$$h(n)=h(N-1-n)$$

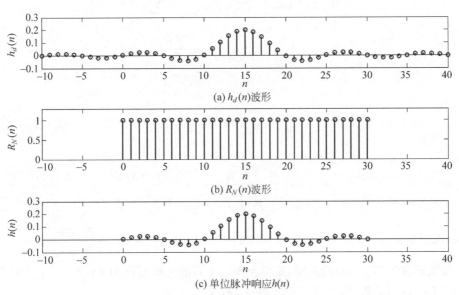

(a) $h_d(n)$波形

(b) $R_N(n)$波形

(c) 单位脉冲响应$h(n)$

图 6.18　窗函数设计法的时域波形(矩形窗,$N=31$)

由于实际设计的 FIR 滤波器的单位脉冲响应,是用这样一个有限长的序列 $h(n)$ 去代替无限长的 $h_d(n)$,两者间的误差在频域的表现就是通常所说的吉布斯(Gibbs)效应。该效应会引起过渡带加宽以及通带和阻带内的波动,尤其使阻带的衰减变小,从而达不到设计的性能指标,如图 6.19 所示。这种吉布斯效应是由于将 $h_d(n)$ 直接截断引起的,因此,也称为截断效应。

下面从频域的角度,讨论加窗后的逼近效果。

设 $w(n)$ 表示窗函数,用下标表示窗函数的类型,矩形窗记为 $w_R(n)$,用 N 表示窗函数的长度。由傅里叶变换的时域卷积定理,可得式(6.51)的傅里叶变换为:

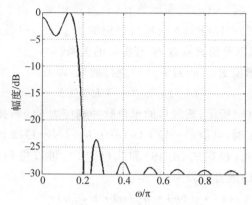

图 6.19 吉布斯效应

$$H(e^{j\omega}) = \frac{1}{2\pi}\int_{-\pi}^{\pi} H_d(e^{j\theta}) W_R(e^{j(\omega-\theta)}) d\theta \tag{6.53}$$

其中,$H_d(e^{j\omega})$ 和 $W_R(e^{j\omega})$ 分别是 $h_d(n)$ 和 $R_N(n)$ 的傅里叶变换,则可进一步算出 $W_R(e^{j\omega})$:

$$W_R(e^{j\omega}) = \sum_{n=0}^{N-1} w_R(n)e^{-j\omega n} = \sum_{n=0}^{N-1} e^{-j\omega n}$$

$$= e^{-j\frac{1}{2}(N-1)\omega} \frac{\sin\left(\frac{N\omega}{2}\right)}{\sin\left(\frac{\omega}{2}\right)}$$

$$= e^{-j\tau\omega} W_{Rg}(\omega) \tag{6.54}$$

其中:

$$W_{Rg}(\omega) = \frac{\sin\left(\frac{N\omega}{2}\right)}{\sin\left(\frac{\omega}{2}\right)}, \quad \tau = \frac{N-1}{2}$$

$W_{Rg}(\omega)$ 称为矩形窗的幅度函数,如图 6.20(b)所示,将图中区间 $\left[-\frac{2\pi}{N}, \frac{2\pi}{N}\right]$ 上两个零点之间的一段波形称为 $W_{Rg}(\omega)$ 的主瓣,矩形窗 $W_{Rg}(\omega)$ 的主瓣宽度为 $4\pi/N$。$W_{Rg}(\omega)$ 其他较小的振荡部分称为旁瓣,每个旁瓣宽度都是 $2\pi/N$。

将 $H_d(e^{j\omega})$ 写成 $H_d(e^{j\omega}) = H_{dg}(\omega) \cdot e^{-j\tau\omega}$,$H_{dg}(\omega)$ 如图 6.20(a)所示,则按照式(6.48),理想低通滤波器的幅度特性函数为:

$$H_{dg}(\omega) = \begin{cases} 1 & |\omega| \leqslant \omega_c \\ 0 & \omega_c < |\omega| \leqslant \pi \end{cases}$$

将 $H_d(e^{j\omega})$ 和 $W_R(e^{j\omega})$ 代入式(6.53),得到:

$$H(e^{j\omega}) = \frac{1}{2\pi}\int_{-\pi}^{\pi} H_{dg}(\theta)e^{-j\tau\theta} W_{Rg}(\omega-\theta)e^{-j\tau(\omega-\theta)} d\theta$$

$$= e^{-j\tau\omega} \frac{1}{2\pi}\int_{-\pi}^{\pi} H_{dg}(\theta) W_{Rg}(\omega-\theta) d\theta$$

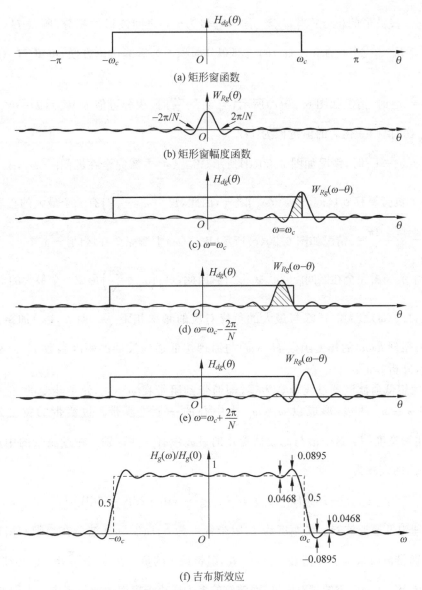

图 6.20　矩形窗加窗效应

将 $H(\mathrm{e}^{\mathrm{j}\omega})$ 写成 $H(\mathrm{e}^{\mathrm{j}\omega})=H_g(\omega)\mathrm{e}^{-\mathrm{j}\tau\omega}$，则有：

$$H_g(\omega)=\frac{1}{2\pi}\int_{-\pi}^{\pi}H_{dg}(\theta)W_{Rg}(\omega-\theta)\mathrm{d}\theta \qquad (6.55)$$

其中，$H_g(\omega)$ 是 $H(\mathrm{e}^{\mathrm{j}\omega})$ 的幅度特性。该式说明加窗后的滤波器的幅度特性等于理想低通滤波器的幅度特性 $H_{dg}(\omega)$ 与矩形窗幅度特性 $W_{Rg}(\omega)$ 的卷积，即实际对 FIR 滤波器频率响应的幅度函数 $H_g(\omega)$ 有影响的是窗函数频率响应的幅度函数 $W_{Rg}(\omega)$。

图 6.20(c)～图 6.20(e) 表示上述的卷积过程，图 6.20(f) 表示 $H_{dg}(\omega)$ 与 $W_{Rg}(\omega)$ 卷积形成的 $H_g(\omega)$ 波形。以下通过几个特殊频率点考察 $H_g(\omega)$ 的一般情况。

当 $\omega=0$ 时，$H_g(0)$ 等于图 6.20(a) 与图 6.20(b) 两波形乘积的积分，即对 $W_{Rg}(\omega)$ 在

$\pm\omega_c$ 之间一段波形的积分;当 $\omega_c \gg \dfrac{2\pi}{N}$ 时,近似为 $\pm\pi$ 之间波形的积分,所以 $H(0)$ 可以近似看成是 θ 从 $-\pi$ 到 π 的 $W_{Rg}(\omega)$ 的全部积分面积。为后续讨论方便,可将 $H_g(0)$ 值归一化到 1。

当 $\omega=\omega_c$ 时,情况如图 6.20(c)所示,当 $\omega_c \gg \dfrac{2\pi}{N}$ 时,积分近似为 $W_{Rg}(\theta)$ 一半波形的积分,对 $H_g(0)$ 值归一化后的值近似为 $1/2$。

当 $\omega=\omega_c-\dfrac{2\pi}{N}$ 时,情况如图 6.20(d)所示,$W_{Rg}(\omega)$ 主瓣完全在区间 $[-\omega_c,\omega_c]$ 之内,而最大的一个负旁瓣移到区间 $[-\omega_c,\omega_c]$ 之外,因此,$H_g\left(\omega_c-\dfrac{2\pi}{N}\right)$ 有一个最大的正肩峰。

当 $\omega=\omega_c+\dfrac{2\pi}{N}$ 时,情况如图 6.20(e)所示,$W_{Rg}(\omega)$ 主瓣完全在区间 $[-\omega_c,\omega_c]$ 之外,由于最大的一个负旁瓣完全在区间 $[-\omega_c,\omega_c]$ 之内,因此,$H_g\left(\omega_c+\dfrac{2\pi}{N}\right)$ 形成一个最大的负肩峰。

因此,$H_g(\omega)$ 最大的正峰与最大的负峰对应的频率相距 $\dfrac{4\pi}{N}$。对 $h_d(n)$ 加矩形窗处理后,有限长序列 $h(n)$ 的幅度函数 $H_g(\omega)$ 与原理想低通滤波器的幅度函数 $H_{dg}(\omega)$ 之间有逼近误差,分析如下:

(1) 理想低通滤波器过渡带宽为零,即通带到阻带在 $\omega=\omega_c$ 处是陡变的,但加窗后的 $H_g(\omega)$ 在 $\omega=\omega_c$ 两边,形成以 $\omega=\omega_c$ 为中心的一个过渡带。过渡带的宽度近似等于 $W_{Rg}(\omega)$ 主瓣宽度 $\dfrac{4\pi}{N}$。这个值与滤波器真正的过渡带有一些区别。在过渡带的中点 $\omega=\omega_c$ 处,$H_g(\omega_c)$ 的衰减为:

$$-20\lg H_g(\omega_c)=-20\lg\frac{1}{2}=6.02\mathrm{dB}\approx 6\mathrm{dB}$$

(2) 理想低通滤波器通带幅度为 1,阻带幅度为 0,而实际滤波器在通带和阻带均产生了波纹。通带波纹最大的峰值在 $\omega_c-\dfrac{2\pi}{N}$ 处,阻带最大的负峰在 $\omega_c+\dfrac{2\pi}{N}$ 处。这种波纹的幅度取决于窗谱 $W_{Rg}(\omega)$ 旁瓣的相对幅度,而波纹的多少取决于窗谱旁瓣的多少。由图 6.20(f)表示的 $H_g(\omega)$ 波形可知,对 $h_d(n)$ 加矩形窗截断后,截止频率附近出现了过渡带,通带和阻带产生了波纹,即为前面所说的吉布斯效应。

(3) 增加截断长度 N,这窗谱主瓣附近($\omega\to 0$)的频率响应的幅度函数为:

$$W_{Rg}(\omega)=\frac{\sin(N\omega/2)}{\sin(\omega/2)}\approx\frac{\sin(N\omega/2)}{\omega/2}=N\cdot\frac{\sin(N\omega/2)}{N\omega/2}=N\cdot\frac{\sin x}{x} \qquad (6.56)$$

其中 $x=N\omega/2$。可见,改变 N 只能改变窗谱的主瓣宽度 $\dfrac{4\pi}{N}$ 和 $W_{Rg}(\omega)$ 的绝对值,而 $\dfrac{\sin x}{x}$ 的形状是不会改变的,也不会改变主瓣与旁瓣的相对比例。图 6.21 画出了当 $N=12,N=20$ 和 $N=32$ 时矩形窗的幅频特性曲线,由于 $\dfrac{\sin x}{x}$ 是由矩形窗形状决定的,因而当 N 增加时,不会改变肩峰的相对值。

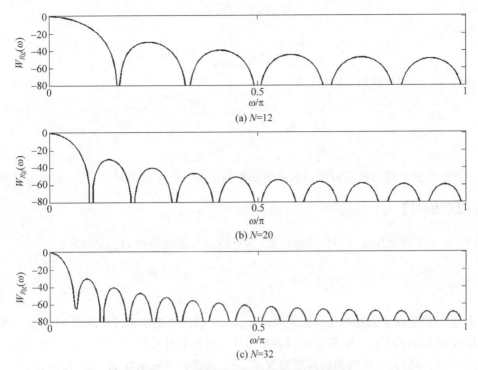

图 6.21 矩形窗长度对其幅频特性的影响

窗谱所形成的 $H_g(\omega)$ 的肩峰的大小,会影响 $H_g(\omega)$ 的通带的平稳和阻带的衰减,是很重要的指标。

通过上述时域和频域的分析表明,调整窗口长度 N 只能有效控制过渡带的宽度,对于用矩形窗,其造成的肩峰为 8.95%,阻带最小衰减为 $20\lg(8.95\%)=-21\text{dB}$,通常这不能满足一般工程上对滤波器的要求。而要减少通带波动以及增大阻带衰减,只能从窗函数的形状上找办法,采用形状缓变的窗函数,使新的窗函数在边沿处(即 $N=0$ 和 $n=N-1$ 处)的变化比矩形窗变化平滑而缓慢,达到减小通带最大衰减、加大阻带最小衰减的目的。

另一个逼近误差产生的原因是出现了过渡带,过渡带宽的大小由 N 来确定,加大窗函数长度点数,可以使过渡带宽度减小。因此,在 FIR 滤波器的窗函数设计中,首先是由所要求的阻带最小衰减 α_s 确定窗函数形状,再由过渡带宽的要求确定窗长的点数 N。

下面仍从矩形窗开始,介绍几种工程上常用窗函数,比较它们的相关特性,可以看出,时域波形较平滑的窗,其幅度函数的主瓣包含的能量也较多,旁瓣能量较少。但在 N 同样的情况下,其主瓣宽度也较宽。因此,窗函数设计中,通带、阻带波纹的改善(变小)是以过渡带宽变宽为代价的。

6.6.2 常用的窗函数

以下均以理想低通滤波器($\omega_c=\pi/2$)为例,考察理想低通滤波器加窗后的幅度响应,窗长取 $N=31$。

1. 矩形窗

矩形窗(Rectangle Window)是最简单的窗函数,如前面所定义其时域表达式为:

$$w_R(n) = R_N(n)$$

其频谱函数为：

$$W_R(e^{j\omega}) = W_R(\omega)e^{-j\left(\frac{N-1}{2}\right)\omega}$$

其中，$W_{Rg}(\omega)$ 为幅度函数，表达式为：

$$W_{Rg}(\omega) = \frac{\sin\dfrac{\omega N}{2}}{\sin\dfrac{\omega}{2}}$$

理想低通滤波器加矩形窗后的脉冲响应和幅度响应已在前面详细讲述，此处不再赘述。

【随堂练习】

(1) 用矩形窗设计线性相位低通滤波，逼近滤波器系统函数 $H_d(e^{j\omega})$ 为：

$$H_d(e^{j\omega}) = \begin{cases} e^{-j\omega\tau} & 0 \leqslant |\omega| \leqslant \omega_c \\ 0 & \omega_c \leqslant |\omega| \leqslant \pi \end{cases}$$

① 求出相应理想低通的单位脉冲响应 $h_d(n)$；② 求出矩形窗设计法的 $h(n)$ 表达式，确定 τ 与 N 之间的关系；③ N 取奇数或偶数对滤波特性有什么影响？

(2) 用矩形窗设计线性相位高通滤波器，逼近滤波器系统函数 $H_d(e^{j\omega})$ 为：

$$H_d(e^{j\omega}) = \begin{cases} e^{-j\omega\tau} & \omega_c \leqslant |\omega| \leqslant \pi \\ 0 & 其他 \end{cases}$$

① 求出相应理想高通的单位脉冲响应 $h_d(n)$；② 求出矩形窗设计法的 $h(n)$ 表达式，确定 τ 与 N 之间的关系；③ N 取值有什么限制？为什么？

2. 汉宁(Hanning)窗——升余弦窗

N 点汉宁窗时域表达式为：

$$w_{Hn} = 0.5\left(1 - \cos\frac{2\pi n}{N-1}\right)R_N(n) \tag{6.57}$$

下面借助矩形窗的频谱计算其频谱函数为：

$$\begin{aligned} W_{Hn}(e^{j\omega}) &= FT[w_{Hn}(n)] \\ &= \left\{0.5W_{Rg}(\omega) + 0.25\left[W_{Rg}\left(\omega + \frac{2\pi}{N-1}\right) + W_{Rg}\left(\omega - \frac{2\pi}{N-1}\right)\right]\right\}e^{-j\frac{N-1}{2}\omega} \\ &= W_{Hng}(\omega)e^{-j\frac{N-1}{2}\omega} \end{aligned}$$

当 $N \gg 1$ 时，$N - 1 \approx N$，则有：

$$W_{Hng}(\omega) = 0.5W_{Rg}(\omega) + 0.25\left[W_{Rg}\left(\omega + \frac{2\pi}{N}\right) + W_{Rg}\left(\omega - \frac{2\pi}{N}\right)\right] \tag{6.58}$$

由式(6.58)可知汉宁窗的幅度函数 $W_{Hng}(\omega)$ 由 3 部分相加，如图 6.22 所示，其旁瓣互相抵消，使能量更集中在主瓣上。但是这是以主瓣宽度比矩形窗增加一倍($8\pi/N$)为代价的。汉宁窗的时域波形、频谱及理想低通滤波器($\omega_c = \pi/2$)加汉宁窗后的幅度响应($N = 31$)如图 6.23 所示。

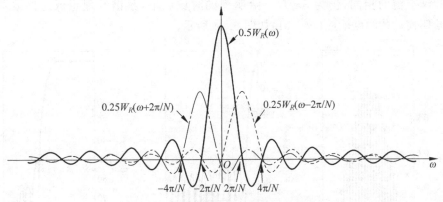

图 6.22　汉宁窗幅度函数的 3 个部分

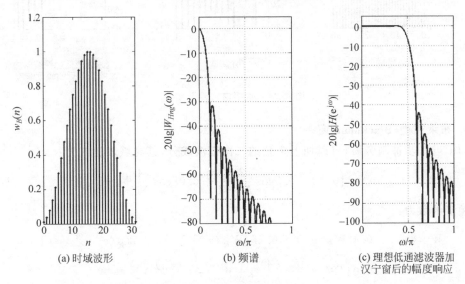

(a) 时域波形　　　　　　(b) 频谱　　　　　　(c) 理想低通滤波器加
　　　　　　　　　　　　　　　　　　　　　　　汉宁窗后的幅度响应

图 6.23　汉宁窗特性及实例

3. 哈明(Hamming)窗——改进的升余弦窗

N 点哈明窗时域表达式为:

$$w_{Hm}(n) = \left(0.54 - 0.46\cos\frac{2\pi n}{N-1}\right)R_N(n) \tag{6.59}$$

其频谱函数为:

$$W_{Hm}(e^{j\omega}) = 0.54W_R(e^{j\omega}) + 0.23W_R(e^{j\left(\omega-\frac{2\pi}{N-1}\right)}) + 0.23W_R(e^{j\left(\omega+\frac{2\pi}{N-1}\right)})$$

其幅度函数为:

$$W_{Hmg}(\omega) = 0.54W_{Rg}(\omega) + 0.23W_{Rg}\left(\omega - \frac{2\pi}{N-1}\right) + 0.23W_{Rg}\left(\omega + \frac{2\pi}{N-1}\right)$$

当 $N \gg 1$ 时,其可近似表示为:

$$W_{Hmg}(\omega) = 0.54W_{Rg}(\omega) + 0.23W_{Rg}\left(\omega - \frac{2\pi}{N}\right) + 0.23W_{Rg}\left(\omega + \frac{2\pi}{N}\right)$$

哈明窗能量更加集中在主瓣中,主瓣的能量约占 99.96%,瓣峰值幅度为 40dB,但其主瓣宽度和汉宁窗的相同，仍为 $8\pi/N$。哈明窗的时域波形，频谱及理想低通滤波器（$\omega_c = \pi/2$）加哈明窗后的幅度响应（$N=31$）如图 6.24 所示。

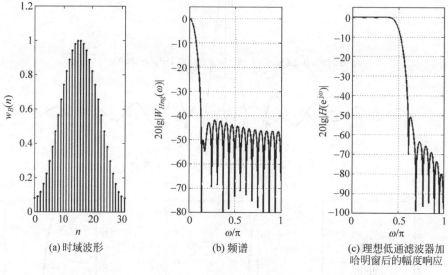

(a) 时域波形　　　　(b) 频谱　　　　(c) 理想低通滤波器加哈明窗后的幅度响应

图 6.24　哈明窗特性及实例

4. 布莱克曼(Blackman)窗

为了进一步抑制旁瓣，可以加上余弦的二次谐波成分，其时域表达式为：

$$w_{Bl}(n) = \left(0.42 - 0.5\cos\frac{2\pi n}{N-1} + 0.08\cos\frac{4\pi n}{N-1}\right)R_N(n) \qquad (6.60)$$

它的频谱函数为：

$$W_{Bl}(e^{j\omega}) = 0.42W_R(e^{j\omega}) + 0.25\left[W_R(e^{j\left(\omega-\frac{2\pi}{N-1}\right)}) + W_R(e^{j\left(\omega+\frac{2\pi}{N-1}\right)})\right] +$$
$$0.04\left[W_R(e^{j\left(\omega-\frac{4\pi}{N-1}\right)}) + W_R(e^{j\left(\omega+\frac{4\pi}{N-1}\right)})\right]$$

幅度函数为：

$$W_{Blg}(\omega) = 0.42W_{Rg}(\omega) + 0.25\left[W_{Rg}\left(\omega-\frac{2\pi}{N-1}\right) + W_{Rg}\left(\omega+\frac{2\pi}{N-1}\right)\right] +$$
$$0.04\left[W_{Rg}\left(\omega-\frac{4\pi}{N-1}\right) + W_{Rg}\left(\omega+\frac{4\pi}{N-1}\right)\right] \qquad (6.61)$$

这样其幅度函数由 5 部分组成，各部分旁瓣进一步抵消。旁瓣峰值幅度进一步减小，其幅度谱主瓣宽度是矩形窗的 3 倍。布莱克曼窗的时域波形，频谱及理想低通滤波器（$\omega_c = \pi/2$）加布莱克曼窗后的幅度响应（$N=31$）如图 6.25 所示。

5. 三角形窗(Bartlett Window)

N 点三角窗时域表达式为：

$$\omega_B(n) = \begin{cases} \dfrac{2n}{N-1} & 0\leqslant n\leqslant \frac{1}{2}(N-1) \\ 2-\dfrac{2n}{N-1} & \frac{1}{2}(N-1) < n\leqslant N-1 \end{cases} \qquad (6.62)$$

其频谱函数为：

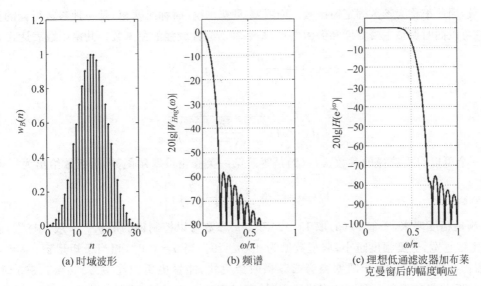

(a) 时域波形　　　　　　　(b) 频谱　　　　　　(c) 理想低通滤波器加布莱
克曼窗后的幅度响应

图 6.25　布莱克曼窗特性及实例

$$W_B(\mathrm{e}^{\mathrm{j}\omega}) = \frac{2}{N}\left[\frac{\sin(\omega N/4)}{\sin(N/2)}\right]^2 \mathrm{e}^{-\mathrm{j}\frac{N-1}{2}\omega}$$

其幅度函数为：

$$W_{Bg}(\mathrm{e}^{\mathrm{j}\omega}) = \frac{2}{N}\left[\frac{\sin(\omega N/4)}{\sin(N/2)}\right]^2$$

三角形窗的时域波形、频谱及理想低通滤波器（$\omega_c = \pi/2$）加三角形窗后的幅度响应（$N=31$）如图 6.26 所示。

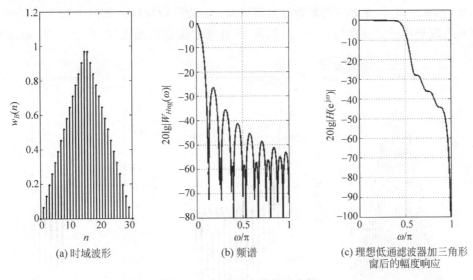

(a) 时域波形　　　　　　　(b) 频谱　　　　　　(c) 理想低通滤波器加三角形
窗后的幅度响应

图 6.26　三角形窗特性及实例

6. 凯塞-贝塞尔窗（Kaiser-Basel Window）

以上 5 种窗函数允许通过对滤波器阶数的选择来控制过渡带宽，但是不能控制通带和阻带波纹,因此都称为参数固定窗函数。而凯塞-贝塞尔窗(简称凯塞窗)是一种参数可调的窗函数,它可以同时调整主瓣宽度和旁瓣电平,是一种适应性较强的窗函数。其窗函数表达式为:

$$w_k(n) = \frac{I_0(\beta)}{I_0(\alpha)} \quad 0 \leqslant n \leqslant N-1 \tag{6.63}$$

其中:

$$\beta = \alpha \sqrt{1 - \left(\frac{2n}{N-1} - 1\right)^2}$$

α 是一个可以自由选择的参数。$I_0(\beta)$ 是零阶第一类修正贝塞尔函数,用级数给出为:

$$I_0(\beta) = 1 + \sum_{k=1}^{\infty} \left[\frac{1}{k!}\left(\frac{\beta}{2}\right)^k\right]^2$$

为了满足精度要求,一般 $I_0(\beta)$ 取 15~25 项。α 参数可以控制窗的形状。一般 α 越大,窗越窄;主瓣越宽,旁瓣幅度越小,典型数据为 $4 < \alpha < 9$。当 $\alpha = 0$ 时,相当于矩形窗;$\alpha = 5.44$ 时,窗函数接近哈明窗,但凯塞窗旁瓣频谱收敛更快,能量更集中在主瓣。$\alpha = 7.865$ 时,窗函数接近布莱克曼窗。在设计指标给定时,可以调整 α 值,使滤波器阶数最低,性能最优。

由于式(6.63)中有贝塞尔函数,该窗函数的设计方程不易导出,但有经验公式可用,凯塞(Kaiser)给出的估算 α 和滤波器阶数 $M(h(n)$ 的长度 $N = M+1)$ 的公式如下:

$$\alpha = \begin{cases} 0.112(\alpha_s - 8.7) & \alpha_s \geqslant 50\text{dB} \\ 0.5842(\alpha_s - 21)^{0.4} + 0.07886(\alpha_s - 21) & 21\text{dB} < \alpha_s < 50\text{dB} \\ 0 & \alpha_s \leqslant 21\text{dB} \end{cases} \tag{6.64}$$

$$M = \frac{\alpha_s - 8}{2.285 B_t} \tag{6.65}$$

其中,$B_t = |\omega_s - \omega_p|$,是数字滤波器过渡带宽度。$\alpha_s$ 为阻带衰减。凯塞-贝塞尔窗的时域波形,频谱及理想低通滤波器($\omega_c = \pi/2$)加凯塞-贝塞尔窗后的幅度响应($N = 31$)如图 6.27 所示。

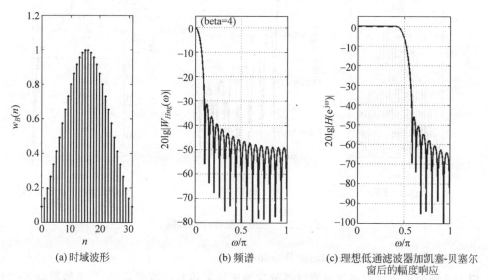

(a) 时域波形　　(b) 频谱　　(c) 理想低通滤波器加凯塞-贝塞尔窗后的幅度响应

图 6.27 凯塞-贝塞尔窗特性及实例

基于 α 的 8 种典型值，表 6.2 给出了凯塞窗函数的性能，供设计者参考。矩形窗、汉宁窗、哈明窗、布莱克曼窗和凯塞窗 5 种典型窗函数基本参数归纳在表 6.3 中，可供设计时参考，表中 f_s 是采样频率，$T.W.$ 是过渡带的宽度。

表 6.2　凯塞窗参数对滤波器的性能影响

α	过渡带宽	通带波纹/dB	阻带最小衰减/dB
2.120	$3.00\pi/N$	± 0.27	-30
3.384	$4.46\pi/N$	± 0.0864	-40
4.538	$5.86\pi/N$	± 0.0274	-50
5.568	$7.24\pi/N$	$\pm 0.008\,68$	-60
6.764	$8.64\pi/N$	$\pm 0.002\,75$	-70
7.865	$10.0\pi/N$	$\pm 0.000\,868$	-80
8.960	$11.4\pi/N$	$\pm 0.000\,275$	-90
10.056	$10.8\pi/N$	$\pm 0.000\,087$	-100

表 6.3　5 种窗函数及其基本参数

窗类型	窗函数 $\lvert n \rvert \leqslant \dfrac{N-1}{2}$	项数 N（窗的长度）	滤波器阻带衰减/dB	通带边界增益 $20\lg(1-\delta_1)$ /dB
矩形窗	1	$0.91\dfrac{f_s}{T.W.}$	21	-0.9
汉宁窗	$w_{Hn}(n)=0.5\left(1-\cos\dfrac{2\pi n}{N-1}\right)R_N(n)$	$3.32\dfrac{f_s}{T.W.}$	44	-0.06
哈明窗	$w_{Hm}(n)=\left(0.54-0.46\cos\dfrac{2\pi n}{N-1}\right)R_N(n)$	$3.44\dfrac{f_s}{T.W.}$	55	-0.02
布莱克曼窗	$w_{Bl}(n)=\left(\begin{array}{l}0.42-0.5\cos\dfrac{2\pi n}{N-1}+\\ 0.08\cos\dfrac{4\pi n}{N-1}\end{array}\right)R_N(n)$	$5.98\dfrac{f_s}{T.W.}$	75	-0.0014
凯塞窗	$w_k(n)=\dfrac{I_0(\beta)}{I_0(\alpha)}$ 其中 $\beta=\alpha\sqrt{1-\left(\dfrac{2n}{N-1}-1\right)^2}$	$4.33\dfrac{f_s}{T.W.}$ $(\beta=6)$	64	-0.0057
		$5.25\dfrac{f_s}{T.W.}$ $(\beta=8)$	81	$-0.000\,87$
		$6.36\dfrac{f_s}{T.W.}$ $(\beta=10)$	100	$-0.000\,013$

MATLAB 信号处理工具箱提供了 14 种窗函数的产生函数，上述 6 种窗函数的产生函数及其调用格式如下。

（1）wn＝boxcar(N)：％数组 wn 中产生 N 点的矩形窗函数。

（2）wn＝hanning(N)：％数组 wn 中产生 N 点的汉宁窗函数。

（3）wn＝hamming(N)：％数组 wn 中产生 N 点的哈明窗函数。

（4）wn＝Blackman(N)：％数组 wn 中产生 N 点的布莱克曼窗函数。

（5）wn＝Bartlett(N)：％数组 wn 中产生 N 点的三角形窗函数。

（6）wn＝Kaiser(N, beta)：％数组 wn 中产生 N 点的凯塞窗函数。

6.6.3　用窗函数法设计 FIR 滤波器的步骤

1. 窗函数法的设计思路及设计指南

使用窗函数法的设计思路如下：

（1）给出要求的理想频率响应 $H_d(e^{j\omega})$，一般给出分段常数的理想频率特性；

（2）由于窗函数法是在时域对序列进行截断，故必须求出 $h_d(n)$

$$h_d(n) = \text{IDTFT}[H_d(e^{j\omega})] = \frac{1}{2\pi}\int_{-\pi}^{\pi} H_d(e^{j\omega}) \cdot e^{j\omega n}\,d\omega \tag{6.66}$$

（3）由于 $h_d(n)$ 在时域是无限长，需要用一个有限长的窗函数 $w(n)$ 对理想滤波器的单位脉冲响应 $h_d(n)$ 进行截取（相乘运算），窗函数长度是 N。截取后的实际滤波器的单位脉冲响应为 $h(n)$：

$$h(n) = h_d(n)w(n) = \frac{\sin(\omega_c n)}{\pi n}w(n) \tag{6.67}$$

其中窗函数的性质和窗长是两个极重要的参数；

（4）求出加窗后实际滤波器的频率响应 $H(e^{j\omega})$ 为

$$H(e^{j\omega}) = \text{DTFT}[h(n)] = \text{DTFT}[h_d(n) \cdot w(n)]$$

$$= \frac{1}{2\pi}[H_d(e^{j\omega}) * W(e^{j\omega})] = \frac{1}{2\pi}\int_{-\pi}^{\pi} H_d(e^{j\theta})W(e^{j(\omega-\theta)})\,d\theta \tag{6.68}$$

（5）检验 $H(e^{j\omega})$ 是否满足 $H_d(e^{j\omega})$ 的要求，若不满足，需重新修改窗函数的形状或窗长，重复（3）、（4）两步，直到满足要求为止。

当然，在实际设计过程中，也可通过查表的方法来实现。下面以 FIR 低通滤波器的设计为例，来介绍窗函数法中的查表法。

表 6.3 是由经验得出的参数，可用来选择窗函数。通常先在表 6.3 中选出所需的阻带衰减，在保证阻带衰减满足要求的情况下，尽量选择主瓣窄的窗函数。一旦窗函数确定下来，所需函数的长度可通过表中的第三列公式计算得出。滤波器滚降要求越陡峭，所要求的过渡带宽度就越小，所需窗函数的长度就越长。选择 N 为奇数的窗长，将得到对称的脉冲响应，可消除相位失真。

若用窗函数 $w(n)$ 对理想低通滤波器的单位脉冲响应 $h_d(n)$ 进行截取，可得到非理想低通滤波器的单位脉冲响应 $h_{lp}(n)$，该低通滤波器的通带边界频率 ω_p 的选择与窗函数的长度 N 有关。根据经验，通常使用过渡带宽度的中点（即通带边界与阻带边界之间的中点）作为通带边界频率，如图 6.28 所示。这样能够让实际的通带边界位于所需的位置，即：

设计中用的通带边界频率＝题目要求的通带边界频率＋过渡带宽度 /2

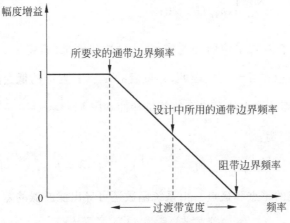

图 6.28 设计中通带边界的选择

当通带边界频率和窗函数长度按照表 6.3 确定下来时,通带边界增益 $20\lg(1-\delta_1)$ 将接近表 6.3 中最后一列的值。

最后,理想低通滤波器的单位脉冲响应加窗后,$h_{lp}(n)$ 确定的单位脉冲响应是关于零点对称的,因此得到的是非因果低通滤波器。由于实际滤波器要求是因果的,因此,需要将 $h_{lp}(n)$ 确定的序列右移到从零开始的序列。

【例 6.5】 要求滤波器阻带衰减为 75dB,过渡带宽度为 1kHz,采样频率为 16kHz。试确定窗函数的形状及长度。

解:查表 6.3 可知,有两个窗函数最符合阻带要求,即布莱克曼窗和 $\beta=8$ 的凯塞窗。布莱克曼窗需要的项数为 $5.98\times\dfrac{16000}{1000}=95.68\approx95$。$\beta=8$ 的凯塞窗需要的项数为 $5.25\times\dfrac{16000}{1000}=84\approx85$。

通常取长度近似为最近的奇整数。如果长度向上近似,则滤波器性能将略高于设计要求;如果向下近似,则滤波器性能将稍低于设计要求。

2. 低通 FIR 滤波器的设计步骤

(1) 根据过渡带的带宽,按下面公式求解设计中用的通带边界频率 f_p:

$$f_p = 题目要求的通带边界频率 + 过渡带带宽/2$$

(2) 根据 $\omega=\Omega T$,计算 $\omega_p=2\pi\dfrac{f_p}{f_s}$,并将此数字频率代入理想低通滤波器的单位脉冲响应 $h_d(n)$ 中:

$$h_d(n) = \frac{\sin(\omega_p n)}{\pi n}$$

(3) 从表 6.3 中选择满足阻带衰减及其他滤波器要求的窗函数,用表 6.3 中 N 的计算公式求解所需窗的窗长 N。通常 N 取奇数,可使滤波器的单位脉冲响应完全对称,避免滤波器产生相位失真。根据 $|n|\leqslant\dfrac{N-1}{2}$,计算窗函数 $w(n)$;

(4) 在 $|n|\leqslant\dfrac{N-1}{2}$ 范围内,根据式 $h_{lp}(n)=h_d(n)\cdot w(n)$ 求解出滤波器的有限长单位

脉冲响应 $h_{lp}(n)$, $|n| > \dfrac{N-1}{2}$, $h_{lp}(n) = 0$;

(5) 上步求解的有限长单位脉冲响应 $h_{lp}(n)$ 是非因果的,将 $h_{lp}(n)$ 右移 $\dfrac{N-1}{2}$,保证 $h_{lp}(n)$ 的第一个非零值在 $n = 0$ 处,因此,移位后的 $h_{lp}(n)$ 对应的低通滤波器是因果系统。

如果需要,由上面计算出的右移后的单位脉冲响应 $h_{lp}\left[n - \left(\dfrac{N-1}{2}\right)\right]$,可求出低通滤波器的系统函数 $H_{lp}(z)$ 为:

$$H_{lp}(z) = h_{lp}\left(0 - \frac{N-1}{2}\right) + h_{lp}\left(1 - \frac{N-1}{2}\right)z^{-1} + \cdots + h_{lp}\left(N - 1 - \frac{N-1}{2}\right)z^{-(N-1)}$$

进一步可以确定系统的零点和极点。由系统函数还可导出滤波器的差分方程:

$$y_{lp}(n) = h_{lp}\left(0 - \frac{N-1}{2}\right) + h_{lp}\left(1 - \frac{N-1}{2}\right)x(n-1) + \cdots +$$
$$h_{lp}\left(N - 1 - \frac{N-1}{2}\right)x[n - (N-1)]$$

和频率响应:

$$H_{lp}(e^{j\omega}) = h_{lp}\left(0 - \frac{N-1}{2}\right) + h_{lp}\left(1 - \frac{N-1}{2}\right)e^{-j\omega} + \cdots +$$
$$h_{lp}\left(N - 1 - \frac{N-1}{2}\right)e^{-j\omega(N-1)}$$

由频率响应便可以得到滤波器的幅度频率响应和相位频率响应。

【例 6.6】 根据下列指标设计一个低通 FIR 滤波器:通带边界频率 2kHz,阻带边界频率 3kHz,阻带衰减 40dB,采样频率 10kHz。

解: 先计算过渡带带宽,即

过渡带带宽 = 阻带边界频率 − 通带边界频率 = 3kHz − 2kHz = 1kHz

根据滤波器的设计步骤:

(1) 计算设计中用的通带边界频率 f_p:

$$f_p = 2000 + \frac{1000}{2} = 2500\text{Hz}$$

(2) 计算 $\omega_p = 2\pi\dfrac{f_p}{f_s}$,并将此数字频率代入理想低通滤波器的单位脉冲响应 $h_d(n)$ 中:

$h_d(n) = \dfrac{\sin(\omega_p n)}{\pi n}$;

$$\omega_p = 2\pi \cdot \frac{2500}{10\,000} = 0.5\pi$$

$$h_d(n) = \frac{\sin(\omega_p n)}{\pi n} = \frac{\sin(0.5\pi n)}{\pi n}$$

(3) 选择窗函数。因为阻带衰减 40dB,从表 6.3 中选择汉宁窗,并且:

$$N = 3.32\frac{f_s}{T.W.} = 3.32 \times \frac{10\,000}{1000} = 33.2$$

取 $N = 33$ 奇整数,窗函数为:

$$w(n) = 0.5 + 0.5\cos\frac{2\pi n}{N-1} = 0.5 + 0.5\cos\frac{2\pi n}{32} \quad -16 \leqslant n \leqslant 16$$

(4) 在 $|n| \leqslant 16$ 范围内,计算有限项单位脉冲响应 $h(n) = h_d(n)w(n)$;

(5) 将 $h(n)$ 右移 16 位,使 $h(n)$ 的值与新的 n 值对应。

通过计算可得滤波器的系统函数如图 6.29 所示,为:

$$H(z) = -0.0002z^{-1} + 0.002z^{-3} - 0.0064z^{-5} + 0.0142z^{-7} -$$
$$0.0272z^{-9} + 0.0495z^{-11} - 0.0972z^{-13} + 0.3153z^{-15} +$$
$$0.5z^{-16} + 0.3153z^{-17} - 0.0972z^{-19} + 0.0495z^{-21} -$$
$$0.0272z^{-23} + 0.0142z^{-25} - 0.0064z^{-27} + 0.0021z^{-29} - 0.0002z^{-31}$$

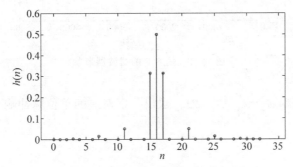

图 6.29　例 6.6 因果单位脉冲响应

由以上脉冲响应,可以画出系统的零-极点图如图 6.30 所示。由于 $N=33$,所以它有 32 个零点和 32 个极点。

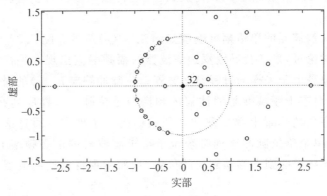

图 6.30　例 6.6 的零-极点图

图 6.31 画出了系统滤波器的幅度响应 $|H(f)|$,由图中可知该滤波器符合设计要求。

【随堂练习】

(1) 根据下列指标设计一个低通 FIR 滤波器:通带边界频率 10kHz,阻带边界频率 22kHz,阻带衰减 75dB,采样频率 50kHz。

(2) 利用矩形窗、升余弦窗、改进升余弦窗和布莱克曼窗设计线性相位 FIR 低通滤波

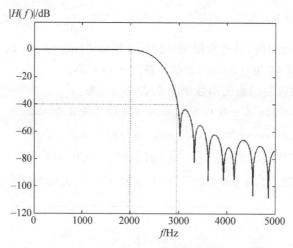

图 6.31 例 6.6 的滤波器形状

器。要求通带截止频率 $\omega_c = \dfrac{\pi}{4}, N = 21$。求出分别对应的单位脉冲响应,绘出它们的幅频特性并进行比较。

6.7 带通和高通 FIR 滤波器的设计

利用"调制特性",即时域的调制(相乘)对应于频域的移位,可以实现带通和高通 FIR 滤波器的设计。先设计一个低通 FIR 滤波器,再进行频率移位来获得所需的带通和高通 FIR 滤波器。

假设低通 FIR 滤波器的单边幅度响应如图 6.32(a)所示。图 6.32(b)为滤波器的双边响应。在前面讨论过,采样会导致双边滤波器的幅频响应出现在采样频率的每个倍数上。出现这种现象是由于采样的过程是滤波器单位脉冲响应 $h_a(t)$ 的时域波形与单位脉冲采样序列相乘,对应于频域就是滤波器的频谱与单位脉冲采样序列在频域进行卷积,在每个采样脉冲序列的位置上都出现滤波器频谱的一个副本。通过这种方法可以产生频率移动,频域中单个单位脉冲序列必须位于待求滤波器的中心频率上,频域的卷积可把双边低通滤波器频谱的副本移动到新的位置,从而实现将低通滤波器转换为带通或高通滤波器。

例如,若一个低通滤波器的单位脉冲响应为 $h_{lp}(n)$,将其乘以 $\cos(n\pi) = (-1)^n$,就可转换为一个高通滤波器的单位脉冲响应 $h_{hp}(n)$,若 $h_{lp}(n)$ 是线性相位,则 $h_{hp}(n)$ 也将是线性相位。

$$h_{hp}(n) = \cos(n\pi) \cdot h_{lp}(n) = \frac{e^{jn\pi} + e^{-jn\pi}}{2} \cdot h_{lp}(n) \tag{6.69}$$

高通滤波器的频率响应为

$$H_{hp}(e^{j\omega}) = \frac{1}{2}\left[H_{lp}(e^{j(\omega-n)}) + H_{lp}(e^{j(\omega+n)})\right] \tag{6.70}$$

若要设计的是一个中心频率为 ω_0 的带通滤波器,则选取余弦函数为 $\cos(n\omega_0)$,频谱在

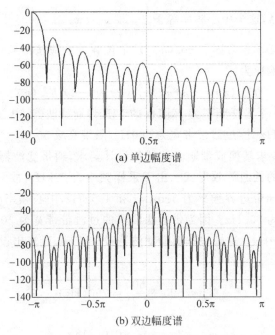

(a) 单边幅度谱

(b) 双边幅度谱

图 6.32　低通滤波器的单边幅频响应和双边幅频响应

正半轴是一个尖峰,如图 6.33 所示。若要将非因果低通滤波器 $h(n)=h_d(n)w(n)$ 转换成带通滤波器,低通滤波器的单位脉冲响应必须与余弦函数相乘:

$$h(n)=h_d(n)w(n)\cos(n\omega_0) \tag{6.71}$$

其中, ω_0 是待求的带通滤波器中心频率。

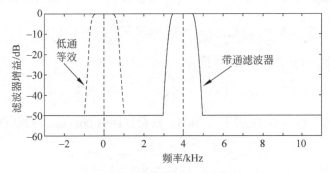

图 6.33　带通滤波器及其低通等效形式

因此,在设计带通或高通滤波器时,将 6.6 节介绍的低通滤波器设计步骤的第(3)步和第(4)步做两点小的修改。

第一,在第(3)步和第(4)步之间,有

$$\omega_p=\frac{2\pi f_p}{f_s} \tag{6.72}$$

其中, f_p 是待求滤波器的中心频率,单位 Hz。对于带通滤波器,这个中心频率介于 $0\sim\dfrac{f_s}{2}$ Hz

之间;对于高通滤波器,这个中心频率等于 $\dfrac{f_s}{2}$,即 $\omega_0 = \pi$。

第二,第(4)步中必须包含因子 $\cos(n\omega_0)$,单位脉冲响应按照式(6.69)计算。因此,高通滤波器的单位脉冲响应为:

$$h_{hp}(n) = \cos(n\pi)h_{lp}(n) = (-1)^n h_{lp}(n) \tag{6.73}$$

【例 6.7】 设计一个采样频率为 22kHz 的 FIR 带通滤波器,中心频率为 4kHz,通带边界在 3.5kHz 和 4.5kHz 处,过渡带带宽为 500Hz,阻带衰减 50dB。

解: 首先将设计要求转换成带通滤波器的设计要求,通带滤波器增益如图 6.33 所示,其中虚线表示滤波器的低通等效形式。由于采样频率为 22kHz,故只画出了 0~11kHz 的这段。带通滤波器的通带边界频率为 3.5kHz 和 4.5kHz,中心频率 4kHz,因此,低通滤波器的通带边界频率应为 500Hz。因为带通滤波器的过渡带带宽为 500Hz,所以低通滤波器的过渡带带宽也为 500Hz。这样根据低通滤波器设计步骤,计算出设计要求的通带边界频率 f_p 和等效数字频率 ω_p 为:

$$f_p = 500 + \frac{500}{2} = 750(\text{Hz})$$

$$\omega_p = 2\pi \cdot \frac{f_p}{f_s} = 0.06818\pi$$

根据数字频率 ω_p 可得到满足通带边界频率为 500Hz 的理想低通滤波器的单位脉冲响应为:

$$h_d(n) = \frac{\sin(\omega_p n)}{n\pi} = \frac{\sin(0.068\,18\pi n)}{n\pi}$$

查表 6.3,可知阻带衰减 50dB 要求用哈明窗。窗长为:

$$N = 3.44\frac{f_s}{T.W.} = 3.44 \times \frac{22\,000}{500} = 151.4$$

取最近的奇整数 $N = 151$。因此,窗函数为:

$$w_{Hm}(n) = 0.54 - 0.46\cos\frac{2\pi n}{150}$$

由于带通滤波器的中心频率 f_0 要求为 4kHz,故余弦函数 $\cos(n\omega_0)$ 的中心数字频率为:

$$\omega_0 = 2\pi\frac{f_0}{f_s} = 2\pi\frac{4000}{22\,000} = 0.3636\pi$$

这样,带通滤波器的单位脉冲响应为:

$$h(n) = h_d(n)w_{Hm}(n)\cos(n\omega_0)$$
$$= \frac{\sin(0.06818\pi n)}{n\pi} \times \left(0.54 - 0.46\cos\frac{2\pi n}{150}\right) \times \cos(0.3636\pi n), \quad -75 \leqslant n \leqslant 75$$

最后将计算出的 $h(n)$ 右移 75 位,使新序列 $h(n)$ 从 0 开始。

【例 6.8】 试设计一个通带边界频率为 8kHz,阻带边界频率为 6kHz 的高通滤波器,阻带增益至少比通带增益低 40dB。采样频率为 22kHz,设计滤波器并给出它的单位脉冲响应。

解: 首先求出待求高通滤波器的低通等效。由于高通滤波器的中心频率为:

$$f_0 = \frac{f_s}{2} = 11\text{kHz}$$

所以,如图 6.34 所示高通滤波器应该关于中心频率对称。在采样频率为 22kHz 时,高通滤波器的通带为 8~11kHz,过渡带带宽为 $8-6=2(\text{kHz})$。因此,对应的低通等效滤波器指标是:通带边界频率为 3kHz,阻带边界频率为 5kHz。

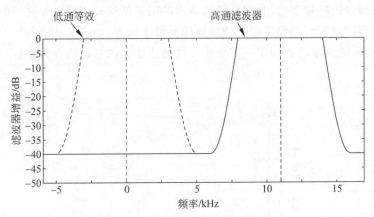

图 6.34 高通滤波器及其低通等效

由题意,可得等效的低通滤波器设计要求的通带边界频率 f_p 和等效数字频率 ω_p 为:

$$f_p = 3000 + \frac{2000}{2} = 4000\text{Hz}$$

$$\omega_p = 2\pi \frac{f_p}{f_s} = 0.3636\pi$$

对应的理想低通滤波器的单位脉冲响应为:

$$h_d(n) = \frac{\sin(\omega_p n)}{n\pi} = \frac{\sin(0.3636\pi n)}{n\pi}$$

查表 6.3,可知阻带衰减 40dB 要求用汉宁窗。窗长为:

$$N = 3.32 \frac{f_s}{T.W.} = 3.32 \times \frac{22000}{500} = 36.5$$

取最近的奇整数 $N=37$。因此,窗函数为:

$$w_{Hn} = 0.5\left(1 - \cos\frac{2\pi n}{36}\right)$$

由于高通滤波器的中心频率 f_0 要求为 11kHz,故余弦函数 $\cos(n\omega_0)$ 的中心数字频率为:

$$\omega_0 = 2\pi \frac{f_0}{f_s} = 2\pi \frac{11\,000}{22\,000} = \pi$$

这样,高通滤波器的单位脉冲响应为:

$$h(n) = h_d(n) w_{Hn}(n)\cos(n\omega_0)$$
$$= \frac{\sin(0.3636\pi n)}{n\pi} \times \left(0.5 - 0.5\cos\frac{2\pi n}{36}\right) \times \cos(\pi n) \quad -18 \leqslant n \leqslant 18$$

最后将计算出的 $h(n)$ 右移 18 位,使新序列 $h(n)$ 从 0 开始。

6.8　带阻 FIR 滤波器的设计

　　带阻滤波器的特点是抑制一个范围内的频率(即阻带),而其他频率可以通过。这种滤波器不能用 6.7 节的方法来设计,但可以将低通和高通滤波器组合起来达到设计的要求。在正确选择好通带边界频率后,利用低通滤波器的阻带低端确定带阻滤波器的通带下边界,利用高通滤波器的阻带高端确定带阻滤波器的通带上边界,如图 6.35 所示。为了形成阻带特性,低通滤波器的通带边界频率一定要小于高通滤波器的通带边界频率。

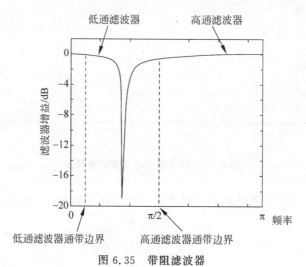

图 6.35　带阻滤波器

　　设计带阻滤波器用到的低通和高通滤波器可以用 6.6 节和 6.7 节的方法得到它们的单位脉冲响应 $h_{lp}(n)$ 和 $h_{hp}(n)$。下面讨论如何将低通和高通滤波器组合成带阻滤波器,组合方法如图 6.36 所示。在图 6.36 中,低通和高通滤波器相加构成的带阻滤波器输出为:

$$Y(z) = H_{lp}(z)X(z) + H_{hp}(z)X(z) \tag{6.74}$$

总的系统函数为:

$$H_{bs}(z) = H_{lp}(z) + H_{hp}(z) \tag{6.75}$$

总的单位脉冲响应为:

$$h_{bs}(n) = h_{lp}(n) + h_{hp}(n) \tag{6.76}$$

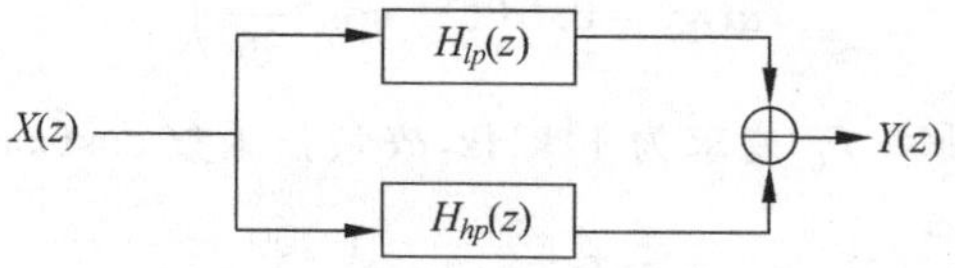

图 6.36　低通和高通滤波器相加构成带阻滤波器

　　此外,还可以用图 6.37 所示的组合方法构成带通滤波器,这时需要将低通和高通滤波器按图 6.37 的级联形式组合,要求低通滤波器的通带边界频率必须大于高通滤波器的通带边界频率。所得带通滤波器的系统函数为:

$$H_{bp}(z) = H_{lp}(z)H_{hp}(z) \tag{6.77}$$

此时带通滤波器的单位脉冲响应为：

$$h_{bp}(n) = h_{lp}(n) * h_{hp}(n) \tag{6.78}$$

$$X(z) \longrightarrow \boxed{H_{lp}(z)} \longrightarrow \boxed{H_{hp}(z)} \longrightarrow Y(z)$$

图 6.37 低通和高通滤波器级联构成带通滤波器

【例 6.9】 设某一数字电压信号，采样频率为 1kHz，现怀疑该电压信号被一频率为 60Hz 的信号干扰，试设计一个带阻滤波器消除这个干扰。

解：为了保证能消除 60Hz 的干扰，需要设计一个阻带在 40～80Hz 的带阻滤波器。因此，构成带阻滤波器的低通滤波器的通带边界频率应在 40Hz 处，高通滤波器的通带边界频率应在 80Hz 处。两者都采用 $N=151$ 的哈明窗，以保证足够陡的滚降。窗函数为：

$$w(n) = \left(0.54 - 0.46\cos\frac{2\pi n}{150}\right)$$

因为 $N = 3.44\dfrac{f_s}{T.W.}$，151 项对应的过渡带宽度为 23Hz，所以对于低通滤波器，通带边界数字频率为：

$$\omega_{pL} = 2\pi\frac{f_{pL}}{f_s} = 2\pi \cdot \frac{40+\dfrac{23}{2}}{1000} = 0.103\pi$$

得到理想低通滤波器的单位脉冲响应为：

$$h_{dL}(n) = \frac{\sin(\omega_{pL}n)}{n\pi} = \frac{\sin(0.103\pi n)}{n\pi}$$

低通滤波器的单位脉冲响应为：

$$h_{lp}(n) = h_d(n)w(n)$$
$$= \frac{\sin(0.103\pi n)}{n\pi} \times \left(0.54 - 0.46\cos\frac{2\pi n}{150}\right)$$

高通滤波器的通带边界频率在 80Hz 处，该滤波器对应的低通原型的通带边界频率在：

$$\frac{f_s}{2} - 80 = 500 - 80 = 420(\text{Hz})$$

对应的数字频率为：

$$\omega_{pH} = 2\pi\frac{f_{pH}}{f_s} = 2\pi\frac{420+\dfrac{23}{2}}{1000} = 0.863\pi$$

$$h_{dH}(n) = \frac{\sin(\omega_{pH}n)}{n\pi} = \frac{\sin(0.863\pi n)}{n\pi}$$

为了将 $h_{dH}(n)w(n)$ 描述的低通滤波器转换为高通滤波器，需要乘以 $\cos(n\omega_0)$，对于所有的高通滤波器，$\omega_0 = \pi$，则高通滤波器的单位脉冲响应为：

$$h_H(n) = h_{dH}(n)w(n)\cos(n\pi)$$

因此，带阻滤波器的单位脉冲响应为：

$$h_{BP}(n) = h_L(n) + h_H(n)$$

此外，在设计 FIR 滤波器过程中，得到的系统虽然很接近最优化，但仍不是最优化设计。最优化设计是指将所有抽样值皆作为变量,在某一优化准则下,通过计算机进行迭代运算,以得到最优的结果。FIR 滤波器有两种最优化准则,即均方误差最小准则和最大误差最小化准则,有兴趣的同学可以查阅相关书籍。

习题

1. 已知 FIR 滤波器的系统函数为:
$$H(z) = \frac{1}{10}(1 + 0.9z^{-1} + 2.1z^{-2} + 0.9z^{-3} + z^{-4})$$
试画出该滤波器的直接型网络结构。

2. 已知系统的单位脉冲响应为:
$$h(n) = \delta(n) + 2\delta(n-1) + 0.5\delta(n-2) + 3\delta(n-3) + 2\delta(n-5)$$
试写出系统的系统函数,并画出它的直接型网络结构。

3. 已知 FIR 滤波器的单位脉冲响应为:
$$h(n) = \delta(n) + 0.3\delta(n-1) + 0.72\delta(n-2) + 0.11\delta(n-3) + 0.1\delta(n-4)$$
写出它的系统函数 $H(z)$,并画出其级联型网络结构实现。

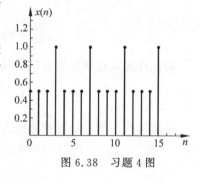

4. 用五项滑动平均滤波器对图 6.38 所示的信号进行滤波。画出滤波后信号的 16 个采样值。滤波器对信号有什么作用?

5. FIR 滤波器的输入输出分别如图 6.39(a) 和图 6.39(b) 所示,未表示出的所有采样点的信号为零。

(1) 推导滤波器的脉冲响应;

(2) 如果输入为 $x(n) = 2\delta(n) + \delta(n-2) + 0.5\delta(n-4)$,求出滤波器的输出。

图 6.38　习题 4 图

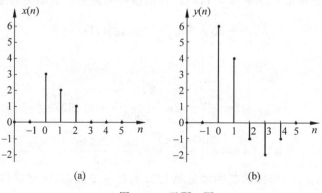

(a)　　　　　　　　　(b)

图 6.39　习题 5 图

6. 用三项滑动平均滤波器对图 6.40 所示的信号进行滤波。

(1) 画出输出的前 15 个采样值;

(2) 画出滤波器形状($|H(\Omega)|$ 对 Ω)的曲线;

（3）说明相位响应（$\theta(\Omega)$对Ω）在带通内是线性的。

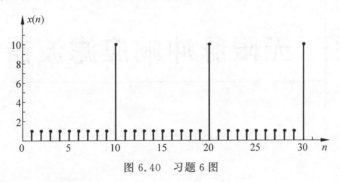

图 6.40　习题 6 图

7. 对于七项滑动平均滤波器，写出下列要求的表达式：

（1）差分方程；

（2）脉冲响应；

（3）传输函数；

（4）频率响应。

8. 要从 900～900.1MHz 的频段中提取 30kHz 带宽的蜂窝电话信道，信道的中心位于 900.03MHz。采样频率为 200kHz。设计滤波器来完成任务。

9. 对 10kHz 采样设计低通 FIR 滤波器，带通边缘在 2kHz，阻带边缘在 3kHz，阻带衰减 20dB，求滤波器的脉冲响应和差分方程。

10. 高通滤波器的脉冲响应为：
$$h(n) = 0.0101\delta(n) - 0.2203\delta(n-1) + 0.5391\delta(n-2) -$$
$$0.2203\delta(n-3) + 0.0101\delta(n-4)$$

求相应低通滤波器的脉冲响应。

11. 对 16kHz 采样系统，设计通带边缘频率为 5.5kHz 的高通滤波器，阻带衰减至少 40dB，过渡带宽度不大于 3.5kHz，写出滤波器的差分方程。

12. 根据下列指标设计带阻滤波器：通带边缘在 2kHz 和 5kHz、过渡带宽度为 1kHz、阻带衰减大于或等于 40dB、采样频率为 12kHz。

13. 如果采样频率为 24kHz，则用低通滤波器和高通滤波器设计带通滤波器，通过 7～8kHz 之间的频率，阻带衰减至少为 70dB，过渡带宽度不能超过 500Hz。

第 7 章

无限脉冲响应滤波器设计

IIR 滤波器是另一种常用的滤波器。本章对这种滤波器的设计进行介绍,内容包括:

➤ IIR 滤波器基础;

➤ IIR 滤波器的网络结构;

➤ 模拟低通滤波器的设计基础及指标;

➤ 巴特沃斯模拟低通滤波器的设计;

➤ 切比雪夫型滤波器的设计;

➤ 脉冲响应不变法设计 IIR 数字低通滤波器;

➤ 双线性变换法设计 IIR 数字低通滤波器;

➤ 模拟滤波器在频域的频带变换;

➤ 数字高通、带通和带阻滤波器的设计。

7.1 IIR 滤波器基础

IIR 数字滤波器与 FIR 滤波器的不同之处在于,计算滤波器当前输出值时不但需要考虑过去和现在的输入信号值,还需要考虑过去的输出信号值。因为输出要被"反馈"回滤波器的输入端,与输入信号一起进行组合,构成新的输入信号值,所以这类系统属于反馈系统。

前面已经介绍过,一个时域离散系统(即数字滤波器)可以用以下常系数线性差分方程来描述:

$$\sum_{i=0}^{N} a_i y(n-i) = \sum_{k=0}^{M} b_k x(n-k) \tag{7.1}$$

若假定 $a_0 = 1$,就可以得到滤波器的简单表达式:

$$
\begin{aligned}
y(n) &= -\sum_{i=1}^{N} a_i y(n-i) + \sum_{k=0}^{M} b_k x(n-k) \\
&= -a_1 y(n-1) - a_2 y(n-2) - \cdots - a_N y(n-N) + \\
&\quad b_0 x(n) + b_1 x(n-1) + b_2 x(n-2) + \cdots + b_M x(n-M)
\end{aligned} \tag{7.2}
$$

从式(7.2)可以看出,新的输出值要根据系统之前的输出值及输入值来计算,因此,这类滤波器又叫递归滤波器,这类滤波器对应的差分方程也是递归方程。

【**例 7.1**】 求递归滤波器：

$$y(n) = 0.8y(n-1) + x(n)$$

的单位脉冲响应。

解：用 $\delta(n)$ 代替 $x(n)$，$h(n)$ 代替 $y(n)$，则可由下式求得单位脉冲响应：

$$h(n) = 0.8h(n-1) + \delta(n)$$

结果如表 7.1 所示。

表 7.1 单位脉冲响应结果

n	0	1	2	3	4	5
$\delta(n)$	1	0	0	0	0	0
$h(n)$	1.0	0.8	0.64	0.512	0.4096	0.327 68

表 7.1 和图 7.1 中给出了前 6 个单位脉冲响应的采样值。差分方程中每个新的输出值取决于先前的输出值。由于输出 $h(0)=1$，因此，以后的输出将永远为非零值。又因为系统是稳定的，所以输出 $h(n)$ 随 n 增大而减小。

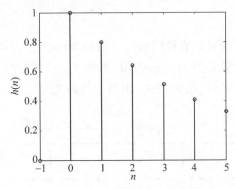

图 7.1 单位脉冲响应

对式(7.2)求 Z 变换，可以得到 IIR 滤波器的系统函数为：

$$H(z) = \frac{b_0 + b_1 z^{-1} + b_2 z^{-2} + \cdots + b_M z^{-M}}{1 + a_1 z^{-1} + a_2 z^{-2} + \cdots + a_N z^{-N}} \tag{7.3}$$

设 $N > M$，式(7.3)的分子分母同乘以 z^N，有：

$$H(z) = \frac{b_0 z^N + b_1 z^{N-1} + b_2 z^{N-2} + \cdots + b_M z^{N-M}}{z^N + a_1 z^{N-1} + a_2 z^{N-2} + \cdots + a_N} \tag{7.4}$$

由式(7.4)可见，IIR 滤波器的极点由分母多项式确定，根据系统函数的极点对系统稳定性的影响可知，只有系统函数的极点在单位圆内，系统才稳定。因此，在 IIR 滤波器的设计中一般都要考虑进行稳定性检测。

从上述分析，我们可以得到 IIR 滤波器的特点：

(1) 系统的单位脉冲响应 $h(n)$ 是无限长的；

(2) 从式(7.2)看，必须至少有一个 $a_i \neq 0$，即一定存在输出到输入的反馈；

(3) 从式(7.3)看，IIR 滤波器的系统函数至少有一个非零极点。

在式(7.3)中，若分子系数除 $b_0 \neq 0$，其他全部为零的系统称为全极点型 IIR 滤波器。以下介绍常用的 IIR 滤波器的网络结构。

7.2　IIR 滤波器的网络结构

　　和 FIR 滤波器一样,IIR 滤波器也有自己各种形式的网络结构,每种不同的网络结构对应着不同的算法实现。

　　IIR 系统的基本网络结构有 3 种,即直接型、级联型和并联型。

7.2.1　直接型

　　IIR 滤波器的 N 阶差分方程为:

$$y(n) = \sum_{i=0}^{M} b_i x(n-i) + \sum_{i=1}^{N} a_i y(n-i) \tag{7.5}$$

其对应的系统函数为:

$$H(z) = \frac{\sum_{i=0}^{M} b_i z^{-i}}{1 - \sum_{i=1}^{N} a_i z^{-i}} \tag{7.6}$$

设 $M=N=2$,按照差分方程可以直接画出网络结构如图 7.2(a)所示。图中第一部分系统函数用 $H_1(z)$ 表示,第二部分用 $H_2(z)$ 表示,那么 $H(z) = H_1(z) \cdot H_2(z)$,当然也可以写成 $H(z) = H_2(z) \cdot H_1(z)$,按照该式,相当于将图 7.2(a)中两部分流图交换位置,如图 7.2(b)所示,称为直接 Ⅰ 型。

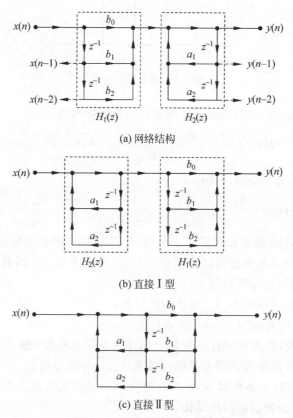

(a) 网络结构

(b) 直接 Ⅰ 型

(c) 直接 Ⅱ 型

图 7.2　IIR 直接型网络结构图

该图中节点变量 $w_1 = w_2$，因此前后两部分的延时支路可以合并，形成如图 7.2(c) 所示的网络结构流图，我们将图 7.2(c) 所示的这类流图称为 IIR 滤波器的直接 Ⅱ 型(也称典范型)网络结构。

当 $M = N = 2$ 时，系统函数为

$$H(z) = \frac{b_0 + b_1 z^{-1} + b_2 z^{-2}}{1 - a_1 z^{-1} - a_2 z^{-2}}$$

对照图 7.2(c) 的各支路的增益系数与 $H(z)$ 分母分子多项式的系数可见，可以直接按照 $H(z)$ 画出直接型结构流图。

【例 7.2】　设 IIR 数字滤波器的系统函数 $H(z)$ 为

$$H(z) = \frac{6 - 2z^{-1} + 9z^{-2} - z^{-3}}{1 - \dfrac{5}{4} z^{-1} + \dfrac{3}{4} z^{-2} - \dfrac{1}{8} z^{-3}},$$

画出该滤波器的直接型网络结构。

解：由 $H(z)$ 得出差分方程如下：

$$y(n) = \frac{5}{4} y(n-1) - \frac{3}{4} y(n-2) + \frac{1}{8} y(n-3) +$$
$$6x(n) - 2x(n-1) + 9x(n-2) - x(n-3)$$

按照差分方程画出如图 7.3 所示的直接型网络结构。

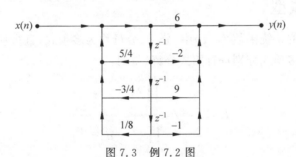

图 7.3　例 7.2 图

上面按照差分方程画出了网络结构，也可以按照 $H(z)$ 表达式直接画出直接型网络结构。

从上面的例题可以发现，根据 IIR 滤波器的差分方程或系统函数能够很容易画出滤波器的直接型网络结构，这是这种结构的优点。

但是，该结构的缺点是：

(1) 对于高阶滤波器，由于 a_i，b_i 分别对系统极点和零点的控制作用不明显，从而对频率响应的控制作用也很不明显；

(2) 在系数量化过程中，这种结构的零极点对量化效应较灵敏，从而造成比其他结构更大的偏差。

在 MATLAB 软件中，提供了利用直接型结构的系统函数求解系统输出的函数。直接型结构由 2 个行向量 $\boldsymbol{B}$ 和 $\boldsymbol{A}$ 表示，$\boldsymbol{B}$ 代表系统函数的分子系数，$\boldsymbol{A}$ 代表系统函数的分母系数：

$$\boldsymbol{A} = [a_0, a_1, a_2, \cdots, a_N], \quad \boldsymbol{B} = [b_0, b_1, b_2, \cdots, b_M]$$

由行向量 **B** 和 **A** 可以得到直接型系统函数为

$$H(z) = \frac{\sum_{i=0}^{M} b_i z^{-i}}{\sum_{i=0}^{N} a_i z^{-i}}$$

这样，调用 MATLAB 信号处理工具箱函数 filter，就可以按照直接型结构实现滤波，并求出系统的输出。设滤波器输入信号向量为 **xn**，输出信号向量为 **yn**，则系统对输入信号向量 **xn** 的零状态响应输出信号向量为 **yn** = filter(**B**,**A**,**xn**)，其中 **yn** 和 **xn** 长度相等。

【随堂练习】

试用直接 I 型和直接 II 型网络结构实现以下系统函数：

(1) $H(z) = \dfrac{-5 + 2z^{-1} - 0.5z^{-2}}{1 + 3z^{-1} + 3z^{-2} + z^{-3}}$;

(2) $H(z) = \dfrac{0.8(3z^3 + 2z^2 + 2z + 5)}{z^3 + 4z^2 + 3z + 2}$;

(3) $H(z) = \dfrac{-z + 2}{8z^2 - 2z - 3}$。

7.2.2 级联型

在式(7.6)表示的系统函数 $H(z)$ 中，分子、分母均为多项式，且多项式的系数一般为实数。若将分子、分母多项式分别进行因式分解，得到：

$$H(z) = A \frac{\prod_{r=1}^{M}(1 - c_r z^{-1})}{\prod_{r=1}^{N}(1 - d_r z^{-1})} \tag{7.7}$$

其中，A 是常数；c_r 和 d_r 分别表示 $H(z)$ 的零点和极点。由于多项式的系数是实数，c_r 和 d_r 是实数或者是成共轭对的复数，将 c_r 和 d_r 是实数的零点(极点)组合在一起形成一个一阶多项式，c_r 和 d_r 成共轭对的零点(极点)组合在一起，形成一个二阶多项式，其系数仍为实数。这样 $H(z)$ 就分解成一些一阶或二阶的子系统函数相乘形式：

$$H(z) = H_1(z)H_2(z)\cdots H_k(z) \tag{7.8}$$

设每个子系统用 $H_j(z)$ 表示如下：

$$H_j(z) = \frac{\beta_{0j} + \beta_{1j}z^{-1} + \beta_{2j}z^{-2}}{1 - \alpha_{1j}z^{-1} - \alpha_{2j}z^{-2}} \tag{7.9}$$

其中，β_{0j}、β_{1j}、β_{2j}、α_{1j}、α_{2j} 均为实数。若 β_{2j}、α_{2j} 为零，$H(z)$ 就表示一个一阶子系统函数。每个 $H_j(z)$ 的网络结构均采用前面介绍的直接型网络结构，如图 7.4 所示。

由于系统函数 $H(z)$ 的分子、分母多项式中，可能会有多个一阶多项式和二阶多项式，因而组成级联的每个二阶子系统(或一阶子系统)可以有多种组合方式，这些子系统之间又可能有多种级联次序，在有限字长(量化)的情况下，各种组合方式下的输出量化误差均有可能不一样。

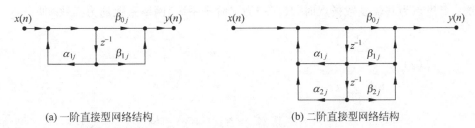

(a) 一阶直接型网络结构　　　　　　(b) 二阶直接型网络结构

图 7.4　一阶和二阶直接型网络结构

【例 7.3】　设系统函数 $H(z)$ 如下式：

$$H(z) = \frac{8 - 4z^{-1} + 11z^{-2} - 2z^{-3}}{1 - \dfrac{5}{4}z^{-1} + \dfrac{3}{4}z^{-2} - \dfrac{1}{8}z^{-3}}$$

试画出其级联型网络结构。

解：将 $H(z)$ 的分子、分母进行因式分解，得到：

$$H(z) = \frac{(2 - 0.379z^{-1})(4 - 1.24z^{-1} + 5.264z^{-2})}{(1 - 0.25z^{-1})(1 - z^{-1} + 0.5z^{-2})}$$

为减少单位延迟的数目，将一阶的分子、分母多项式组成一个一阶子系统，二阶的分子、分母多项式组成一个二阶子系统，画出级联网络结构如图 7.5 所示。

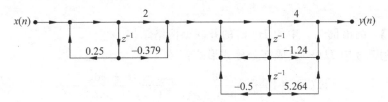

图 7.5　例 7.3 图

级联型网络结构中每一个一阶子系统决定一个零点、一个极点，每一个二阶子系统决定一对零点、一对极点。在式(7.9)中，调整 β_{0j}、β_{1j}、β_{2j} 三个系数可以改变一对零点的位置，调整 α_{1j}、α_{2j} 可以改变一对极点的位置。

因此，相对于直接型网络结构来说，级联型网络结构的优点如下。

(1) 调整零、极点非常方便、直观，因为每一级二阶子系统 $H_i(z)$ 可以独立地确定一对共轭零点和共轭极点，而每一级一阶子系统可以独立地确定一个实数零点和实数极点。

(2) 对系数量化效应的敏感度比直接型网络结构要低。

(3) 级联型网络结构中后面的网络输出不会再反馈到前面的子网络，整个系统的积累运算误差比直接型要小。

但是，由于网络的级联，使得有限字长造成的系数量化误差、运算误差等会逐级积累。

7.2.3　并联型

如果将级联形式的 $H(z)$ 按极点展成部分分式形式，则得到：

$$H(z) = H_1(z) + H_2(z) + \cdots + H_k(z) \tag{7.10}$$

对应的网络结构为这 k 个子系统并联。式(7.10)中，当极点为实数极点时，$H_i(z)$ 为一阶

子系统；当极点为共轭复数极点时，$H_i(z)$为二阶子系统，网络系数均为实数，即

$$H(z) = \frac{\sum_{i=0}^{M} b_i z^{-i}}{1 + \sum_{i=1}^{N} a_i z^{-i}}$$

$$= \sum_{i=1}^{N_1} \frac{A_i}{1 + e_i z^{-1}} + \sum_{i=1}^{N_2} \frac{B_i(1 + g_i z^{-1})}{(1 + d_i z^{-1})(1 + d_i^* z^{-1})} + \sum_{i=0}^{M-N} C_i z^{-i} \quad (7.11)$$

其中，$N = N_1 + 2N_2$，除 d_i 为复数外，其他系数均为实数。我们还可以将式(7.11)写成更通用的形式，即

$$H(z) = \sum_{i=1}^{k} \frac{\beta_{0i} + \beta_{1i} z^{-1}}{1 - \alpha_{1i} z^{-1} - \alpha_{2i} z^{-2}} + \sum_{i=0}^{M-N} C_i z^{-i} \quad (7.12)$$

其中，β_{0i}、β_{1i}、α_{1i}、α_{2i} 都是实数。如果 $\beta_{1i} = \alpha_{2i} = 0$，则构成一阶子系统。式(7.12)可知，当 $M = N$ 时，系统函数 $H(z)$ 等式中的第二个求和项只有常数 C_0；当 $M < N$ 时，系统函数 $H(z)$ 等式中没有第二个求和项。

在并联型结构下，由式(7.10)，可以得到输出 $Y(z)$ 为

$$Y(z) = H_1(z)X(z) + H_2(z)X(z) + \cdots + H_k(z)X(z) \quad (7.13)$$

式(7.13)表明将 $x(n)$ 送入每个二阶(包括一阶)子系统后，将所有输出加起来就能得到输出 $y(n)$。

【例 7.4】 画出例 7.3 中的 $H(z)$ 的并联型网络结构。

解：将例 7.3 中 $H(z)$ 展成部分分式形式：

$$H(z) = 16 + \frac{8}{1 - 0.5z^{-1}} + \frac{-16 + 20z^{-1}}{1 - z^{-1} + 0.5z^{-2}}$$

将每一部分用直接型网络结构实现，其并联型网络结构如图 7.6 所示。

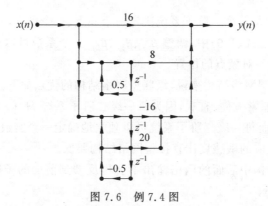

图 7.6 例 7.4 图

根据这种并联型网络结构，可以得到其结构特点是：

(1) 因为每个一阶子系统决定一个实数极点，每个二阶子系统决定一对共轭极点，所以调整极点位置非常方便。但调整零点位置不如级联型方便，在要求有准确传输零点的情况下，应采用级联型结构。

(2) 因为各个子系统是并联的，各个子系统产生的运算误差不会相互影响，所以，并联

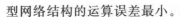

型网络结构的运算误差最小。

（3）因为各个子系统是并联关系，可同时对输入信号进行运算，所以，并联型网络结构与直接型和级联型网络结构比较，其运算速度是最快的。

（4）并联型网络结构对系数量化误差的敏感度较低。

【随堂练习】

描述离散系统的差分方程为：

$$y(n) - \frac{3}{4}y(n-1) + \frac{1}{8}y(n-2) = x(n) + \frac{1}{3}x(n-1)$$

试画出其直接Ⅰ型、直接Ⅱ型、级联型和并联型网络结构。

7.3 模拟低通滤波器的设计基础及指标

IIR 滤波器的网络结构必须根据滤波器的系统函数 $H(z)$ 或差分方程才能得出，如何得到滤波器的系统函数 $H(z)$ 或差分方程，就是滤波器的设计问题了。在实际设计 IIR 滤波器的过程中，一般采用的方法是选择具有待求特性的模拟滤波器原型，然后将其转换为数字滤波器。下面我们就来介绍模拟低通滤波器的设计。

7.3.1 模拟滤波器的设计基础

模拟滤波器从滤波特性上分也可分成低通、高通、带通和带阻滤波器，它们的理想幅频特性如图 7.7 所示。常见的模拟滤波器类型包括巴特沃斯（Butterworth）滤波器、切比雪夫（Chebyshev）Ⅰ型滤波器、切比雪夫Ⅱ型滤波器和椭圆（Ellipse）滤波器等。这些模拟滤波器主要的区别在于特性不同。巴特沃斯滤波器在通带和阻带具有单调的幅频特性，意味着它们在一个方向上平滑变化；切比雪夫Ⅰ型滤波器的幅频特性在阻带内是单调的，但在通

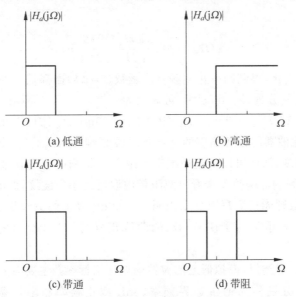

图 7.7 各种理想模拟滤波器幅频特性

带内是有波纹特性的；切比雪夫Ⅱ型滤波器在通带内是单调的，但在阻带内是有波纹特性的；椭圆滤波器的选择性相对前三种是最好的，在通带和阻带内均呈现等波纹的幅频特性，但相位特性的非线性也稍严重。设计时，应根据需要选择合适的滤波器类型。

设计模拟滤波器的通用做法是先设计一个"样本"的归一化低通滤波器原型，然后通过模拟频带变换得到所需高通、带通或带阻等类型的模拟滤波器。所谓归一化低通滤波器原型就是将低通滤波器的通带截止频率归一化为1。我们将模拟滤波器的设计归于先设计一个相应"样本"的归一化低通滤波器原型，是因为在模拟滤波器的各种设计手册和参考书中，一般只给出了几种典型（如巴特沃斯模拟滤波器、切贝雪夫模拟滤波器等）的归一化滤波器的系统函数的系数及根或二阶因式的系数。一旦确定了所需滤波器在通带截止频率 Ω_p、阻带截止频率 Ω_s 处的衰减，就可以得到滤波器的阶数 N，然后查表得到归一化低通滤波器原型的系统函数，再经过频带变换就可以得到各种所需的滤波器。

7.3.2 模拟滤波器的设计指标

下面先介绍模拟低通滤波器的技术指标和逼近方法，用 $h_a(t)$、$H_a(s)$、$H_a(j\Omega)$ 分别表示模拟滤波器的单位冲激响应、系统函数、频率响应函数，三者的关系如下：

$$H_a(s) = \text{LT}[h_a(t)] = \int_{-\infty}^{\infty} h_a(t) e^{-st} \, dt$$

$$H_a(j\Omega) = \text{FT}[h_a(t)] = \int_{-\infty}^{\infty} h_a(t) e^{-j\Omega t} \, dt$$

$$H_a(s) = H_a(j\Omega) \mid_{s=j\Omega}$$

以上三个函数描述模拟滤波器的特性都是等价的。实际设计模拟滤波器时，设计指标一般由幅度频率响应函数 $|H_a(j\Omega)|$ 给出，设计的目的即是根据设计指标，求系统函数 $H_a(s)$。

某些工程应用中使用所谓的损耗函数（也称为衰减函数）$A(\Omega)$ 来描述滤波器的幅频响应特性，其定义为

$$A(\Omega) = 20\lg \frac{|H_a(j0)|}{|H_a(j\Omega)|} \text{dB} \tag{7.14}$$

将 $|H_a(j0)|$ 归一化，得到归一化幅频响应函数（本书后面都是针对该情况，特别说明的除外）$A(\Omega)$（其单位是分贝，用 dB 表示）可表示为：

$$A(\Omega) = -20\lg |H_a(j\Omega)| = -10\lg |H_a(j\Omega)|^2 \text{dB} \tag{7.15}$$

用 $A(\Omega)$ 表示滤波器的幅频响应的优点是对幅频响应 $|H_a(j\Omega)|$ 的取值进行了非线性压缩，放大了小的幅度，从而可以清楚地观察到阻带幅频响应的变化情况。如图7.8所示，图7.8(a)所示的幅频响应函数完全看不清阻带内取值较小的波纹，而图7.8(b)所示的同一个滤波器的损耗函数则能很清楚地显示出阻带 -60dB 以下的波纹变化。另外，图7.8(b)之所以采用 $-A(\Omega)$ 表示是为了使 $A(\Omega)$ 的曲线正好与 $|H_a(j\Omega)|$ 的幅频特性曲线形状一致。

与数字低通滤波器类似，模拟低通滤波器的设计指标参数主要有 α_p、Ω_p、Ω_c、α_s 和 Ω_s。其中 Ω_p、Ω_c 和 Ω_s 分别称为通带边界频率、3dB 截止频率和阻带截止频率，α_p 为通带 $[0,\Omega_p]$ 中允许 $A(\Omega)$ 的最大值，称为通带最大衰减；α_s 为阻带 $\Omega \geqslant \Omega_s$ 上允许 $A(\Omega)$ 的最小

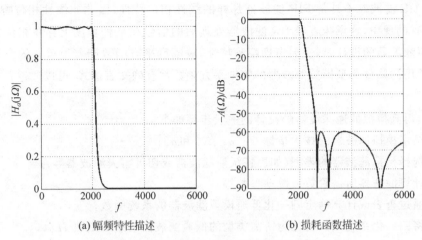

(a) 幅频特性描述   (b) 损耗函数描述

图 7.8 幅频响应与损耗函数曲线的比较

值,称为阻带最小衰减;α_p 和 α_s 单位为 dB。以上技术指标如图 7.9 所示,图 7.9(a)以幅频特性描述,图 7.9(b)以损耗函数描述。

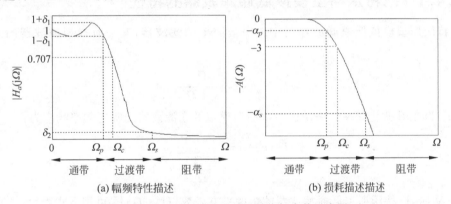

(a) 幅频特性描述   (b) 损耗描述描述

图 7.9 模拟低通滤波器的设计指标参数示意图

对于图 7.9(a)所示的幅频特性,α_p 和 α_s 可表示成:

$$\alpha_p = -10\lg |H_a(j\Omega_p)|^2 \tag{7.16}$$

$$\alpha_s = -10\lg |H_a(j\Omega_s)|^2 \tag{7.17}$$

当幅度的平方下降为零频率的 0.5 倍时的频率称为 3dB 截止频率,此时,$|H_a(j\Omega_c)| = \sqrt{2}/2$,$-20\lg|H_a(j\Omega_c)| = 3$dB。

δ_1 和 δ_2 分别称为通带波纹幅度和阻带波纹幅度,它们与 α_p 和 α_s 的关系为:

$$\alpha_p = -20\lg(1-\delta_1) \tag{7.18}$$

$$\alpha_s = -20\lg\delta_2 \tag{7.19}$$

这些参数的含义与数字滤波器的性能指标基本一样,大家可以参照 6.5 节对照学习。

给定了模拟滤波器的性能指标后,接下来的任务是设计一个系统函数 $H_a(s)$,使其幅度平方函数满足这些指标。一般滤波器的单位冲激响应为实函数,因此

$$|H_a(j\Omega)|^2 = H_a(s)H_a(-s)|_{s=j\Omega} = H_a(j\Omega)H_a^*(j\Omega) \tag{7.20}$$

由于 IIR 滤波器不具备 FIR 滤波器那样的线性相位特性,因此非线性相位响应是 IIR 滤波器特有的现象,这意味着经 IIR 滤波器处理后的信号在某种程度上存在相位失真。因此,在模拟滤波器的设计时,主要考虑幅频特性,故幅度平方函数起着很重要的作用。通常情况下,常用的几种典型模拟滤波器的幅度平方函数都有确知表达式,可以通过查找手册直接引用。

因此,得到模拟低通滤波器的设计的一般步骤如下:

(1) 给定模拟滤波器的技术指标 Ω_p、α_p、Ω_s 和 α_s;

(2) 选择模拟滤波器的类型(如巴特沃斯滤波器或切贝雪夫滤波器等);

(3) 计算滤波器所需阶数或波动参数等;

(4) 通过查表或计算确定归一化低通模拟滤波器的系统函数;

(5) 将归一化系统函数转化为所需类型的低通滤波器的系统函数 $H_a(s)$。

7.4 巴特沃斯型模拟低通滤波器的设计

7.4.1 巴特沃斯型模拟低通滤波器的特性

巴特沃斯型模拟低通滤波器是 IIR 中最简单的滤波器,其一阶模拟滤波器的系统函数为:

$$H_a(s) = \frac{\Omega_c}{s + \Omega_c} \tag{7.21}$$

其中,Ω_c 为 3dB 截止频率。一阶巴特沃斯型模拟低通滤波器的幅度频率响应为:

$$|H_a(j\Omega)| = \frac{1}{\sqrt{\left(\dfrac{\Omega}{\Omega_c}\right)^2 + 1}} \tag{7.22}$$

推广到 N 阶,巴特沃斯型低通滤波器的幅度平方函数 $|H_a(j\Omega)|^2$ 可用下式表示:

$$|H_a(j\Omega)|^2 = \frac{1}{1 + \left(\dfrac{\Omega}{\Omega_c}\right)^{2N}} \tag{7.23}$$

其中,N 称为滤波器的阶数。当 $\Omega = 0$ 时,$|H_a(j\Omega)| = 1$;$\Omega = \Omega_c$ 时,$|H_a(j\Omega)| = \dfrac{\sqrt{2}}{2}$,$|H_a(j\Omega)|^2 = \dfrac{1}{2}$,即在此频率下,系统的功率衰减到原始的一半。在 $\Omega = \Omega_c$ 附近,随 Ω 加大,幅度迅速下降。

对于模拟巴特沃斯型滤波器设计,有两个特性很重要:3dB 截止频率 Ω_c 和滚降率。其中,滚降率是指滤波器幅频响应特性在过渡带的衰减速度。这两个特性独立选择。模拟巴特沃斯型滤波器的幅度特性与 N 的关系如图 7.10 所示,图中表明幅度下降的滚降率与阶数 N 有关,N 越大,通带越平坦,过渡带越窄,过渡带与阻带幅度下降的速度越快,总的幅频响应特性与理想低通滤波器越逼近,误差越小。因此,在模拟巴特沃斯型低通滤波器的设计过程中,首先要根据性能指标确定 Ω_c 和 N。

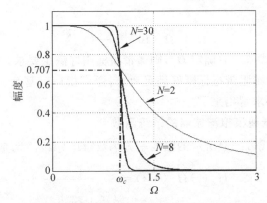

图 7.10　巴特沃斯型低通滤波器幅频特性与 Ω 和 N 的关系

7.4.2　巴特沃斯型模拟低通滤波器的设计步骤

1. 根据给定模拟滤波器的技术指标 Ω_p、α_p、Ω_s 和 α_s，确定滤波器的 Ω_c 和 N

根据 7.3 节模拟滤波器的性能指标 α_p 和 α_s 的定义式，

$$\alpha_p = -10\lg|H_a(\mathrm{j}\Omega_p)|^2 \tag{7.24}$$

$$\alpha_s = -10\lg|H_a(\mathrm{j}\Omega_s)|^2 \tag{7.25}$$

可将它们与幅度平方函数联系起来。由于这些技术指标 α_p、Ω_p、α_s 和 Ω_s 在设计之初时作为已知条件给出的，将 $\Omega = \Omega_p$ 代入幅度平方函数式(7.23)中，再将幅度平方函数 $|H_a(\mathrm{j}\Omega)|^2$ 代入式(7.24)，得到：

$$1 + \left(\frac{\Omega_p}{\Omega_c}\right)^{2N} = 10^{\frac{\alpha_p}{10}} \tag{7.26}$$

再将 $\Omega = \Omega_s$ 代入式(7.23)中，再将幅度平方函数 $|H_a(\mathrm{j}\Omega)|^2$ 代入式(7.25)，得到：

$$1 + \left(\frac{\Omega_s}{\Omega_c}\right)^{2N} = 10^{\frac{\alpha_s}{10}} \tag{7.27}$$

由式(7.26)和式(7.27)得到：

$$\left(\frac{\Omega_s}{\Omega_p}\right)^N = \sqrt{\frac{10^{\frac{\alpha_s}{10}} - 1}{10^{\frac{\alpha_p}{10}} - 1}} \tag{7.28}$$

则整数 N 由下式表示：

$$N \geqslant \frac{\lg\sqrt{\dfrac{10^{\frac{\alpha_s}{10}} - 1}{10^{\frac{\alpha_p}{10}} - 1}}}{\lg\dfrac{\Omega_s}{\Omega_p}} \tag{7.29}$$

设计巴特沃斯型滤波器的两个参数中的 N 求出后，如果技术指标中没有将 3dB 截止频率 Ω_c 作为已知条件给出，可以按照式(7.26)或式(7.27)求解。由式(7.26)得到：

$$\Omega_c = \Omega_p(10^{0.1\alpha_p} - 1)^{-\frac{1}{2N}} \tag{7.30}$$

由式(7.27)得到:

$$\Omega_c = \Omega_s (10^{0.1\alpha_s} - 1)^{-\frac{1}{2N}} \qquad (7.31)$$

请注意,如果采用式(7.30)确定 Ω_c,则通带指标刚好满足要求,阻带指标有富余;如果采用式(7.31)确定 Ω_c,则阻带指标刚好满足要求,通带指标有富余。这样确定巴特沃斯型滤波器的两个参数全部求解出来了。

2. 通过计算确定低通模拟滤波器的系统函数

根据式(7.20),将式(7.23)所示的幅度平方函数 $|H_a(\mathrm{j}\Omega)|^2$ 写成 s 的函数:

$$H_a(s)H_a(-s) = \frac{1}{1 + \left(\dfrac{s}{\mathrm{j}\Omega_c}\right)^{2N}} \qquad (7.32)$$

显然它没有零点,但有 $2N$ 个极点,极点 s_k 或分母多项式的解为:

$$s_k = (-1)^{\frac{1}{2N}}(\mathrm{j}\Omega_c) = \Omega_c \mathrm{e}^{\mathrm{j}\pi\left(\frac{1}{2} + \frac{2k+1}{2N}\right)} \qquad k = 0, 1, \cdots, 2N-1 \qquad (7.33)$$

图 7.11 分别画出了当 $N=3$ 和当 $N=4$ 时的极点图,这些极点的分布特点如下:

(1) 这 $2N$ 个极点等间隔分布在半径为 Ω_c 的圆上,间隔是 $\dfrac{\pi}{N}\mathrm{rad}$。

(2) 极点两两共轭对称,且对虚轴 $\mathrm{j}\omega$ 呈轴对称分布,没有极点落在虚轴上。

(3) N 为奇数时,有两个极点落在实轴上,N 为偶数时,实轴上没有极点。

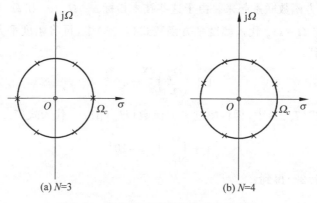

(a) $N=3$ (b) $N=4$

图 7.11 巴特沃斯型滤波器极点分布图

$2N$ 个极点中只取 s 平面左半平面的 N 个极点构成 $H_a(s)$ 以形成因果稳定系统,右半平面的 N 个极点构成 $H_a(-s)$。因此,$H_a(s)$ 的表达式为

$$H_a(s) = \frac{\Omega_c^N}{\displaystyle\prod_{k=0}^{N-1}(s - s_k)} \qquad (7.34)$$

例如当 $N=3$ 时,幅度平方函数的 6 个极点分别为

$$s_0 = \Omega_c \mathrm{e}^{\mathrm{j}\frac{2}{3}\pi}, \quad s_1 = -\Omega_c, \quad s_2 = \Omega_c \mathrm{e}^{-\mathrm{j}\frac{2}{3}\pi}$$

$$s_3 = \Omega_c \mathrm{e}^{-\mathrm{j}\frac{1}{3}\pi}, \quad s_4 = \Omega_c, \quad s_5 = \Omega_c \mathrm{e}^{\mathrm{j}\frac{1}{3}\pi}$$

将 s 平面左半平面的极点 s_0、s_1、s_2 组成巴特沃斯型滤波器的系统函数 $H_a(s)$,即

$$H_a(s) = \frac{\Omega_c^3}{(s+\Omega_c)(s-\Omega_c e^{j\frac{2}{3}\pi})(s-\Omega_c e^{-j\frac{2}{3}\pi})} \tag{7.35}$$

我们将这种滤波器的 3dB 截止频率 Ω_c 归一化,即让其截止频率为 1,这种滤波器称为模拟原型滤波器,则式(7.32)经归一化后表达式为

$$G_a\left(\frac{s}{\Omega_c}\right) = \frac{1}{\prod\limits_{k=0}^{N-1}\left(\frac{s}{\Omega_c}-\frac{s_k}{\Omega_c}\right)} \tag{7.36}$$

令 $p=\eta+j\lambda=\dfrac{s}{\Omega_c}$,$\lambda=\dfrac{\Omega}{\Omega_c}$,$\lambda$ 称为归一化频率,p 称为归一化复变量,即相当于对 s 和 Ω 都进行了归一化。则巴特沃斯型滤波器的归一化低通原型滤波器系统函数为

$$G_a(p) = \frac{1}{\prod\limits_{k=0}^{N-1}(p-p_k)} \tag{7.37}$$

式中,$p_k=\dfrac{s_k}{\Omega_c}$,为归一化极点,则:

$$p_k = e^{j\pi\left(\frac{1}{2}+\frac{2k+1}{2N}\right)} \qquad k=0,1,\cdots,N-1 \tag{7.38}$$

　　显然这一表达式只与 N 有关,N 与 p_k 之间的对应关系可通过查表 7.2~表 7.4 求得,这样只要根据已知的性能指标 Ω_p、α_p、Ω_s 和 α_s,求出巴特沃斯型滤波器的阶数 N,就可查表可得到归一化低通原型系统函数 $G_a(p)$ 级联型和直接型网络结构的系统函数表示形式,避免了直接计算求解的复杂工作。

表 7.2　巴特沃斯型归一化低通滤波器参数—极点位置

阶数 N	极点位置				
	$p_{0,N-1}$	$p_{1,N-2}$	$p_{2,N-3}$	$p_{3,N-4}$	p_4
1	-1.0000				
2	$-0.7071\pm j0.7071$				
3	$-0.50000\pm j0.8660$	-1.0000			
4	$-0.3827\pm j0.9239$	$-0.9239\pm j0.3827$			
5	$-0.3090\pm j0.9511$	$-0.8090\pm j0.5878$	-1.0000		
6	$-0.2588\pm j0.9659$	$-0.7071\pm j0.7071$	$-0.9659\pm j0.2588$		
7	$-0.2225\pm j0.9749$	$-0.6235\pm j0.7818$	$-0.9091\pm j0.4339$	-1.0000	
8	$-0.1951\pm j0.9808$	$-0.5556\pm j0.8315$	$-0.8315\pm j0.5556$	$-0.9808\pm j0.1951$	
9	$-0.1736\pm j0.9848$	$-0.5000\pm j0.8660$	$-0.7660\pm j0.6428$	$-0.9397\pm j0.3420$	-1.0000

表 7.3　巴特沃斯型归一化低通滤波器参数—分母多项式

阶数 N	分母多项式 $B(p)=p^N+b_{N-1}p^{N-1}+b_{N-2}p^{N-2}+\cdots+b_1 p^1+b_0$								
	b_0	b_1	b_2	b_3	b_4	b_5	b_6	b_7	b_8
1	1.000								
2	1.000	1.4142							
3	1.000	2.0000	2.0000						

阶数 N	分母多项式 $B(p)=p^N+b_{N-1}p^{N-1}+b_{N-2}p^{N-2}+\cdots+b_1p^1+b_0$								
	b_0	b_1	b_2	b_3	b_4	b_5	b_6	b_7	b_8
4	1.000	2.6131	3.4142	2.613					
5	1.000	3.2361	5.2361	5.2361	3.2361				
6	1.000	3.8637	7.4641	9.1419	7.4641	3.8637			
7	1.000	4.4940	10.0978	14.5918	14.5918	10.0978	4.4940		
8	1.000	5.1258	13.1371	21.8462	25.6884	21.8642	13.1371	5.1258	
9	1.000	5.7588	16.5817	31.1634	41.9864	41.9864	31.1634	16.5817	5.7588

表 7.4　巴特沃斯型归一化低通滤波器参数——分母因式

阶数 N	分 母 因 式 $B(p)=B_1(p)B_2(p)\cdots B_{[N/2]}(p)$，$[N/2]$ 表示取大于等于 $N/2$ 的最小整数
1	(p^2+1)
2	$(p^2+1.4142p+1)$
3	$(p^2+p+1)(p+1)$
4	$(p^2+0.7654p+1)(p^2+1.8478p+1)$
5	$(p^2+0.6180p+1)(p^2+1.6180p+1)(p+1)$
6	$(p^2+0.5176p+1)(p^2+1.4142p+1)(p^2+1.9319p+1)$
7	$(p^2+0.4450p+1)(p^2+1.2470p+1)(p^2+1.8019p+1)(p+1)$
8	$(p^2+0.3902p+1)(p^2+1.1111p+1)(p^2+1.6629p+1)(p^2+1.9616p+1)$
9	$(p^2+0.3473p+1)(p^2+p+1)(p^2+1.5321p+1)(p^2+1.8974p+1)(p+1)$

将极点表示式(7.38)代入式(7.37)，整理可得到归一化低通原型系统函数 $G_a(p)$ 的分母是 p 的 N 阶多项式：

$$G_a(p)=\frac{1}{p^N+b_{N-1}p^{N-1}+b_{N-2}p^{N-2}+\cdots+b_1p+b_0} \tag{7.39}$$

3. 将 $G_a(p)$ 去归一化，即将 $p=\dfrac{s}{\Omega_c}$ 代入 $G_a(p)$，得到实际的滤波器系统函数

$$H_a(s)=G_a(p)\mid_{p=\frac{s}{\Omega_c}} \tag{7.40}$$

【例 7.5】　设计一个巴特沃斯型低通滤波器，要求通带截止频率 $f_p=6\text{kHz}$，通带最大衰减 $\alpha_p=3\text{dB}$，阻带截止频率 $f_s=12\text{kHz}$，阻带最小衰减 $\alpha_s=25\text{dB}$。求出滤波器归一化系统函数 $G(p)$ 及实际的 $G(s)$。

解：首先，将频率归一化，$\Omega_p=2\pi f_p=2\pi\times 6\text{kHz}$，$\Omega_s=2\pi f_s=2\pi\times 12\text{kHz}$

$\because \lambda=\Omega/\Omega_p$，

$\therefore \lambda_p=\Omega_p/\Omega_p=1$，$\lambda_s=\Omega_s/\Omega_p=2$，$p=\text{j}\lambda=\text{j}\Omega/\Omega_p=s/\Omega_p$

巴特沃斯型滤波器的幅频特性是

$$|G(\text{j}\lambda)|^2=\frac{1}{1+\lambda^{2N}}$$

$$\alpha_p=-10\lg|H_a(\text{j}\Omega_p)|^2,\quad \alpha_s=-10\lg|H_a(\text{j}\Omega_s)|^2$$

以下求阶数 N，

$$N \geqslant \frac{\lg \sqrt{\dfrac{10^{\alpha_s/10}-1}{10^{\alpha_p/10}-1}}}{\lg \lambda_s} = \frac{\lg \sqrt{\dfrac{10^{25/10}-1}{10^{3/10}-1}}}{\lg 2} = \frac{1.25}{0.301} \approx 4.15$$

所以 N 取 5。根据 $p_k = \mathrm{e}^{\mathrm{j}\left(\frac{2k+1}{2N}+\frac{1}{2}\right)\pi}$，$k=0,1,\cdots,N-1$，可确定 5 个极点分别是：

$$p_0 = \mathrm{e}^{\mathrm{j}\frac{3}{5}\pi}, \quad p_1 = \mathrm{e}^{\mathrm{j}\frac{4}{5}\pi}, \quad p_2 = \mathrm{e}^{\mathrm{j}\frac{5}{5}\pi} = -1, \quad p_3 = \mathrm{e}^{\mathrm{j}\frac{6}{5}\pi} = \mathrm{e}^{-\mathrm{j}\frac{4}{5}\pi}, \quad p_4 = \mathrm{e}^{\mathrm{j}\frac{7}{5}\pi} = \mathrm{e}^{-\mathrm{j}\frac{3}{5}\pi}$$

其中，p_0 和 p_4 是一对共轭极点，p_1 和 p_3 是一对共轭极点，因此可得两个二阶子系统函数为：

$$G_1(p) = \frac{1}{p^2 - 2p\cos\left(\dfrac{3}{5}\pi\right) + 1}$$

$$G_2(p) = \frac{1}{p^2 - 2p\cos\left(\dfrac{4}{5}\pi\right) + 1}$$

一个一阶系统函数为：

$$G_3(p) = \frac{1}{p+1}$$

所以有：

$$G(p) = G_1(p)G_2(p)G_3(p)$$

$$= \frac{1}{(p+1)\left[p^2 - 2p\cos\left(\dfrac{3}{5}\pi\right) + 1\right]\left[p^2 - 2p\cos\left(\dfrac{4}{5}\pi\right) + 1\right]}$$

$$G(s) = G(p)\,\big|_{p=\frac{s}{\Omega_p}}$$

$$= \frac{\Omega_p^5}{(s+\Omega_p)\left[s^2 - 2\Omega_p\cos\left(\dfrac{3}{5}\pi\right) + \Omega_p^2\right]\left[s^2 - 2\Omega_p\cos\left(\dfrac{4}{5}\pi\right) + \Omega_p^2\right]}$$

在 MATLAB 中可以通过调用 buttord 和 butter 来实现上述功能，并画出其损耗函数。具体程序为：

```
wp = 2 * pi * 6000;ws = 2 * pi * 12000;Rp = 2;As = 25;
[N,wc] = buttord(wp,ws,Rp,As,'s');
[B,A] = butter(N,wc,'s');
k = 0:1023;fk = 0:18000/1024:18000;wk = 2 * pi * fk;
Hk = freqs(B,A,wk);
plot(fk/1000,20 * log10(abs(Hk)));grid on
xlabel('频率(kHz)');ylabel('- A(f)\dB')
axis([0,18, - 40,5])
```

运行结果为：

$N=5$，与上面结果一致，其损耗函数如图 7.12 所示。

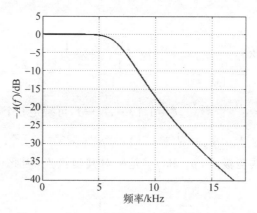

图 7.12　例 7.5 中设计的滤波器的损耗函数

【随堂练习】

已知通带截止频率 $f_p = 5\text{kHz}$，通带最大衰减 $\alpha_p = 2\text{dB}$，阻带截止频率 $f_s = 12\text{kHz}$，阻带最小衰减 $\alpha_s = 30\text{dB}$，按照以上技术指标设计巴特沃斯型低通滤波器。

7.5　切比雪夫型模拟滤波器的设计

由于巴特沃斯型滤波器的幅频特性的单调性，设计后的频谱特性相比设计指标会有较大的富余。切比雪夫型滤波器可用等波纹的方法使逼近精度均匀分布在整个通带或阻带范围内，如图 7.13 所示。显然，切比雪夫型滤波器具有比巴特沃斯型滤波器更陡峭的滚降特性，并且可用低的阶数实现与高阶巴特沃斯型滤波器相同的滤波特性。

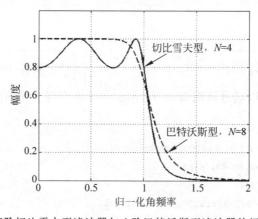

图 7.13　四阶切比雪夫型滤波器与八阶巴特沃斯型滤波器的幅度频率特性

切比雪夫型低通滤波器的幅频等波纹特性有两种形式：在通带内是等波纹的、在阻带内是单调下降的切比雪夫 I 型低通滤波器；在通带内是单调下降、在阻带内是等波纹的切比雪夫 II 型低通滤波器。

7.5.1 切比雪夫 I 型低通滤波器

切比雪夫 I 型低通滤波器幅度平方响应为：

$$|H_a(j\Omega)|^2 = \frac{1}{1+\varepsilon^2 C_N^2\left(\dfrac{\Omega}{\Omega_p}\right)} \tag{7.41}$$

其中，ε 称为通带波纹参数，表示通带内幅度波动的程度，为小于 1 的正数，ε 越大，波动幅度也越大；Ω_p 称为通带截止频率，表示幅度响应到某一衰减分贝数（可为 0.1dB，1dB，3dB 等）处的截止频率（在巴特沃斯型滤波器中，Ω_p 是指 3dB 处的 Ω_c）。显然这种滤波器对应的传递函数没有零点。令 $\lambda = \Omega/\Omega_p$，称为 Ω 对 Ω_p 的归一化频率（在巴特沃斯型滤波器中归一化频率是 $\lambda = \dfrac{\Omega}{\Omega_c}$，是对 Ω_c 归一）。$C_N(\lambda)$ 称为 N 阶切比雪夫多项式，定义为

$$C_N(\lambda) = \begin{cases} \cos(N \cdot \arccos\lambda) & |\lambda| \leqslant 1 \\ \mathrm{ch}(N \cdot \mathrm{arch}\lambda) & |\lambda| > 1 \end{cases} \tag{7.42}$$

$C_N(\lambda)$ 有一些值得关注的基本特性，$C_0(\lambda)=1$；$C_1(\lambda)=\lambda$；$C_2(\lambda)=2\lambda^2-1$；$C_3(\lambda)=4\lambda^3-3\lambda$。以此类推可得高阶切比雪夫多项式的递推公式：

$$C_{N+1}(\lambda) = 2\lambda C_N(\lambda) - C_{N-1}(\lambda) \tag{7.43}$$

进一步深入研究，我们可以得出它的一些特性：

(1) 当 $|\lambda|<1$ 时，$|C_N(\lambda)|\leqslant 1$，在 $|\lambda|<1$ 范围内振荡，即具有等波纹特性；

(2) 当 $|\lambda|>1$ 时，$C_N(\lambda)$ 是双曲线函数，随 λ 单调上升。

因此，当 $\Omega \leqslant \Omega_p$ 时，$\varepsilon^2 C_N^2(\lambda)$ 在 $0 \sim \varepsilon^2$ 波动，$|H_a(j\Omega)|^2$ 在 $[0, \Omega_p]$ 上有等波纹振动，最大值为 1，最小值为 $1/(1+\varepsilon^2)$。当 $\Omega > \Omega_p$ 时，$|H_a(j\Omega)|^2$ 随 Ω 增大很快接近于零。

不同阶数的切比雪夫 I 型滤波器幅频特性如图 7.14 所示，当 N 越大，特性越接近矩形。

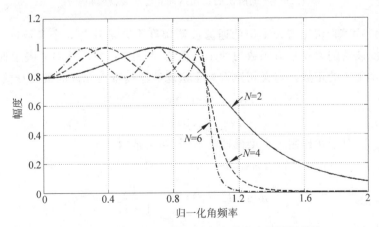

图 7.14 不同阶次的切比雪夫 I 型滤波器幅频特性

7.5.2 切比雪夫Ⅱ型低通滤波器

切比雪夫Ⅱ型低通滤波器的幅度平方响应为：

$$| H_a(j\Omega) |^2 = \frac{1}{1 + \left[\varepsilon^2 C_N^2\left(\dfrac{\Omega_s}{\Omega}\right) \right]^{-1}} \tag{7.44}$$

其中，Ω_s 称为阻带截止频率。对比式(7.44)和式(7.41)可以发现，切比雪夫Ⅱ型低通滤波器的幅度平方响应是将切比雪夫Ⅰ型低通滤波器中的 $\varepsilon^2 C_N^2\left(\dfrac{\Omega}{\Omega_p}\right)$ 用其倒数代替，并把切比雪夫Ⅰ型低通滤波器中 $\lambda = \Omega/\Omega_p$ 的 Ω_p 换成 Ω_s，并取倒数。不同阶的切比雪夫Ⅱ型滤波器幅频特性如图 7.15 所示，当 N 越大，特性越接近矩形。这种类型的滤波器的传递函数既有极点也有零点。采用何种形式的切比雪夫型滤波器取决于实际用途。在此，我们仅介绍切比雪夫Ⅰ型滤波器的设计方法，切比雪夫Ⅱ型低通滤波器的设计方法和Ⅰ型的设计方法类似。

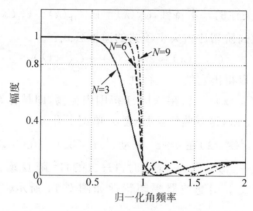

图 7.15 不同阶次的切比雪夫Ⅱ型滤波器幅频特性

由式(7.41)可知，切比雪夫Ⅰ型低通滤波器幅度平方函数与 3 个参数 $(\varepsilon, \Omega_p, N)$ 有关（巴特沃斯型滤波器的幅度平方函数与两个参数 N 和 Ω_c 有关），其中 ε 表示通带内允许波动的幅度，为小于 1 的正数。定义切比雪夫Ⅰ型滤波器通带内允许的最大衰减 α_p 如下：

$$\alpha_p = 10\lg \frac{\max | H_a(j\Omega) |^2}{\min | H_a(j\Omega) |^2} \qquad | \Omega | \leqslant \Omega_p \tag{7.45}$$

如前面讨论，对于切比雪夫Ⅰ型低通滤波器，在通带内

$$\max | H_a(j\Omega) |^2 = 1$$

$$\min | H_a(j\Omega) |^2 = \frac{1}{1 + \varepsilon^2}$$

因此可以得出

$$\alpha_p = 10\lg(1 + \varepsilon^2) \tag{7.46}$$

$$\varepsilon = (10^{0.1\alpha_p} - 1)^{0.5} \tag{7.47}$$

通常 α_p 是作为设计滤波器的已知条件给出的，这样，根据通带内允许的最大衰减 α_p，就可

以求出参数 ε。Ω_p 一般也是在设计时给出的已知值,现在就剩一个阶数 N 的确定。

由图 7.14 可知,阶数 N 决定了过渡带的宽度及通带内波动的疏密。设阻带的起点频率(阻带截止频率)用 Ω_s 表示,在 Ω_s 处的 $|H_a(j\Omega)|^2$ 用式(7.41)确定:

$$|H_a(j\Omega)|^2 = \frac{1}{1 + \varepsilon^2 C_N^2\left(\dfrac{\Omega_s}{\Omega_p}\right)} \tag{7.48}$$

令 $\lambda_s = \Omega_s/\Omega_p$,此时由于 $\lambda_s > 1$,所以有

$$C_N(\lambda_s) = \mathrm{ch}(N \cdot \mathrm{arch}\lambda_s) = \frac{1}{\varepsilon}\sqrt{\frac{1}{|H_a(j\Omega_s)|^2} - 1}$$

则

$$N = \frac{\mathrm{arch}\left[\dfrac{1}{\varepsilon}\sqrt{\dfrac{1}{|H_a(j\Omega_s)|^2} - 1}\right]}{\mathrm{arch}\lambda_s} \tag{7.49}$$

3dB 截止频率用 Ω_c 表示,由

$$|H_a(j\Omega_c)|^2 = \frac{1}{2}$$

按照式(7.41),有

$$\varepsilon^2 C_N^2(\lambda_c) = 1, \quad \lambda_c = \frac{\Omega_c}{\Omega_p}$$

通常取 $\lambda_c > 1$,因此

$$C_N^2(\lambda_c) = \pm\frac{1}{\varepsilon} = \mathrm{ch}(N\mathrm{arch}\lambda_c)$$

其中仅取正号时,得到 3dB 截止频率计算公式:

$$\Omega_c = \Omega_p \mathrm{ch}\left(\frac{1}{N}\mathrm{arch}\frac{1}{\varepsilon}\right) \tag{7.50}$$

Ω_p 通常是设计指标给定的,由式(7.47)和式(7.49)求出 ε 和 N 后,由这 3 个参数就可以求出滤波器的极点,并确定归一化系统函数 $G_a(p)$,$p = \dfrac{s}{\Omega_p}$。

理论分析证明,切比雪夫的极点就是一组分布在 $b\Omega_p$ 为长半轴,$a\Omega_p$ 为短半轴的椭圆上的点。并可得到归一化的系统函数为

$$G_a(p) = \frac{1}{\varepsilon \cdot 2^{N-1}\displaystyle\prod_{i=1}^{N}(p - p_i)} \tag{7.51}$$

详细推导见相关参考文献。去归一化后的系统函数为

$$H_a(s) = G_a(p)\Big|_{p=\frac{s}{\Omega_p}} = \frac{\Omega_p^N}{\varepsilon \cdot 2^{N-1}\displaystyle\prod_{i=1}^{N}(s - p_i\Omega_p)} \tag{7.52}$$

7.5.3　切比雪夫 I 型滤波器的设计步骤

1. 确定技术指标参数 α_p、Ω_p、α_s 和 Ω_s

α_p 是 $\Omega = \Omega_p$ 时的衰减,α_s 是 $\Omega = \Omega_s$ 时的衰减,它们满足

$$\alpha_p = 10\lg \frac{1}{|H_a(j\Omega_p)|^2} \tag{7.53}$$

$$\alpha_s = 10\lg \frac{1}{|H_a(j\Omega_s)|^2} \tag{7.54}$$

这里 α_p 就是前面定义的通带内允许的最大衰减,见式(7.16)。

2. 求滤波器阶数 N 和参数 ε

归一化通带和阻带边界频率为 $\lambda_p = 1, \lambda_s = \dfrac{\Omega_s}{\Omega_p}$。由式(7.41)得到:

$$\frac{1}{|H_a(j\Omega_p)|^2} = 1 + \varepsilon^2 C_N(\lambda_p)$$

$$\frac{1}{|H_a(j\Omega_s)|^2} = 1 + \varepsilon^2 C_N(\lambda_s)$$

将以上两式代入式(7.53)和式(7.54),得到:

$$10^{0.1\alpha_p} = 1 + \varepsilon^2 C_N(\lambda_p) = 1 + \varepsilon^2 \cos^2(N \cdot \arccos 1) = 1 + \varepsilon^2$$

$$10^{0.1\alpha_s} = 1 + \varepsilon^2 C_N(\lambda_s) = 1 + \varepsilon^2 \text{ch}^2(N \cdot \text{arch}\lambda_s)$$

$$\frac{10^{0.1\alpha_s} - 1}{10^{0.1\alpha_p} - 1} = \text{ch}^2(N \cdot \text{arch}\lambda_s)$$

令

$$k_1^{-1} = \sqrt{\frac{10^{0.1\alpha_s} - 1}{10^{0.1\alpha_p} - 1}} \tag{7.55}$$

则 $\text{ch}(N \cdot \text{arch}\lambda_s) = k_1^{-1}$,因此

$$N \geqslant \frac{\text{arch}k_1^{-1}}{\text{arch}\lambda_s} \tag{7.56}$$

这样,先由式(7.55)求出 k_1^{-1},代入式(7.56),求出阶数 N,最后取大于或等于 N 的最小整数。

按照式(7.47)求 ε:

$$\varepsilon^2 = 10^{0.1\alpha_p} - 1 \tag{7.57}$$

3. 求归一化系统函数 $G_a(p)$

为求 $G_a(p)$,先按照式(7.50)求出归一化极点 $p_k, k = 1, 2, \cdots, N$。

$$p_k = -\text{ch}\varepsilon \sin \frac{(2k-1)\pi}{2N} + j\text{ch}\varepsilon \cos \frac{(2k-1)\pi}{2N} \tag{7.58}$$

将极点 p_k 代入式(7.57),得到:

$$G_a(p) = \frac{1}{\varepsilon \cdot 2^{N-1} \prod\limits_{i=1}^{N} (p - p_i)} \tag{7.59}$$

4. $G_a(p)$ 去归一化

将 $G_a(p)$ 去归一化,得到实际的 $H_a(s)$,即

$$H_a(s) = G_a(p) \Big|_{p=\frac{s}{\Omega_p}} \qquad (7.60)$$

【例 7.6】 设计一个切比雪夫型低通滤波器,要求通带截止频率 $f_p = 3\text{kHz}$,通带最大衰减 $\alpha_p = 0.2\text{dB}$,阻带截止频率 $f_s = 12\text{kHz}$,阻带最小衰减 $\alpha_s = 50\text{dB}$。求出归一化系统函数 $G(p)$ 及实际的 $G(s)$。

解: (1)将频率归一化,$\Omega_p = 2\pi f_p = 2\pi \times 3\text{kHz}, \Omega_s = 2\pi f_s = 2\pi \times 12\text{kHz}, \lambda = \dfrac{\Omega}{\Omega_p}$

因此,有:

$$\lambda_p = \frac{\Omega_p}{\Omega_p} = 1, \quad \lambda_s = \frac{\Omega_s}{\Omega_p} = 4$$

(2) 计算 ε、N,有:

$$\varepsilon = \sqrt{10^{0.1\alpha_p} - 1} = 0.2171$$

$$N = \frac{\text{arcosh}\sqrt{\dfrac{10^{0.1\alpha_s} - 1}{\varepsilon^2}}}{\text{arcosh}\lambda_s} = \frac{\text{arcosh}\sqrt{\dfrac{10^5 - 1}{0.2171^2}}}{\text{arcosh}4} \approx 3.8659$$

因此取 $N = 4$。令:

$$\varphi_2 = \frac{1}{N}\text{arsinh}\frac{1}{\varepsilon} = \frac{1}{4}\text{arsinh}\frac{1}{0.2171} \approx 0.558$$

所以极点为:

$$p_k = -\sin\frac{(2k-1)\pi}{2n}\sinh\varphi_2 + j\cos\frac{(2k-1)\pi}{2n}\cosh\varphi_2 \quad k = 1,2,\cdots,n$$

即:

$$p_1 = -\sin\frac{\pi}{8}\sinh 0.558 + j\cos\frac{\pi}{8}\cosh 0.558$$

$$p_2 = -\sin\frac{3\pi}{8}\sinh 0.558 + j\cos\frac{3\pi}{8}\cosh 0.558$$

$$p_3 = -\sin\frac{5\pi}{8}\sinh 0.558 + j\cos\frac{5\pi}{8}\cosh 0.558$$

$$p_4 = -\sin\frac{7\pi}{8}\sinh 0.558 + j\cos\frac{7\pi}{8}\cosh 0.558$$

其中 p_1、p_4 是一对共轭极点,p_2、p_3 是一对共轭极点,因此可得两个二阶子系统函数为:

$$G_1(p) = \frac{p_1^2}{p^2 + 2\sinh 0.558\sin\frac{\pi}{8}p + p_1^2}$$

其中有:

$$p_1^2 = \sin^2\frac{\pi}{8}\sinh^2 0.558 + \cos^2\frac{\pi}{8}\cosh^2 0.558$$

所以有:

$$G_1(p) = \frac{1.1986}{p^2 + 0.4496p + 1.1986}$$

$$G_2(p) = \frac{p_2^2}{p^2 + 2\sinh(0.558)\sin\dfrac{3\pi}{8}p + p_2^2}$$

其中有:

$$p_2^2 = \sin^2\frac{3\pi}{8}\sinh^2(0.558) + \cos^2\frac{3\pi}{8}\cosh^2(0.558)$$

所以有:

$$G_2(p) = \frac{0.4915}{p^2 + 1.0854p + 0.4915}$$

因此,总的系统函数为:

$$G(p) = \frac{0.5891}{(p^2 + 0.4496p + 1.1986)(p^2 + 1.0854p + 0.4915)}$$

去归一化后的系统函数为:

$$G(s) = G(p)\Big|_{p = \frac{s}{\alpha_p}} = \frac{0.5891\Omega_p^4}{(s^2 + 0.4496\Omega_p s + 1.1986\Omega_p^2)(s^2 + 1.0854\Omega_p s + 0.4915\Omega_p^2)}$$

MATLAB 软件可以用调用函数 cheblap 的方法设计 N 阶切比雪夫低通原型滤波器,调用格式为:

$$[z,p,k] = \text{cheblap}(N,Rp)$$

其中,N 为滤波器阶数,Rp 为通带波纹,单位为 dB,返回的三个参数 z,p,k 分别为滤波器传递函数的零点、极点和增益。

此外,还有一种滤波器叫椭圆滤波器,这是一种在通带和阻带内都具有等波纹幅频响应特性的滤波器。由于其极点位置与经典场论中的椭圆函数有关,所以由此取名为椭圆滤波器。椭圆滤波器逼近理论是复杂的纯数学问题,此处不做推导。这种滤波器的设计可以通过调用 MATLAB 信号处理工具箱提供的椭圆滤波器设计函数,就很容易得到椭圆滤波器系统函数和零极点位置。感兴趣的读者请参考相关文献。

【随堂练习】

设计低通切比雪夫型滤波器,要求通带截止频率 $f_p = 3\text{kHz}$,通带最大衰减 $\alpha_p = 0.1\text{dB}$,阻带截止频率 $f_s = 12\text{kHz}$,阻带最小衰减 $\alpha_s = 60\text{dB}$。

7.6 用脉冲响应不变法设计 IIR 数字低通滤波器

得到了模拟原型滤波器后,就可通过一定关系的变换使之转换成所需的数学滤波器。对于低通滤波器,具体设计过程是:①按照数字滤波器性能指标要求设计一个对应的模拟低通滤波器 $H_a(s)$;②按照一定的转换关系将 $H_a(s)$ 转换成数字低通滤波器的系统函数 $H(z)$。

由此可见,设计的关键问题就是找到这种转换关系,将 S 平面上的 $H_a(s)$ 转换成 Z 平面上的 $H(z)$。下面介绍两种常用的方法:脉冲响应不变法和双线性不变法。先研究脉冲响应不变法。

7.6.1 基本思路

每个模拟滤波器都有单位冲激响应 $h_a(t)$，每个数字滤波器都有单位脉冲响应 $h(n)$。脉冲响应不变法就是让数字滤波器的单位脉冲响应 $h(n)$ 等于模拟滤波器单位冲激响应 $h_a(t)$ 的采样值，如图 7.16 所示。即：

$$h(n) = h_a(nT) \tag{7.61}$$

若已设计出的模拟滤波器的系统函数为 $H_a(s)$，其相应的单位冲激响应是 $h_a(t)$，

$$H_a(s) = \mathrm{LT}[h_a(t)] \tag{7.62}$$

对 $h_a(t)$ 进行等间隔采样，采样间隔为 T，得到 $h_a(nT)$，把 $h(n) = h_a(nT)$ 作为数字滤波器的单位脉冲响应，那么 $h(n)$ 的 Z 变换即为数字滤波器的系统函数 $H(z)$。显然这是一种基于时域的设计方法。因为模拟滤波器给出的设计结果是 $H_a(s)$，所以下面来推导脉冲响应不变法中，直接从 $H_a(s)$ 到 $H(z)$ 的转换公式。

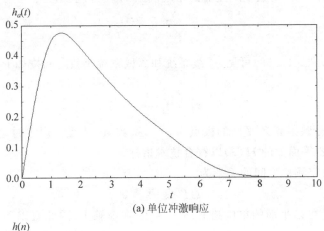

(a) 单位冲激响应

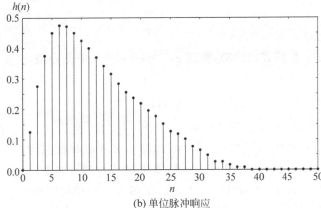

(b) 单位脉冲响应

图 7.16 脉冲响应不变法

设模拟滤波器的系统函数 $H_a(s)$ 为

$$H_a(s) = \frac{\sum\limits_{k=0}^{M} d_k s^k}{\sum\limits_{k=0}^{N} C_k s^k} = \frac{\sum\limits_{k=0}^{M} d_k s^k}{\prod\limits_{i=1}^{N} (s - s_i)} = \sum\limits_{i=1}^{N} \frac{A_k}{s - s_i}$$

对于一个稳定的模拟系统,其系统函数都是单极点的真分式,且分母多项式的阶次比分子多项式的阶次高,式中 s_i 为 $H_a(s)$ 的单阶极点。将 $H_a(s)$ 用部分分式表示为:

$$H_a(s) = \sum_{i=1}^{N} \frac{A_i}{s - s_i} \tag{7.63}$$

对式(7.63)中的 $H_a(s)$ 进行逆拉氏变换,得到:

$$h_a(t) = \sum_{i=1}^{N} A_i e^{s_i t} u(t) \tag{7.64}$$

其中,$u(t)$ 是单位阶跃函数。现在对 $h_a(t)$ 进行等间隔采样,采样间隔为 T,得到数学滤波器的单位脉冲响应 $h(n)$:

$$h(n) = h_a(nT) = \sum_{i=1}^{N} A_i e^{s_i nT} u(nT) \tag{7.65}$$

对式(7.65)进行 Z 变换,则数字滤波器的系统函数 $H(z)$ 可表示为:

$$H(z) = \sum_{i=1}^{N} \frac{A_i}{1 - e^{s_i T} z^{-1}} \tag{7.66}$$

对比式(7.63)和式(7.66)可见,连续系统和离散系统函数之间按如下一阶系统对应

$$\frac{1}{s - s_i} \Rightarrow \frac{1}{1 - e^{s_i T} z^{-1}} \tag{7.67}$$

即 $H_a(s)$ 的极点 s_i 映射到 Z 平面的极点为 $e^{s_i T}$,系数 A_i 不变。以下讨论如何使 S 平面上的 $H_a(s)$ 映射成 Z 平面上的 $H(z)$ 以符合技术指标。

模拟频率和数字频率之间的关系为

$$\omega = \Omega T \text{ 或 } e^{j\omega} = e^{j\Omega T}$$

由于 $z = e^{j\omega}$ 是在 Z 平面的单位圆上,而 $s = j\Omega$ 在虚轴上,因此有以下 S 平面到 Z 平面的变换

$$z = e^{sT} \tag{7.68}$$

设 $s = \sigma + j\Omega$,$z = r e^{j\omega}$,按照式(7.68),得到 $r e^{j\omega} = e^{\sigma T} e^{j\Omega T}$。由此得到:

$$\left. \begin{array}{l} r = e^{\sigma T} \\ \omega = \Omega T \end{array} \right\} \tag{7.69}$$

由式(7.69)可见:

$\sigma < 0$ 映射到 $|z| < 1$,即在 Z 平面单位圆内;

$\sigma = 0$ 映射到 $|z| = 1$,即在 Z 平面单位圆上;

$\sigma > 0$ 映射到 $|z| > 1$,即在 Z 平面单位圆外;

因此,当 S 平面的左半平面($\sigma < 0$)时,$|e^{sT}| = |e^{\sigma T}| < 1$ 是一个因果稳定系统,此时它映射为 Z 平面的单位圆内($r < 1$),这对于一个离散系统来说也是一个因果稳定系统。这说明如果 $H_a(s)$ 因果稳定,转换后得到的 $H(z)$ 仍是因果稳定的。

显然,$z = e^{sT}$ 是一个周期函数,可写成

$$e^{sT} = e^{\sigma T} e^{j\Omega T} = e^{\sigma T} e^{j\left(\Omega + \frac{2\pi}{T} M\right) T} \quad M \text{ 为任意整数}$$

因此,模拟频率 Ω 变化 $\frac{2\pi}{T}$ 的整数倍时,映射值不变。即将 S 平面沿着 $j\Omega$ 轴分割成一条条宽

为 $\dfrac{2\pi}{T}$ 的水平带,每条水平面都按照前面分析的映射关系对应着整个 Z 平面。此时 S 平面与 $H(z)$ 所在的 Z 平面的映射关系如图 7.17 所示。当 Ω 从 $-\dfrac{\pi}{T}$ 变化到 $\dfrac{\pi}{T}$ 时,由于 $\omega=\Omega T$,数字频率 ω 则从 $-\pi$ 变化到 π。

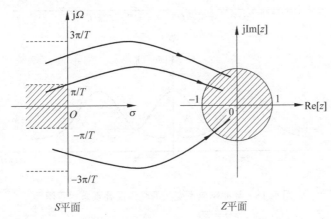

图 7.17 脉冲响应不变法 S 平面和 Z 平面之间的映射关系

7.6.2 脉冲响应不变法的频响特性

下面从讨论数字滤波器的频响特性与模拟滤波器的频响特性之间的关系出发,来讨论脉冲响应不变法的频响特性。由式(1.16)可以得到:

$$H(\mathrm{e}^{\mathrm{j}\Omega T})=\frac{1}{T}\sum_{k=-\infty}^{\infty}H_a\left(\mathrm{j}\Omega-\mathrm{j}\frac{2\pi}{T}k\right) \tag{7.70}$$

将 $\omega=\Omega T$ 代入可得:

$$H(\mathrm{e}^{\mathrm{j}\omega})=\frac{1}{T}\sum_{k=-\infty}^{\infty}H_a\left(\mathrm{j}\frac{\omega-2\pi k}{T}\right) \tag{7.71}$$

式(7.71)说明,$H(\mathrm{e}^{\mathrm{j}\Omega T})$ 是 $H_a(\mathrm{j}\Omega)$ 以 $\dfrac{2\pi}{T}$ 为周期的周期延拓函数(对数字频率,则是以 2π 为周期),如图 7.18 所示。显然,对于数字滤波器,在 $\omega=\pm\pi$ 附近的频率响应特性由于混叠将与模拟滤波器在 $\dfrac{\pi}{T}$ 附近的频率特性不一致,严重时使数字滤波器不满足给定的技术指标。

因此,用脉冲响应不变法设计数字滤波器时,希望对应的模拟滤波器的通带限制在 $\dfrac{\pi}{T}$ 内。但是对于高通和带阻滤波器,显然无法满足这一要求,因此它们不适合用脉冲响应不变法设计。

下面讨论式(7.71)中 $H(\mathrm{e}^{\mathrm{j}\omega})$ 的幅度。显然它与采样间隔成反比,当 T 很小时,$|H(\mathrm{e}^{\mathrm{j}\omega})|$ 就会有太高的增益。为此,我们做如下修正使数字滤波器的频率响应不随抽样频率变化,即令:

$$h(n)=Th_a(nT) \tag{7.72}$$

此时式(7.66)修正为:

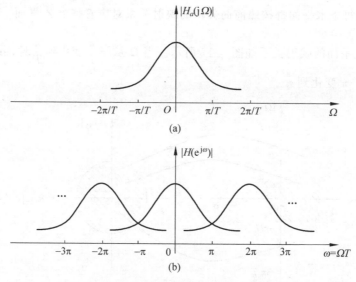

图 7.18　脉冲响应不变法的频谱混叠现象示意图

$$H(z) = \sum_{i=1}^{N} \frac{TA_i}{1 - e^{s_i T} z^{-1}} \tag{7.73}$$

此时有：

$$H(e^{j\omega}) = H_a\left(j\frac{\omega}{T}\right) \quad |\omega| < \pi \tag{7.74}$$

综上所述，脉冲响应不变法的优点总结如下：

（1）频率变换关系是线性的，即 $\omega = \Omega T$，如果不存在频谱混叠现象，用这种方法设计的数字滤波器会很好地重现原模拟滤波器的频响特性；

（2）数字滤波器的单位脉冲响应完全模仿模拟滤波器的单位冲激响应波形，时域特性逼近良好。

但是，模拟滤波器的阶数有限，无法达到是理想的带限，因此，脉冲响应不变法的最大缺点就是会产生不同程度的频谱混叠失真，其适合用于低通、带通滤波器的设计，不适合用于高通、带阻滤波器的设计。

【例 7.7】　用脉冲响应不变法将模拟系统函数 $H(s) = \dfrac{3}{s^2 + 4s + 3}$，转换为数字系统函数 $H(z)$。采样周期 $T = 0.5$s。

解：将系统函数展开为部分分式为：

$$H_a(s) = \frac{3}{2}\left(\frac{1}{s+1} - \frac{1}{s+3}\right)$$

由拉普拉斯逆变换得到系统的脉冲响应为：

$$h_a(t) = \frac{3}{2}(e^{-t} - e^{-3t}) \cdot u(t)$$

用 $T = 0.5$s 进行采样并按式（7.72）进行修正得：

$$h(n) = Th_a(t\,|_{t=nT}) = \frac{3T}{2}(e^{-nT} - e^{-3nT}) \cdot u(nT)$$

$$h(n) = \frac{3}{4}(e^{-n/2} - e^{-3n/2}) \cdot u(n)$$

对上式求 Z 变换得：

$$H(z) = \sum_{n=-\infty}^{\infty} h(n)z^{-n} = \frac{3}{4}\left(\frac{1}{1-e^{-\frac{1}{2}}z^{-1}} - \frac{1}{1-e^{-\frac{3}{2}}z^{-1}}\right)$$

$$= \frac{0.2876z^{-1}}{1-0.829z^{-1}+0.135z^{-2}}$$

以上问题可以用以下 MATLAB 语言完成，程序如下：

```
c = [0,3]
d = [1,4,3]
T = 0.5
[R,P,K] = residue(c,d)
p = exp(P * T)
[b,a] = residuez(R,p,K)
b = b * T
```

其中，residue()函数求模拟滤波器的零极点，residuez()函数用于将 $H(z)$ 转换成有理函数形式。其运行结果为：

```
b = 0      0.2876
a = 1.0000    -0.8297    0.1353
```

与理论计算结果相符。

【随堂练习】

(1) 已知模拟滤波器的系统函数 $H_a(s)$ 为：

$$H_a(s) = \frac{0.5012}{s^2 + 0.6449s + 0.7079}$$

用脉冲响应不变法将 $H_a(s)$ 转换成数字滤波器的系统函数 $H(z)$。

(2) 用脉冲响应不变法将模拟系统函数 $H_a(s) = \frac{3s+2}{2s^2+3s+1}$ 转换为数字系统函数 $H(z)$。采样周期 $T=0.1\text{s}$。

7.7　用双线性变换法设计 IIR 数字低通滤波器

双线性变换法为模拟滤波器和数字滤波器之间的转换提供了另外一种实现方法，该方法实现了模拟频率 Ω 到数字频率 ω 的一一对应，消除了频谱混叠。

7.7.1　基本思路

由于脉冲响应不变法的实质是在时域对模拟滤波器的脉冲响应进行采样，根据采样理论，这会导致采样后的数字滤波器的频谱产生延拓，若模拟滤波器不是带限于折叠频率 $\frac{\Omega}{T}$，就会使数字滤波器的频率响应因频谱混叠与模拟滤波器的频率响应产生差异。双线性变换法是采用非线性频率压缩的方法,将整个模拟滤波器 S 平面上的频率轴(虚轴)压缩到 $\pm\pi/T$ 之间,再利用 $z=e^{sT}$ 转换到 Z 平面上。具体做法是将模拟滤波器系统函数 $H_a(s)$ 的变量 S 平面整个虚轴,即 $j\Omega$ 轴,经过非线性频率压缩后变换到另一个 S_1 平面的虚轴 $(j\Omega_1$ 轴),这时的模拟滤波器的系统函数为 $\hat{H}_a(s_1)$。为实现这种压缩,这里使用以下正切变换:

$$\Omega = \tan\left(\frac{1}{2}\Omega_1 T\right) \tag{7.75}$$

其中,T 是采样间隔。当 $\Omega_1 = -\dfrac{\pi}{T}$ 时,$\Omega = -\infty$;当 $\Omega_1 = \dfrac{\pi}{T}$ 时,$\Omega = +\infty$;当 $\Omega_1 = 0$ 时,$\Omega = 0$。即 Ω_1 从 $-\pi/T$ 经过 0 变化到 π/T 时,Ω 则由 $-\infty$ 经过 0 变化到 $+\infty$,如图 7.19 所示。将式(7.75)写成以下表达式

$$j\Omega = \frac{e^{j\frac{1}{2}\Omega_1 T} - e^{-j\frac{1}{2}\Omega_1 T}}{e^{j\frac{1}{2}\Omega_1 T} + e^{-j\frac{1}{2}\Omega_1 T}} = \frac{1 - e^{-j\Omega_1 T}}{1 + e^{-j\Omega_1 T}}$$

经解析延拓到 S 平面和 S_1 平面。代入 $s = j\Omega$,$s_1 = j\Omega_1$,得到:

$$s = \frac{1 - e^{-s_1 T}}{1 + e^{-s_1 T}} \tag{7.76}$$

再通过 $z = e^{s_1 T}$ 从 S_1 平面映射到 Z 平面上,得到 s 和 z 之间的映射关系为:

$$s = \frac{1 - z^{-1}}{1 + z^{-1}} \tag{7.77}$$

$$z = \frac{1 + s}{1 - s} \tag{7.78}$$

式(7.77)或式(7.78)称为双线性变换。

由于 $z = re^{j\omega} = e^{s_1 T} = e^{(\sigma_1 + j\Omega_1)T}$,所以式(7.75)还可表示为

$$\Omega = \tan\left(\frac{1}{2}\Omega_1 T\right) = \tan\left(\frac{1}{2}\omega\right) \tag{7.79}$$

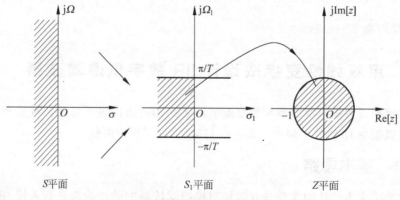

图 7.19 双线性变换映射关系示意图

7.7.2　映射的修正

如果要使模拟滤波器和数字滤波器在某一频率上有对应关系,可以在式(7.79)中引入一个待定常数 c,即

$$\Omega = c \cdot \tan\left(\frac{1}{2}\Omega_1 T\right) = c \cdot \tan\frac{\omega}{2} \tag{7.80}$$

然后根据实际需要来确定常数 c 的值,以下介绍两种常用的情况。

1. 在零频附近(或低频)有确切的对应关系

需要在零频附近(或低频)有确切的对应关系,即在低频处 $\Omega \approx \Omega_1$,则有:

$$\tan\frac{\Omega_1 T}{2} \approx \frac{\Omega_1 T}{2}$$

因而由式(7.80)有:

$$\Omega \approx \Omega_1 \approx c\frac{\Omega_1 T}{2}$$

可得

$$c = \frac{2}{T}$$

此时,双线性变换法的式(7.77)和式(7.78)变成

$$s = \frac{2}{T} \cdot \frac{1-z^{-1}}{1+z^{-1}} \tag{7.81}$$

或

$$z = \frac{\dfrac{T}{2}+s}{\dfrac{T}{2}-s} \tag{7.82}$$

此时在低频,模拟原型滤波器的频率特性近似等于数字滤波器的频率特性。

2. 数字滤波器的 ω_0 需要与模拟原型滤波器的 Ω_0 严格对应

当需要使数字滤波器的某一频率 ω_0 与模拟原型滤波器的一个特定频率 Ω_0 严格对应时,根据数字频率 ω 与 Ω 之间的关系:

$$\omega = \Omega T$$

可得:

$$\Omega_0 = c\tan\frac{\Omega_0 T}{2}$$

$$= c\tan\frac{\omega_0}{2}$$

即有

$$c = \Omega_0 \cot\frac{\omega_0}{2} \tag{7.83}$$

7.7.3　映射基本条件的满足情况

在 7.6.1 节讨论过 S 平面与 Z 平面的映射关系必满足一个因果稳定的模拟滤波需映

射到一个因果稳定的数字滤波器,以下讨论双线性变换法是否符合这一条件。

1) 将单位圆上的 Z 变换,即 $z = e^{j\omega}$ 代入式(7.81)中,有

$$s = \frac{2}{T} \cdot \frac{1 - e^{-j\omega}}{1 + e^{-j\omega}} = \frac{2}{T} \cdot \frac{e^{j\frac{\omega}{2}} - e^{-j\frac{\omega}{2}}}{e^{j\frac{\omega}{2}} + e^{-j\frac{\omega}{2}}} = j\frac{2}{T} \cdot \tan\frac{\omega}{2} = j\Omega \qquad (7.84)$$

即 Z 平面的单位圆可以映射 S 平面的虚轴,满足频率响应的要求。

2) 将 $s = \sigma + j\Omega$ 代入式(7.82)中,有

$$z = \frac{\dfrac{T}{2} + (\sigma + j\Omega)}{\dfrac{T}{2} - (\sigma + j\Omega)} \qquad (7.85)$$

因此,

$$|z| = \frac{\sqrt{\left(\dfrac{2}{T} + \sigma\right)^2 + \Omega^2}}{\sqrt{\left(\dfrac{2}{T} - \sigma\right)^2 + \Omega^2}} \qquad (7.86)$$

由式(7.86)可见:

(1) $\sigma < 0 \rightarrow |z| < 1$,即 S 平面左半平面映射到 Z 平面单位圆内;

(2) $\sigma = 0 \rightarrow |z| = 1$,即 S 平面的虚轴映射到 Z 平面的单位圆上;

(3) $\sigma > 0 \rightarrow |z| > 1$,即 S 平面右半平面映射到 Z 平面单位圆外。

因此,当 $H_a(s)$ 是因果稳定的,转换成的 $H(z)$ 也是因果稳定的,满足因果稳定性的映射要求。

双线性变换法优缺点总结如下:

(1) 如图7.19所示。由于从 S 平面到 S_1 平面的非线性频率压缩,使 $\hat{H}_a(s_1)$ 带限于 $\frac{\pi}{T}$ rad/s,因此再用脉冲响应不变法从 S_1 平面转换到 Z 平面不可能产生频谱混叠现象。这就是双线性变换法最大的优点。

(2) 由于双线性变换实现的是模拟频率 Ω 和数字频率 ω 的一一对应,因此,无论是低通、带通还是高通、带阻各种滤波器都可用此变换方法设计。这是双线性变换法的另一优点。

(3) 按式(7.80),数字频率与模拟频率之间是非线性的关系,如图7.20所示。即使按照式(7.81),在零频率附近频率变换近似线性关系,但当频率增加,变换关系应变成非线性。因此,数字频率 ω 与 Ω 之间的非线性关系是双线性变换法的缺点。为此,对于特定的临界频率点(例如截止频率),需要采样频率预畸,也就是将数字滤波器的截止频率 ω_i,根据式(7.83)得到模拟滤波器的修正频率 Ω_i,以此 Ω_i 来设计模拟滤波器,就可以使数字滤波器的频率为 ω_i。

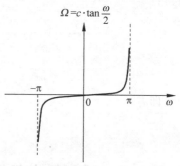

图 7.20　双线性变换的频率间非线性关系

【例 7.8】 用双线性变换法将模拟系统函数 $H(s) = \dfrac{3}{s^2 + 4s + 3}$ 转换为数字系统函数 $H(z)$。采样周期 $T = 0.5$。

解：利用式(7.77)将模拟系统函数转换成数字系统函数：

$$H(z) = H_a(s) \Big|_{s = \frac{2}{T} \cdot \frac{1 - z^{-1}}{1 + z^{-1}}}$$

进一步代入计算得：

$$H(z) = \frac{3}{16 \left(\dfrac{1 - z^{-1}}{1 + z^{-1}} \right)^2 + 16 \left(\dfrac{1 - z^{-1}}{1 + z^{-1}} \right) + 3}$$

$$= \frac{0.0857 + 0.1714 z^{-1} + 0.0857 z^{-2}}{1 - 0.7429 z^{-1} + 0.0857 z^{-2}}$$

用 MATLAB 中的 bilinear 函数可实现以上映射，具体程序如下：

```
c = [0,3]
d = [1,4,3]
T = 0.5
FS = 1/T
[b,a] = bilinear(c,d,FS)
```

运行结果为：

```
b =    0.0857   0.1714    0.0857
a =    1.0000  - 0.7429   0.0857
```

与理论结果一致。

下面总结一下利用模拟滤波器设计 IIR 数字低通滤波器的步骤：

(1) 按实际要求确定数字低通滤波器的技术指标：通带截止频率 ω_p、阻带起始频率 ω_s，两个参数的取值范围为 $0 \sim \pi$，MATLAB 中常采用归一化频率，其取值范围为 $0 \sim 1$，对应于 $0 \sim \pi$。通带最大衰减 α_p、阻带最小衰减 α_s。

(2) α_p 和 α_s 指标不变，将数字滤波器的数字边界频率 ω_p 和 ω_s 转换成相应的模拟低通滤波器的模拟边界频率 Ω_p 和 Ω_s，模拟频率的单位是 rad/s。对于脉冲响应不变法，边界频率的转换关系为

$$\left. \begin{aligned} \Omega_p = \frac{\omega_p}{T} \\ \Omega_s = \frac{\omega_s}{T} \end{aligned} \right\} \tag{7.87}$$

对于双线性变换法，边界频率的转换关系为

$$\left. \begin{aligned} \Omega_p = \frac{2}{T} \tan \frac{\omega_p}{2} \\ \Omega_s = \frac{2}{T} \tan \frac{\omega_s}{2} \end{aligned} \right\} \tag{7.88}$$

(3) 设计模拟原型低通滤波器。在 MATLAB 中可以使用的函数有 buttord、cheblap、

cheb2ap、ellipap 等。

(4) 用所选的转换方法,将模拟滤波器 $H_a(s)$ 转换成数字低通滤波器系统函数 $H(z)$。

在设计中一个重要参数是采样间隔 T,T 的选择原则如下。如采用脉冲响应不变法,为避免产生频率混叠现象,要求所设计的模拟低通带限于 $\pm\dfrac{\pi}{T}$ 之间。由于实际滤波器都是有一定宽度的过渡带,且频响特性不是带限于 $\dfrac{\pi}{T}$。对于给定模拟滤波器 $H_a(s)$,要求单向转换成数字滤波器 $H(z)$,且 α_s 绝对值足够大时(即阻带衰减足够小时),选择 T 满足 $|\Omega_s|<\dfrac{\pi}{T}$,可使频谱混叠足够小,满足数字滤波器指标要求。但如果先给定数字低通的技术指标时,情况则不一样。由于数字滤波器频响函数 $H(e^{j\omega})$ 以 2π 为周期,最高频率在 $\omega=\pi$ 处,因此,$\omega_s<\pi$,按照线性关系 $\Omega_s=\dfrac{\omega_s}{T}$,那么一定满足 $\Omega_s<\dfrac{\pi}{T}$,这样 T 可以任选。这时,频谱混叠程度完全取决于 α_s,α_s 越大,混叠越小。而对于双线性变换法由于不存在频谱混叠现象,T 也可以任选。为了简化计算,根据式(7.88),一般取 $T=2s$。

7.8 模拟滤波器在频域的频带变换

本节讨论如何利用归一化模拟低通滤波器设计模拟低通、高通、带通、带阻滤波器的频带变换法。

设归一化模拟低通滤波器系统函数为 $G_a(p)$,其中 $p=\eta+j\lambda$,频率响应为 $G_a(j\lambda)$,频带变换后各类模拟滤波器的系统函数为 $H_a(s)$,其中 $s=\sigma+j\Omega$。

在前面的内容中,已介绍过归一化的巴特沃斯型低通滤波器原型,它是关于 3dB 截止频率 Ω_c 的归一化,即 $p=\dfrac{s}{\Omega_c}$。如果低通滤波器的截止频率 Ω_p 不是特指 3dB 截止频率 Ω_c,那么 $p=\dfrac{s}{\Omega_p}$。因此,就是要得到 p 用 s 表示的变换函数

$$p=T(s) \tag{7.89}$$

和 $j\lambda$ 用 $j\Omega$ 表示的变换函数

$$j\lambda=T(j\Omega) \tag{7.90}$$

7.8.1 从归一化模拟低通滤波器到模拟低通滤波器的变换

从归一化模拟低通滤波器到模拟低通滤波器,其频率的对应关系应为

$$\lambda=0 \rightarrow \Omega=0$$
$$\lambda=\pm\infty \rightarrow \Omega=\pm\infty$$
$$\lambda=\lambda_p=\pm1 \rightarrow \Omega=\pm\Omega_p$$

因此,变换关系是线性关系,变换函数应为

$$p=T(s)=ks \tag{7.91}$$
$$j\lambda=T(j\Omega)=k \cdot j\Omega \tag{7.92}$$

其中 k 为待定常数。将 $\lambda=\lambda_p=\pm1 \rightarrow \Omega=\pm\Omega_p$ 代入式(7.92),可得 $k=\dfrac{1}{\Omega_p}$,于是得到变换

函数为：

$$p = \frac{s}{\Omega_p} \tag{7.93}$$

$$\lambda = \frac{\Omega}{\Omega_p} \tag{7.94}$$

这一线性关系曲线及频率响应变换关系如图 7.21 所示。

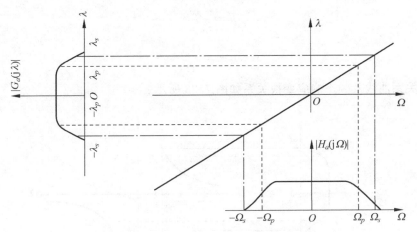

图 7.21 归一化模拟低通到模拟低通的频率变换

7.8.2 从归一化模拟低通滤波器到模拟高通滤波器的变换

模拟高通滤波器幅频特性曲线如图 7.22 所示，其中 Ω_{ph} 表示高通滤波器的通带边界频率，高通滤波器的通带最大衰减和阻带最小衰减仍用 α_p 和 α_s 表示。

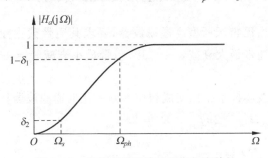

图 7.22 模拟高通滤波器频率幅度特性

现将通带截止频率为 $\lambda = \lambda_p = 1$ 的归一化模拟低通滤波器转换成通带截止频率为 $\Omega = \Omega_{ph}$ 的模拟高通滤波器，其频率的对应关系应为

$$\lambda \in (-\infty, 0] \rightarrow \Omega \in [0, +\infty)$$

$$\lambda \in [0, +\infty) \rightarrow \Omega \in (-\infty, 0]$$

$$\lambda = \lambda_p = 1 \rightarrow \Omega = -\Omega_{ph}$$

$$\lambda = -\lambda_p = -1 \rightarrow \Omega = \Omega_{ph}$$

可见，λ 与 Ω 互为倒数关系，即 λ 的低（高）频段与 Ω 的高（低）频段互换。因此，p 与 s 也是倒数关系，其变换函数应为

$$p = T(s) = \frac{k}{s} \tag{7.95}$$

$$j\lambda = T(j\Omega) = \frac{k}{j\Omega} \tag{7.96}$$

同样 k 为待定常数。将 $\lambda = \lambda_p = 1 \rightarrow \Omega = -\Omega_{ph}$ 代入式(7.96),得到 $k = \Omega_{ph}$,于是归一化模拟低通滤波器到模拟高通滤波器的变换函数为

$$p = \frac{\Omega_{ph}}{s} \tag{7.97}$$

$$\lambda = -\frac{\Omega_{ph}}{\Omega} \tag{7.98}$$

这一倒数关系曲线及频率响应变换关系如图 7.23 所示。

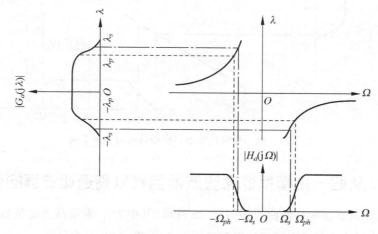

图 7.23　模拟低通到模拟高通的频率变换

【例 7.9】　设计一个巴特沃斯型高通滤波器,要求其通带截止频率 $f_{ph} = 20\text{kHz}$,阻带边界频率 $f_s = 10\text{kHz}$,通带最大衰减 $\alpha_p = 3\text{dB}$,阻带最小衰减 $\alpha_s = 15\text{dB}$。求出该高通的系统函数 $H(s)$。

解:(1) 将高通滤波器技术指标变成相应的归一化低通滤波器技术指标,

$$\Omega_{ph} = 2\pi f_{ph} \quad \Omega_s = 2\pi f_s$$

$$\because \lambda = -\frac{\Omega_{ph}}{\Omega}$$

$$\therefore \lambda_p = -\frac{\Omega_{ph}}{\Omega_{ph}} = -\frac{\Omega_{ph}}{2\pi f_{ph}} = 1, \quad \alpha_p = 3\text{dB}$$

$$\lambda_s = -\frac{\Omega_{ph}}{\Omega_s} = -\frac{\Omega_{ph}}{2\pi f_s} = 2, \quad \alpha_s = 15\text{dB}$$

(2) 根据低通滤波器技术指标设计低通滤波器,巴特沃斯型低通滤波器的阶数 N 为:

$$N \geqslant \frac{\lg \sqrt{\dfrac{10^{\alpha_s/10} - 1}{10^{\alpha_p/10} - 1}}}{\lg \lambda_s} = \frac{\lg \sqrt{\dfrac{10^{15/10} - 1}{10^{3/10} - 1}}}{\lg 2} = \frac{0.7441}{0.301} \approx 2.4721$$

N 取 3,则:

$$p_k = e^{j\pi\left(\frac{2k+1}{2N}+\frac{1}{2}\right)} \qquad k=0,1,2$$

或

$$p_k = e^{j\pi\left(\frac{2k-1}{2N}+\frac{1}{2}\right)} \qquad k=1,2,3$$

可得:

$$p_0 = e^{j\frac{2}{3}\pi}, \quad p_1 = e^{j\frac{3}{3}\pi} = -1, \quad p_2 = e^{j\frac{4}{3}\pi} = e^{-j\frac{2}{3}\pi}$$

其中,p_0、p_2 是一对共轭极点,可得一个二阶子系统函数为:

$$G_1(p) = \frac{1}{p^2 + 2p\cos\frac{2}{3}\pi + 1} = \frac{1}{p^2 - p + 1}$$

p_1 对应一个一阶子系统函数为:

$$G_2(p) = \frac{1}{p+1}$$

所以,有:

$$G_a(p) = \frac{1}{(p^2 - p + 1)(p+1)} = \frac{1}{p^3 + 2p^2 + 2p + 1}$$

也可根据 $N=3$,查表 7.2～表 7.4 求得归一化低通滤波器的系统函数。

(3) 按照式(7.97)进行频率变换,将归一化低通滤波器的 $G_a(p)$,变换成实际高通滤波器的系统函数 $H_a(s)$:

$$H_a(s) = G_a(p) \Big|_{p=\frac{\Omega_{ph}}{s}} = \frac{s^3}{s^3 + 2\Omega_{ph}s^2 + 2\Omega_{ph}^2 s + \Omega_{ph}^3}$$

其中,$\Omega_{ph} = 2\pi f_{ph} = 2\pi \times 20\text{kHz}$。

【随堂练习】

设计巴特沃斯型模拟高通滤波器,要求通带边界频率为 4kHz,阻带边界频率为 1kHz,通带最大衰减为 0.1dB,阻带最小衰减为 40dB。

7.8.3　从归一化模拟低通滤波器到模拟带通滤波器的变换

模拟带通滤波器上、下截止频率的表示如图 7.24 所示,其中带通滤波器的通带最大衰减和阻带最小衰减仍用 α_p 和 α_s 表示。Ω_{pl} 和 Ω_{pu} 分别表示带通滤波器的通带下边界频率和通带上边界频率;Ω_{sl} 和 Ω_{su} 分别表示带通滤波器的阻带下边界频率和阻带上边界频率。

现将通带截止频率为 $\lambda = \lambda_p = 1$ 的归一化模拟低通滤波器转换成通带上、下截止频率为 Ω_{pu}、Ω_{pl} 的模拟带通滤波器,其频率的对应关系应为(参见图 7.25):

$\lambda = -\infty \rightarrow \Omega = -\infty, 0^+$

$\lambda = 0 \rightarrow \Omega = \pm\Omega_0$($\Omega_0$ 为带通滤波器的通带几何中心频率,求解见下)

$\lambda = +\infty \rightarrow \Omega = +\infty, 0^-$

$\lambda = \lambda_p = 1 \rightarrow \Omega = \Omega_{pu}, -\Omega_{pl}$

$\lambda = -\lambda_p = -1 \rightarrow \Omega = \Omega_{pl}, -\Omega_{pu}$

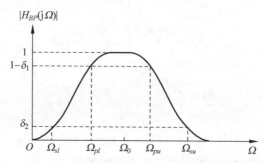

图 7.24　模拟带通滤波器频率幅度特性

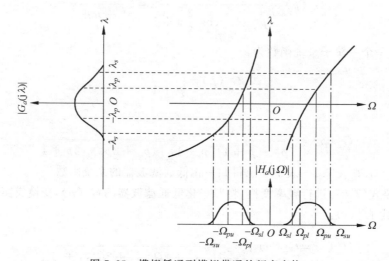

图 7.25　模拟低通到模拟带通的频率变换

由于 $\lambda = 0 \rightarrow \Omega = \pm\Omega_0$，其变换函数 $p = T(s)$ 中应含 $(s + j\Omega_0)(s - j\Omega_0) = s^2 + \Omega_0^2$ 因式项，同时由于 $\lambda = \pm\infty \rightarrow \Omega = 0$，变换函数 $p = T(s)$ 中还应含有 $\dfrac{1}{s}$ 因式项。同样令 k 为待定常数，则变换函数 $p = T(s)$ 应为

$$p = T(s) = \frac{k(s^2 + \Omega_0^2)}{s} \tag{7.99}$$

$$j\lambda = T(j\Omega) = \frac{k\left[(j\Omega)^2 + \Omega_0^2\right]}{j\Omega} \tag{7.100}$$

即

$$\lambda = T(j\Omega) = \frac{k(\Omega^2 - \Omega_0^2)}{\Omega} \tag{7.101}$$

将 $\lambda = \lambda_p = 1 \rightarrow \Omega = \Omega_{pu}, -\Omega_{pl}$ 和 $\lambda = -\lambda_p = -1 \rightarrow \Omega = \Omega_{pl}, -\Omega_{pu}$ 代入 (7.101)，得

$$\begin{cases} 1 = \dfrac{k(\Omega_{pu}^2 - \Omega_0^2)}{\Omega_{pu}} \\[4mm] -1 = \dfrac{k(\Omega_{pl}^2 - \Omega_0^2)}{\Omega_{pl}} \end{cases} \tag{7.102}$$

解式(7.102)的方程组,可得

$$\Omega_0^2 = \Omega_{pu} \cdot \Omega_{pl} \tag{7.103}$$

$$k = \frac{1}{\Omega_{pu} - \Omega_{pl}} = \frac{1}{B_p} \tag{7.104}$$

其中,Ω_0 为带通滤波器的通带几何中心频率,B_p 为带通滤波器的通带宽度。于是归一化模拟低通滤波器到模拟带通滤波器的变换函数为

$$p = T(s) = \frac{1}{B_p} \cdot \frac{s^2 + \Omega_0^2}{s} = \frac{s^2 + \Omega_{pu} \cdot \Omega_{pl}}{(\Omega_{pu} - \Omega_{pl}) \cdot s} \tag{7.105}$$

$$\lambda = \frac{1}{B_p} \cdot \frac{\Omega^2 - \Omega_0^2}{\Omega} = \frac{\Omega^2 - \Omega_{pu} \cdot \Omega_{pl}}{(\Omega_{pu} - \Omega_{pl}) \cdot \Omega} \tag{7.106}$$

【例 7.10】 设计一个模拟巴特沃斯型带通滤波器,给定指标为通带下截止频率 $f_{pl} =$ 200Hz,通带上截止频率 $f_{pu} = 300$Hz,通带衰减 $\alpha_p = 2$dB,阻带下截止频率 $f_{sl} = 100$Hz,阻带上截止频率 $f_{su} = 400$Hz,阻带最小衰减 $\alpha_s = 20$dB。

解:(1) 各指标为 $\Omega_{pl} = 2\pi \times 200$,$\Omega_{pu} = 2\pi \times 300$,$\Omega_{sl} = 2\pi \times 100$,$\Omega_{su} = 2\pi \times 400$,$\alpha_p = 2$dB,$\alpha_s = 20$dB。

(2) 根据式(7.104)、式(7.105)、式(7.106),设归一化低通滤波器阻带截止频率用 λ_s 表示,则有:

$$B_p = \Omega_{pu} - \Omega_{pl} = 2\pi \times 100$$

$$\Omega_{p0} = \sqrt{\Omega_{pl}\Omega_{pu}} = 2\pi \times 244.948\,97$$

$$\lambda_{su} = \frac{\Omega_{su}^2 - \Omega_0^2}{\Omega_{su} B_p} = \frac{4\pi^2(160\,000 - 60\,000)}{2\pi \times 400 \times 2\pi \times 100} = 2.5$$

$$\lambda_{sl} = \frac{\Omega_{sl}^2 - \Omega_0^2}{\Omega_{sl} B_p} = \frac{4\pi^2(10\,000 - 60\,000)}{2\pi \times 100 \times 2\pi \times 100} = -5$$

取归一化低通滤波器的阻带截止频率 $\lambda_s = \min(|\lambda_{su}|, |\lambda_{sl}|) = 2.5$,即在较小的阻带截止频率处衰减大于 20dB,则在较大的阻带截止频率处的衰减一定会更大,更满足要求。

$$\because \lambda = \frac{\Omega^2 - \Omega_0^2}{B_p \Omega}$$

$$\therefore \lambda_{pu} = \frac{\Omega_{pu}^2 - \Omega_0^2}{B_p \Omega_{pu}^2} = \frac{\Omega_{pl}^2 - \Omega_0^2}{B_p \Omega_{pl}^2} = \lambda_{pl} = 1 \quad \alpha_p = 2\text{dB}$$

$$\lambda_s = 2.5 \quad \alpha_s = 20\text{dB}$$

(3) 根据低通滤波器技术指标设计归一化低通滤波器,巴特沃斯型低通滤波器的阶数 N 为:

$$N \geqslant \frac{\lg\sqrt{\dfrac{10^{\alpha_s/10} - 1}{10^{\alpha_p/10} - 1}}}{\lg\lambda_s} = \frac{\lg\sqrt{\dfrac{10^{20/10} - 1}{10^{2/10} - 1}}}{\lg 2.5} \approx \frac{2.228\,558\,6}{0.795\,88} \approx 2.8$$

N 取 3,查表 7.2~表 7.4,可得 $N = 3$ 时的归一化巴特沃斯型低通滤波器的系统函数为:

$$G_a(p) = \frac{1}{(p^2 + p + 1)(p + 1)} = \frac{1}{p^3 + 2p^2 + 2p + 1}$$

由于上述归一化巴特沃斯型低通滤波器的公式是对衰减为 3dB 处截止频率 λ_c 归一化，故必须由 2dB 衰减处的 λ_p 求 λ_c：

$$\lambda_c = \frac{\lambda_p}{\sqrt[2N]{10^{0.1a_p}-1}} = \frac{1}{\sqrt[6]{10^{0.2}-1}} = \frac{1}{0.9145} = 1.0935$$

求在 λ_c 处的归一化低通滤波器系统函数 $G'_a(p)$：

$$G'_a(p) = G_a(p)\Big|_{p=\frac{p}{\lambda_c}} = \frac{\lambda_c^3}{p^3 + 2\lambda_c p^2 + 2\lambda_c^2 p + \lambda_c^3}$$

(4) 按照式(7.104)进行频率变换，将归一化低通滤波器的 $G_a(p)$，变换成实际带通滤波器的系统函数 $H_a(s)$：

$$H_a(s) = G'_a(p)\Big|_{p=\frac{s^2+\Omega_0^2}{s\cdot B_p}}$$

$$= \frac{\lambda_c^3 B_p^3 s^3}{s^6 + 2\lambda_c B_p s^5 + (3\Omega_0^2 + 2\lambda_c^2 B_p^2)s^4 + (4\lambda_c B_p\Omega_0^2 + \lambda_c^3 B_p^3)s^3}$$
$$\overline{\quad + (3\Omega_0^4 + 2\lambda_c^2 B_p^2\Omega_0^2)s^2 + 2\lambda_c B_p\Omega_0^4 + \Omega_0^6}$$

$$= \frac{3.243366\times10^8 s^3}{s^6 + 1.3741384\times10^3 s^5 + 8.050235\times10^6 s^4 + 6.834166\times10^9 s^3}$$
$$\overline{\quad + 1.9068632\times10^{13} s^2 + 7.77099328\times10^{15} s + 1.3290243\times10^{19}}$$

7.8.4 从归一化模拟低通滤波器到模拟带阻滤波器的变换

模拟带阻滤波器通带、阻带截止频率标注如图 7.26 所示。Ω_{pl} 和 Ω_{pu} 分别表示带阻滤波器的通带下边界频率和通带上边界频率；Ω_{sl} 和 Ω_{su} 分别表示带阻滤波器的阻带下边界频率和阻带上边界频率。

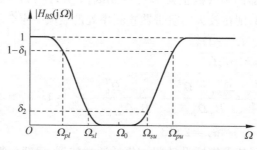

图 7.26 模拟带阻滤波器频率幅度特性

现将通带截止频率为 $\lambda = \lambda_p = 1$ 的归一化模拟低通滤波器转换成通带上、下截止频率为 Ω_{pu}、Ω_{pl}，阻带上、下截止频率为 Ω_{su}、Ω_{sl} 的模拟带阻滤波器，其频率的对应关系如图 7.27 所示，应为：

$$\lambda = +\infty \to \Omega = \pm\Omega_0 \quad (\Omega_0 \text{ 为阻带的几何中心频率，求解见下})$$

$$\lambda = -\infty \to \Omega = \pm\Omega_0$$

$$\lambda = 0 \to \Omega = 0, \pm\infty$$

$$\lambda = -\lambda_s \rightarrow \Omega = \Omega_{su}$$

$$\lambda = \lambda_s \rightarrow \Omega = \Omega_{sl}$$

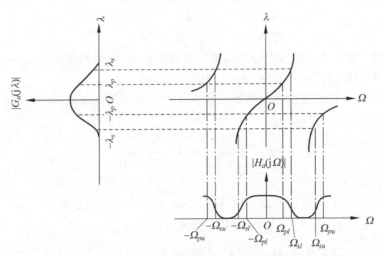

图 7.27 模拟低通到模拟带阻的频率变换

从 $\lambda = +\infty \rightarrow \Omega = \pm\Omega_0$ 可以看出,$p = T(s)$ 变换函数中应包含 $\dfrac{1}{(s+j\Omega_0)(s-j\Omega_0)} = \dfrac{1}{s^2 + \Omega_0^2}$ 因式项,同时由于 $\lambda = 0 \rightarrow \Omega = 0, \pm\infty$,变换函数 $p = T(s)$ 中还应含有 ks 因式项。因此,变换函数 $p = T(s)$ 应为:

$$p = T(s) = \frac{ks}{s^2 + \Omega_0^2} \tag{7.107}$$

$$j\lambda = T(j\Omega) = \frac{k \cdot j\Omega}{-\Omega^2 + \Omega_0^2} \tag{7.108}$$

即

$$\lambda = T(j\Omega) = \frac{k\Omega}{\Omega_0^2 - \Omega^2} \tag{7.109}$$

将 $\lambda = -\lambda_s \rightarrow \Omega = \Omega_{su}$ 和 $\lambda = \lambda_s \rightarrow \Omega = \Omega_{sl}$ 代入式(7.109),得

$$\begin{cases} \lambda_s = \dfrac{k\Omega_{sl}}{\Omega_0^2 - \Omega_{sl}^2} \\[3mm] -\lambda_s = \dfrac{k\Omega_{su}}{\Omega_0^2 - \Omega_{su}^2} \end{cases} \tag{7.110}$$

解式(7.110)的方程组,可得

$$\Omega_0^2 = \Omega_{su} \cdot \Omega_{sl} \tag{7.111}$$

$$k = \lambda_s(\Omega_{su} - \Omega_{sl}) = \lambda_s \cdot B_s \tag{7.112}$$

其中,Ω_0 为带阻滤波器的阻带几何中心频率,B_s 为带阻滤波器的阻带宽度。于是归一化模拟低通滤波器到模拟带通滤波器的变换函数为

$$p = T(s) = \frac{\lambda_s B_s s}{s^2 + \Omega_0^2} = \frac{\lambda_s (\Omega_{su} - \Omega_{sl}) s}{s^2 + \Omega_{su} \cdot \Omega_{sl}} \qquad (7.113)$$

$$\lambda = \frac{\lambda_s B_s \Omega}{\Omega_0^2 - \Omega^2} = \frac{\lambda_s (\Omega_{su} - \Omega_{sl}) \Omega}{\Omega_{su} \Omega_{sl} - \Omega^2} \qquad (7.114)$$

【例 7.11】 设计一个模拟巴特沃斯型带阻滤波器,其技术指标为:$f_{pl} = 200\text{Hz}, f_{sl} = 500\text{Hz}, f_{su} = 700\text{Hz}, f_{pu} = 900\text{Hz}$。$\alpha_p = 2\text{dB}, \alpha_s = 20\text{dB}$。

解:(1) 从归一化低通滤波器频率变量 p、λ 到所需带阻滤波器频率变量 s、Ω 之间的变换关系为:

$$p = \frac{\lambda_s B_s s}{s^2 + \Omega_0^2}, \quad \lambda = \frac{\lambda_s B_s \Omega}{\Omega_0^2 - \Omega^2}$$

其中:

$$B_s = \Omega_{stu} - \Omega_{stl} = 2\pi \times (700 - 500) = 2\pi \times 200$$

$$B_s = \Omega_{su} - \Omega_{sl} = 2\pi \times (700 - 500) = 2\pi \times 200$$

$$\Omega_{st0}^2 = \Omega_{stl} \Omega_{stu} = 4\pi^2 \times 500 \times 700 = 4\pi^2 \times 35 \times 10^4$$

$$\Omega_0^2 = \Omega_{sl} \Omega_{su} = 4\pi^2 \times 500 \times 700 = 4\pi^2 \times 35 \times 10^4$$

(2) 求归一化低通滤波器的通带截止频率 λ_p 与其阻带截止频率 λ_s 的关系。将 Ω_{pl} 及 Ω_{pu} 分别代入频率的变换关系中,可得归一化低通滤波器的两个通带截止频率 λ_{pl}、λ_{pu}:

$$\lambda_{pl} = \frac{\lambda_s B_s \Omega}{\Omega_0^2 - \Omega^2} \bigg|_{\Omega = \Omega_{pl}} = \frac{\lambda_s B_s \Omega_{pl}}{\Omega_0^2 - \Omega_{pl}^2} = \frac{\lambda_s \times 2\pi \times 200 \times 2\pi \times 200}{4\pi^2 \times 35 \times 10^4 - 4\pi^2 \times 4 \times 10^4} = 0.1290\lambda_s$$

$$\lambda_{pu} = \frac{\lambda_s B_s \Omega}{\Omega_0^2 - \Omega^2} \bigg|_{\Omega = \Omega_{pu}} = \frac{\lambda_s B_s \Omega_{pu}}{\Omega_0^2 - \Omega_{pu}^2} = \frac{\lambda_s \times 2\pi \times 200 \times 2\pi \times 900}{4\pi^2 \times 35 \times 10^4 - 4\pi^2 \times 81 \times 10^4} = -0.3913\lambda_s$$

取 $\lambda_p = \max(|\lambda_{pl}|, |\lambda_{pu}|) = 0.3913\lambda_s$。

由于归一化的低通滤波器的通带截止频率 $\lambda_p = 1$,将其代入这个 λ_p 表达式中,可得归一化低通滤波器的阻带截止频率 λ_s 为:

$$\lambda_s = 1/0.3913 = 2.5556$$

故归一化低通滤波器的技术指标为 $\lambda_p = 1, \lambda_s = 2.5556, a_p = 2\text{dB}, a_s = 20\text{dB}$。

(3) 根据巴特沃斯型滤波器的式(7.32)可求得其滤波器阶次 N 为:

$$N = \lg \frac{10^{0.1a_s} - 1}{10^{0.1a_p} - 1} \bigg/ \left(2\lg \frac{\bar{\Omega}_{st}}{\bar{\Omega}_p}\right) = \lg \frac{10^2 - 1}{10^{0.2} - 1} / (2\lg 2.5556) = 2.7345$$

$$N = \frac{\lg \sqrt{\dfrac{10^{\frac{a_s}{10}} - 1}{10^{\frac{a_p}{10}} - 1}}}{\lg \dfrac{\lambda_s}{\lambda_p}} = \lg \frac{10^2 - 1}{10^{0.2} - 1} / (2\lg 2.5556) = 2.7345$$

取 $N = 3$。

(4) 求巴特沃斯归一化原型低通滤波器的系统函数,查表 7.2~表 7.4 可得:

$$G_a(p) = \frac{1}{p^3 + 2p^2 + 2p + 1}$$

（5）由于 $G_a(p)$ 在 3dB 衰减处的截止频率为 $\lambda_c = 1$。而本题要求 $\lambda_p = 1$ 时，衰减为 $\alpha_p = 2\text{dB}$，因而必须求 3dB 衰减处的 λ_c，然后将 $G_a(p)$ 对 λ_c "去归一化"，得到对 $\lambda_p = 1$ 衰减为 $\alpha_p = 2\text{dB}$ 的归一化低通滤波器的系统函数 $G_a'(p)$。利用式（7.30）取等号，求出 λ_c 为：

$$\lambda_c = \lambda_p / \sqrt[2N]{10^{0.1\alpha_p} - 1} = 1 / \sqrt[6]{10^{0.2} - 1} = 1.0935$$

（6）利用 $\lambda_c = 1.0935$ 将 $G_a(p)$ 去归一化得：

$$G_a'(p) = G_a\left(\frac{p}{\lambda_c}\right) = \frac{\lambda_c^3}{p^3 + 2\lambda_c p^2 + 2\lambda_c^2 p + \lambda_c^3}$$

此滤波器就是 $\lambda_p = 1, a_p = 2\text{dB}$ 的归一化低通滤波器。

（7）利用变换关系可得所需带阻滤波器的系统函数为：

$$H_a(s) = G_a'(p)\bigg|_{p = \frac{\lambda_s B_s s}{s^2 + \Omega_0^2}} = \frac{\lambda_c^3 s^6 + 3\lambda_c^3 \Omega_0^2 s^4 + 3\lambda_c^3 \Omega_0^4 s^2 + \lambda_c^3 \Omega_0^6}{\lambda_c^3 s^6 + D s^5 + E s^4 + F s^3 + G s^2 + M s + \lambda_c^3 \Omega_0^6}$$

其中：

$$D = 2\lambda_c^2 \lambda_s B_s, \quad E = 2\lambda_c \lambda_s^2 B_s^2 + 3\lambda_c^3 \Omega_0^2$$
$$F = \lambda_s^3 B_s^3 + 4\lambda_c^2 \lambda_s B_s \Omega_0^2, \quad G = 2\lambda_c \lambda_s^2 B_s^2 \Omega_0^2 + 3\lambda_c^3 \Omega_0^4$$
$$M = 2\lambda_c^2 \lambda_s B_s \Omega_0^4$$

将各参数带入后，可得带阻滤波器的系统函数为：

$$\begin{aligned}
H_a(s) = {} & (1.307\,54 s^6 + 5.420\,08 \times 10^7 s^4 + 7.489\,16 \times 10^{14} s^2 + 3.449\,37 \times 10^{21}) / \\
& (1.307\,54 s^6 + 7.680\,04 \times 10^3 s^5 + 7.675\,64 \times 10^7 s^4 + 2.453\,62 \times 10^{11} s^3 + \\
& 1.060\,58 \times 10^{15} s^2 + 1.466\,31 \times 10^{18} s + 3.449\,37 \times 10^{21}) \\
= {} & (s^6 + 4.145\,23 \times 10^7 s^4 + 5.727\,65 \times 10^{14} s^2 + 2.638\,05 \times 10^{21}) / \\
& (s^6 + 5.873\,64 \times 10^3 s^5 + 5.870\,27 \times 10^7 s^4 + 1.876\,51 \times 10^{11} s^3 + \\
& 0.811\,12 \times 10^{15} s^2 + 1.121\,423\,2 \times 10^{18} s + 2.638\,05 \times 10^{21})
\end{aligned}$$

通过对上述频率变换公式的推导，我们得到将归一化的模拟低通滤波器系统函数 $G_a(p)$ 变换成希望设计的模拟低通、高通、带通和带阻滤波器系统函数 $H_a(s)$ 的一般过程为：

（1）通过频率变换公式，先将希望设计的滤波器指标转换为相应的归一化低通滤波器指标；

（2）设计相应的归一化低通系统函数 $G_a(p)$；

（3）对 $G_a(p)$ 进行频率变换，得到希望设计的模拟滤波器系统函数 $H_a(s)$。

7.9　数字高通、带通和带阻滤波器的设计

前面我们已经学习了模拟低通滤波器的设计方法，以及用模拟滤波器的频率变换法，实现归一化模拟低通滤波器到模拟低通、高通、带通和带阻滤波器的设计方法。对于数字高通、带通和带阻滤波器的设计，通常用双线性变换将模拟滤波器转换为数字滤波器。

可以先找出具有待求特性和通带边界频率的低通模拟滤波器的系统函数，再将低通模拟滤波器借助于模拟滤波器的频率变换法转换为模拟高通、带通或带阻滤波器，最后应用双线性变换将模拟滤波器转换为数字滤波器。具体设计步骤如下：

（1）确定所需类型数字滤波器的技术指标；

（2）将所需类型数字滤波器的边界频率转换成相应类型的过渡模拟滤波器的边界频率，转换公式为

$$\Omega = \frac{2}{T}\tan\frac{1}{2}\omega \tag{7.115}$$

（3）将相应类型的过渡模拟滤波器技术指标转换成模拟低通滤波器技术指标（具体转换公式参看 7.8 节）；

（4）设计归一化模拟低通滤波器；

（5）通过频率变换将归一化模拟低通滤波器转换成相应类型的过渡模拟滤波器；

（6）采用双线性变换法将相应类型的过渡模拟滤波器转换成所需类型的数字滤波器。

下面通过例题说明按照如上步骤设计高通数字滤波器的方法。利用 MATLAB 信号处理工具箱中的各种 IIR-DF 设计函数设计各种类型的 IIR 数字滤波器的实现过程可参考 MATLAB 使用手册。

【例 7.12】 设计一个数字高通滤波器，要求通带截止频率 $\omega_{ph} = 0.8\pi$，通带衰减不大于 3dB，阻带截止频率 $\omega_s = 0.5\pi$，阻带衰减不小于 18dB，希望采用巴特沃斯型滤波器。

解：（1）由题意可知数字高通滤波器技术指标为：

$$\omega_{ph} = 0.8\pi, \quad \alpha_p = 3\text{dB}$$
$$\omega_s = 0.5\pi, \quad \alpha_s = 18\text{dB}$$

（2）确定相应模拟高通滤波器技术指标，由于设计的是高通数字滤波器，所以采用双线性变换法，采样间隔 $T = 2\text{s}$。

$$\Omega_{ph} = \frac{2}{T}\tan\frac{\omega_{ph}}{2} = \tan 0.4\pi \approx 3.0777\text{rad/s}, \quad \alpha_p = 3\text{dB}$$

$$\Omega_s = \frac{2}{T}\tan\frac{\omega_s}{2} = \tan 0.25\pi = 1\text{rad/s}, \quad \alpha_s = 18\text{dB}$$

（3）利用高通到低通滤波器的转换公式，将高通滤波器指标转换成归一化的模拟低通滤波器指标：

$$\because \lambda = -\frac{\Omega_{ph}}{\Omega}$$

$$\therefore \lambda_p = -\frac{\Omega_{ph}}{-\Omega_{ph}} = 1, \quad \alpha_p = 3\text{dB}$$

$$\lambda_s = -\frac{\Omega_{ph}}{-\Omega_s} = 3.0777, \quad \alpha_s = 18\text{dB}$$

（4）确定巴特沃斯型低通滤波器的阶数，并求 $G_a(p)$。

$$N \geq \frac{\lg\sqrt{\dfrac{10^{\alpha_s/10} - 1}{10^{\alpha_p/10} - 1}}}{\lg\lambda_s} = \frac{\lg\sqrt{\dfrac{10^{18/10} - 1}{10^{3/10} - 1}}}{\lg 3.0777} = \frac{0.8976}{0.4882} \approx 1.84$$

N 取 2，根据 $p_k = \mathrm{e}^{\mathrm{j}\frac{2k+N-1}{2N}\pi}$　$k = 1,2$，可确定两个极点分别为：

$$p_1 = \mathrm{e}^{\mathrm{j}\frac{3}{4}\pi}, \quad p_2 = \mathrm{e}^{\mathrm{j}\frac{5}{4}\pi}$$

归一化低通滤波器的

$$G_a(p) = \frac{1}{p^2 - 2p\cos\frac{3\pi}{4} + 1} = \frac{1}{p^2 + \sqrt{2}\,p + 1}$$

（5）频率变换，求模拟高通滤波器的 $H_a(s)$。

$$H_a(s) = G_a(p) \Big|_{p = \frac{\Omega_{ph}}{s}} = \frac{s^2}{s^2 + \sqrt{2}\,\Omega_{ph}s + \Omega_{ph}^2} = \frac{s^2}{s^2 + 4.3525s + 9.4722}$$

（6）用双线性变换法将 $H_a(s)$ 转换成 $H(z)$。

$$H(z) = H_a(s) \Big|_{s = \frac{2}{T} \cdot \frac{1-z^{-1}}{1+z^{-1}}}$$

$$= \frac{0.0675 - 0.1349z^{-1} + 0.0675z^{-2}}{1 + 1.143z^{-1} + 0.4128z^{-2}}$$

需要说明的是，如果设计的是数字低通或数字带通滤波器，则也可以采用脉冲响应不变法。但对于数字高通或数字带阻滤波器，则只能采用双线性变换法进行转换。

MATLAB 提供的滤波器设计工具箱函数将我们从烦琐的计算中解放出来，具体实现方法及程序可查阅 MATLAB 软件的相关手册。

对于滤波器的频率变换，除了本节介绍的模拟域的频率变换以外，在数字域也可以进行频率变换。利用数字域频率变换的设计过程是：

（1）将模拟低通滤波器采用脉冲响应不变法或双线性变换法转换成数字低通滤波器；

（2）在数字域利用频率变换将低通滤波器转换成所需类型的数字滤波器（如数字高通滤波器）。我们在这里没有介绍，想进一步了解的读者可阅读相关文献。

最后要说明的是，前面所介绍的 IIR 数字滤波器的间接设计方法通过先设计模拟滤波器，再进行 S-Z 平面转换，来达到设计数字滤波器的目的。这种设计方法使数字滤波器幅度特性受到所选模拟滤波器特性的限制。例如，巴特沃斯型低通幅度特性是单调下降，而切比雪夫型低通特性是在通带或阻带有上、下波动等。所以，对于要求任意幅度特性的滤波器，则不适合采用这种方法。

【随堂练习】

（1）设计一个数字高通滤波器，要求通带截止频率 $\omega_p = 0.8\pi$ rad，通带衰减不大于 3dB，阻带截止频率 $\omega_s = 0.44\pi$ rad，阻带衰减不小于 15dB。希望采用巴特沃斯型滤波器。

（2）希望对输入模拟信号采样并进行数字带通滤波处理，系统采样频率要求保留 2025～2225Hz 频段的频率成分，幅度失真小于 1dB；滤除 0～1500Hz 和 2700Hz 以上频段成分，衰减大于 40dB。试设计数字带通滤波器实现上述要求。

习题

1. 递归滤波器的差分方程为：

$$y(n) = -0.8y(n-1) + 0.1y(n-2) + x(n)$$

（1）求滤波器的脉冲响应；

（2）脉冲响应中有多少非零项？

2. 一个 IIR 滤波器由以下的系统函数表征

$$H(z) = \left(\frac{-12-14.9z^{-1}}{1-\frac{4}{5}z^{-1}+\frac{7}{100}z^{-2}}\right) + \left(\frac{21.5+23.6z^{-1}}{1-z^{-1}+\frac{1}{2}z^{-2}}\right)$$

试确定并画出以下各结构的流图。

(1) 直接 I 型；

(2) 直接 II 型；

(3) 包含二阶直接 II 型基本节的级联型；

(4) 包含二阶直接 II 型基本节的并联型。

3. 写出图 7.28 所示结构的系统函数及差分方程。

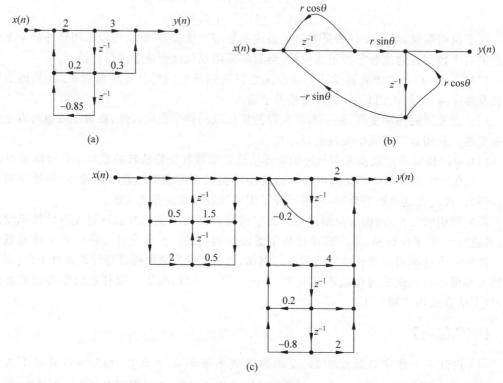

图 7.28　习题 3 图

4. 将图 7.29 的结构用基本二阶直接型级联结构实现，并用转置定理将其转换成另一种级联结构实现，画出两种结果的信号流图。

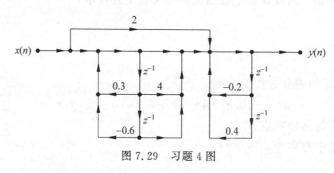

图 7.29　习题 4 图

5. 图 7.30 所示的滤波器结构,包含有直接型、级联型及并联型的组合。试求其总的系统函数 $H(z)$,并用直接 Ⅱ 型、级联型和并联型结构加以表示。

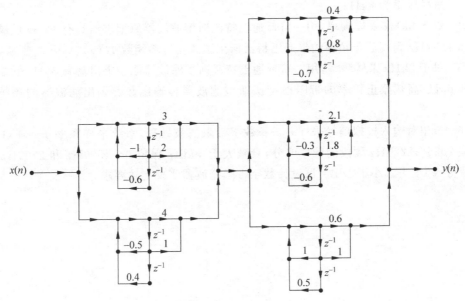

图 7.30　习题 5 图

6. 设计一个模拟低通滤波器,要求其通带截止频率 $f_p = 20\text{Hz}$,其通带最大衰减为 $R_p = 2\text{dB}$,阻带截止频率 $f_{st} = 40\text{Hz}$,阻带最小衰减 $\alpha_s = 20\text{dB}$,采用巴特沃斯型滤波器,画出滤波器的幅度响应。

7. 用脉冲响应不变法将模拟系统函数 $H_a(s) = \dfrac{1}{s^2 + s + 1}$,转换为数字系统函数 $H(z)$。采样周期 $T = 2\text{s}$。

8. 用脉冲响应不变法设计数字低通滤波器,要求通带和阻带具有单调下降特性,指标参数如下: $\omega_p = 0.2\pi \ \text{rad}, \alpha_p = 1\text{dB}, \omega_s = 0.35\pi \ \text{rad}, \alpha_s = 10\text{dB}$。

9. 令 $h_a(t)$、$s_a(t)$ 和 $H_a(s)$ 分别表示一个时域连续的线性时不变滤波器的单位冲激响应、单位阶跃响应和系统函数。令 $h(n)$、$s(n)$ 和 $H(z)$ 分别表示时域离散线性移不变数字滤波器的单位抽样响应、单位阶跃响应和系统函数。

(1) 如果 $h(n) = h_a(nT)$,是否 $s(n) = \displaystyle\sum_{k=-\infty}^{\infty} h_a(kT)$?

(2) 如果 $s(n) = s_a(nT)$,是否 $h(n) = h_a(nT)$?

10. 用脉冲响应不变法设计截止频率为 750Hz 的一阶巴特沃斯型滤波器。

11. 某一数字低通滤波器的各种指标和参量要求如下:

(1) 巴特沃斯频率响应,采用双线性变换法设计;

(2) 当 $0 \leqslant f \leqslant 25\text{Hz}$ 时,衰减小于 3dB;

(3) 当 $f \geqslant 50\text{Hz}$ 时,衰减大于或等于 40dB;

(4) 采样频率 $f_s = 200\text{Hz}$。

12. 求一阶高通数字巴特沃斯型滤波器的差分方程,滤波器的截止频率为 3.5kHz,采样频率为 16kHz。

13. 求二阶低通数字巴特沃斯型滤波器的传输函数 $H(z)$,滤波器的截止频率为 2.5kHz,采样频率为 8kHz。

14. 对于 8kHz 采样频率,用一阶低通巴特沃斯型滤波器原型求出具有 1kHz 低端截止频率和 1.5kHz 高端截止频率的带通巴特沃斯型滤波器传输函数 $H(z)$。

15. 对于 2kHz 采样频率,用一阶低通巴特沃斯型滤波器原型求出具有 55Hz 低端截止频率和 65Hz 高端截止频率的带阻巴特沃斯型滤波器传输函数。画出滤波器的幅频响应曲线。

16. 希望对输入模拟信号采样并进行数字带阻滤波处理,系统采样频率 $f_s = 8$kHz,要求滤除 2025～2225Hz 频段的频率成分,衰减大于 40dB;保留 0～1500Hz 和 2700Hz 以上频段成分,幅度失真小于 1dB。试设计数字带阻滤波器实现上述要求。

逼近理想低通滤波器

滑动平均滤波器可以粗略地实现 FIR 低通滤波器,如果需要设计高性能的低通 FIR 滤波器,就要尽可能逼近理想低通滤波器,下面对这一逼近过程进行分析。

设理想低通滤波器频率响应为 $H_d(e^{j\omega})$,其相位为零,幅度频率响应 $|H_d(e^{j\omega})|$ 如图 A.1 所示。对 $H_d(e^{j\omega})$ 求离散时间傅里叶反变换,可以得到这个理想低通滤波器的单位脉冲响应 $h_d(n)$ 是:

$$
\begin{aligned}
h_d(n) &= \frac{1}{2\pi}\int_{-\pi}^{\pi} H_d(e^{j\omega}) \cdot e^{j\omega n}\,d\omega \\
&= \frac{1}{2\pi}\int_{-\omega_c}^{\omega_c} H_d(e^{j\omega}) \cdot e^{j\omega n}\,d\omega \\
&= \frac{1}{2\pi}\int_{-\omega_c}^{\omega_c} e^{j\omega n}\,d\omega \\
&= \frac{1}{j2\pi n}(e^{j\omega_c n} - e^{-j\omega_c n})
\end{aligned}
$$

利用欧拉公式,有:$h_d(n) = \dfrac{\sin(n\omega_c)}{n\pi}$,其中 ω_c 是低通滤波器的 3dB 截止频率。

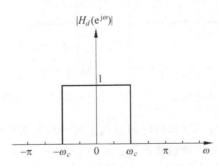

图 A.1 理想低通滤波器的幅频响应

若取理想低通滤波器 3dB 截止频率 $\omega_c = 0.2\pi$ rad,画出 n 在 $-20\sim20$ 的单位脉冲响应 $h_d(n)$ 的波形,如图 A.2 所示。实际上,由 $h_d(n)$ 确定的单位脉冲响应在 n 时刻上有无限多个采样点。

然而,单位脉冲响应如图 A.2 所示的理想 FIR 低通滤波器并不存在,这里存在两个问题。第一个问题是:由于单位脉冲响应在 $n=0$ 之前就已经存在,因此,这个系统是非因果

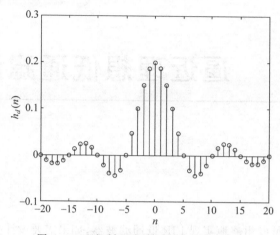

图 A.2　理想低通滤波器的单位脉冲响应

的。并且,由于 n 为负值时,非零值有无穷多个,无法像滑动平均滤波器一样进行时移,完成非因果系统到因果系统的转变。第二个问题是:单位脉冲响应有无限多项意味着无法有此单位脉冲响应转换为非递归形式的差分方程。

　　为了解决上述两个问题,可以将图 A.2 所示单位脉冲响应两边响应值很小的采样点截去,得到有限长后,再进行移位,得到一个因果可实现的系统。截断及移位处理后的单位脉冲响应波形如图 A.3 和图 A.4 所示。

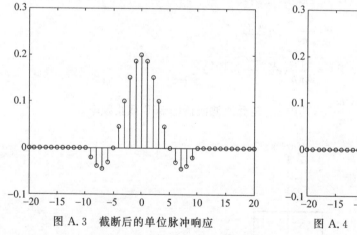

图 A.3　截断后的单位脉冲响应

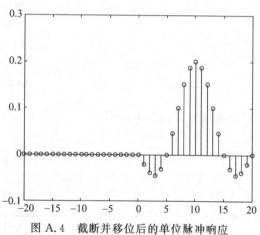

图 A.4　截断并移位后的单位脉冲响应

　　单位脉冲响应被截断后,其频率响应的形状不再是理想的矩形。当然,截断时保留的点数越多,滤波器的形状就越接近理想滤波器。

梅 逊 公 式

在根据信号流图求解系统的系统函数过程中,如果信号流图的结构不是规范的直接型或级联型等结构时,就不能立即求出系统的系统函数。此时,需要利用梅逊公式进行求解。

梅逊公式为:

$$H = \frac{1}{\Delta} \sum_i P_i \Delta_i \tag{B.1}$$

其中:

$$\Delta = 1 - \sum_j L_j + \sum_{m,n} L_m L_n - \sum_{p,q,r} L_p L_q L_r + \cdots \tag{B.2}$$

Δ 称为信号流图的特征行列式,其中:

$\sum\limits_j L_j$ 是所有不同环路的增益之和。

$\sum\limits_{m,n} L_m L_n$ 是所有两两不接触环路的增益乘积之和。

$\sum\limits_{p,q,r} L_p L_q L_r$ 是所有三个都互不接触环路的增益乘积之和。

式(B.1)中:

i 表示由源节点到阱节点的第 i 条前向支路的标号。

P_i 是由源节点到阱节点的第 i 条前向支路的增益。

Δ_i 称为第 i 条前向支路特征行列式的预因子,它是与第 i 条前向支路不相接触的子图的特征行列式。

参 考 文 献

[1] 程佩青. 数字信号处理教程[M]. 5 版. 北京: 清华大学出版社, 2017.

[2] 程佩青, 李振松. 数字信号处理教程习题分析与解析[M]. 北京: 清华大学出版社, 2018.

[3] Ingle V K, Proakis J G. 数字信号处理(MATLAB 版)[M]. 2 版. 西安: 西安交通大学出版社, 2008.

[4] Paulo R D, Eduardo B S, Sergio L N. 数字信号处理系统分析与设计[M]. 张太镒, 汪烈军, 于迎霞, 译. 2 版. 北京: 机械工业出版社, 2013.

[5] Joyce Van De V. 数字信号处理基础[M]. 侯正信, 王安国, 等译. 北京: 电子工业出版社, 2004.

[6] 张旭东, 崔晓伟. 数字信号处理[M]. 北京: 清华大学出版社, 2014.

[7] 高西全, 丁玉美. 数字信号处理[M]. 4 版. 西安: 西安电子科技大学出版社, 2016.

[8] 吴大正, 杨林耀, 张永瑞, 等. 信号与线性系统分析[M]. 4 版. 北京: 高等教育出版社, 2005.

[9] Edward W K, Bonnie S H. 信号与系统基础教程(MATLAB 版)[M]. 高强, 戚银城, 余萍, 等译. 3 版. 北京: 电子工业出版社, 2007.

[10] 万永革. 数字信号处理的 MATLAB 实现[M]. 2 版. 北京: 科学出版社, 2012.

[11] 王芳, 陈勇, 何成兵. 离散时间信号处理与 MATLAB 仿真[M]. 北京: 电子工业出版社, 2019.

[12] Shenoi B A. 数字信号处理与滤波器设计[M]. 白文乐, 王月海, 胡越, 译. 北京: 机械工业出版社, 2018.

[13] Kuo S M, Lee B H, Tian W S. 数字信号处理: 原理、实现及应用——基于 MATLAB/Simulink 与 TMS320C55xx DSP 的实现方法[M]. 王永生, 王进祥, 曹贝, 译. 3 版. 北京: 清华大学出版社, 2017.

[14] 桂志国, 陈友兴. 数字信号处理原理及应用[M]. 2 版. 北京: 国防工业出版社, 2016.

[15] 方勇. 数字信号处理——原理与实践[M]. 2 版. 北京: 清华大学出版社, 2010.

[16] Blandford D, Parr J. 数字信号处理及 MATLAB 仿真[M]. 陈后金, 李居朋, 等译. 北京: 机械工业出版社, 2015.

[17] 宋宇飞. 数字信号处理实验与学习指导[M]. 北京: 清华大学出版社, 2012.